机械装配工艺与技能训练

JIXIE ZHUANGPEI GONGYI YU JINENG XUNLIAN

主 编 陈怀洪
参 编 李帮林 浦敏宣
主 审 赵兴学

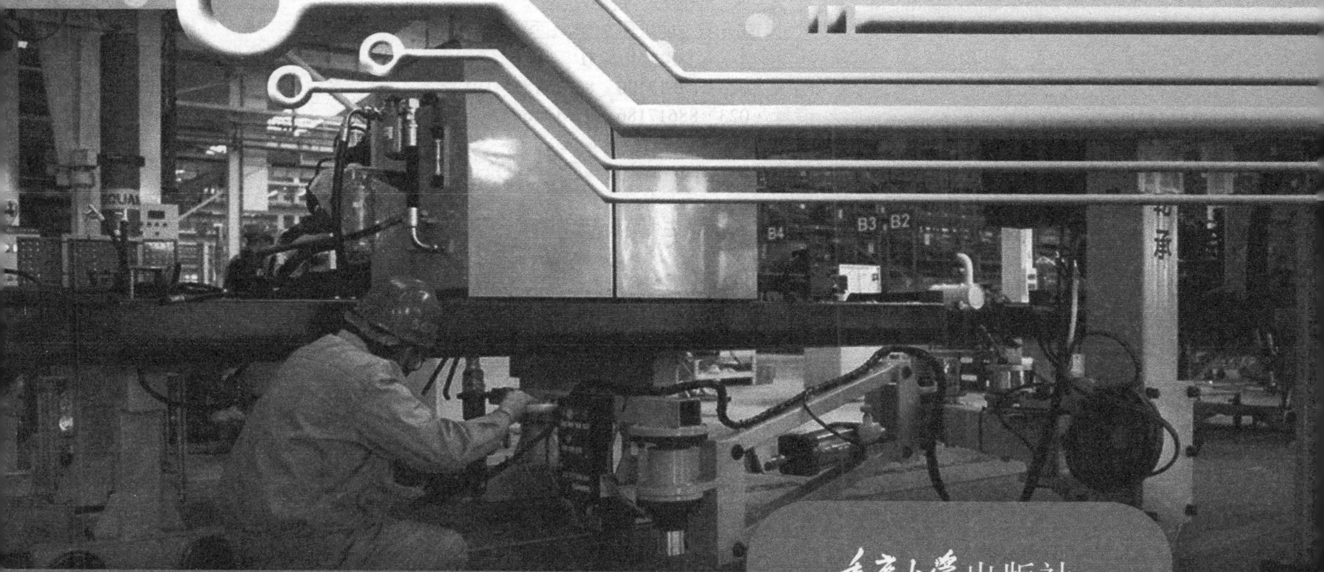

重庆大学出版社

内容提要

本书是机械设备维修专业的核心课程之一，也是学生学习机械装配技能的主要教材。其内容包括机械装配基础知识、固定联接的装配、轴承和轴组的装配、传动机构的装配、机械密封和润滑以及卧式车床的装配等。

本书可作为中等职业学校机械设备维修类专业机械装配课程的学生用书，也可作为企业机械装配技能培训之用。

图书在版编目(CIP)数据

机械装配工艺与技能训练/陈怀洪主编.—重庆：重庆大学出版社，2014.8(2022.1 重印)

国家中等职业教育改革发展示范学校建设系列成果

ISBN 978-7-5624-8336-6

Ⅰ.①机… Ⅱ.①陈… Ⅲ.①装配(机械)—中等专业学校—教材 Ⅳ.①TH16

中国版本图书馆 CIP 数据核字(2014)第 153096 号

机械装配工艺与技能训练

主　编　陈怀洪

主　审　赵兴学

策划编辑：彭　宁

责任编辑：陈　力　　版式设计：彭　宁

责任校对：邹　忌　　责任印制：张　策

*

重庆大学出版社出版发行

出版人：饶帮华

社址：重庆市沙坪坝区大学城西路 21 号

邮编：401331

电话：(023) 88617190　88617185(中小学)

传真：(023) 88617186　88617166

网址：http://www.cqup.com.cn

邮箱：fxk@cqup.com.cn (营销中心)

全国新华书店经销

POD：重庆新生代彩印技术有限公司

*

开本：787mm×1092mm　1/16　印张：12.75　字数：318 千

2014 年 8 月第 1 版　2022 年 1 月第 4 次印刷

ISBN 978-7-5624-8336-6　定价：36.00 元

编审委员会

前　言

为了落实国家中等职业教育改革发展示范学校“机械设备维修”重点专业建设的目标，以培养高素质技能人才为根本，以综合职业能力培养为核心，结合专业建设方案与专业建设任务书的相关要求，参照国家职业标准和行业职业技能鉴定的考核内容，根据“机械装配工艺与技能训练”课程标准的一体化教学目标和技能要求，编写了本书。

本书是“机械设备维修”专业的核心课程之一，也是学生学习机械装配技能的主要教材。全书共分6个项目，内容包括机械装配基础知识、固定联接的装配、轴承和轴组的装配、传动机构的装配、机械的润滑和密封以及卧式车床的装配。

本书在编写过程中，把握以下原则：一是充分汲取中职教育在探索培养技能型人才方面取得的经验和成果，在编写教材时既考虑知识的系统性、连续性和实用性，同时注重学生技能的培养；二是以国家职业标准为依据，使编写内容尽可能地涵盖装配钳工职业技能鉴定的相关要求；三是注重职业技能训练和学习能力的培养，按照项目驱动、任务引领，使学生在做中学、学中做，最终达到教、学、做的统一；四是编写内容和工作实践有机结合，着力促进知识传授与生产实践的紧密衔接，增强知识的实践性；五是在考核评价方面力求有所突破，突出动手能力的考核及职业技能鉴定要求的考核；六是在教材编写中，强调由浅入深、循序渐进，通过图文并茂的表现形式，使学生能更加容易地进行学习。

本书由云南工业技师学院陈怀洪任主编，李帮林、浦敏宣参加编写。具体编写分工如下：项目1、3、6由陈怀洪编写，项目2、5由浦敏宣编写，项目4由李帮林编写。

本书由云南工业技师学院云南省五一劳动奖章获得者、云南省有突出贡献的优秀专业技术人才、人社部德语专业副组长、云南省培训鉴定协会副会长、高技能人才专业委员会主任、技师学院和国家级省级重点技工院校评估专家组成员、云南省技工院校高评委员副主任、云南省省委省政府兴滇人才奖评选专家组成员、高级讲师赵兴学院长主审。

本书还邀请云南CY集团全国机械工业技术能手、全国机械工业质量模范、云南省第三届“兴滇人才奖”获得者、云南省劳动模范、云南省高技能人才政府津贴获得者、昆明市首届春城人才奖获得者、首届昆明市名匠、“袁建民技能大师工作室”专家、从事部装及总装机床设备和数控车床工作多年的装配钳工高级技师袁建民参加审稿。

本书在编写过程中，得到了云南工业技师学院赵兴学院长、邓开陆副院长、技训中心阳廷龙主任、欧元理副主任及机械工程系主任刘建喜及周朴的大力支持和帮助，给出了许多指导性建议和建设性意见，机械工程系的其他教师也提出了宝贵意见，教材编辑过程中还得到了阳溶冰老师的有力支持和帮助，在此表示衷心地感谢！

本书在编辑过程中参考和借鉴了许多文献、资料和教材，在此对相关的作者表示诚挚的谢意！由于编者水平有限，书中难免有不妥之处，恳请各位同行和广大读者批评指正，以利本书的修正、补充和完善。

编　者

2014 年 2 月

目 录

项目1

机械装配基础知识

任务1　装配工艺概述

●知识目标

1. 了解装配工作的重要性及装配的生产类型。
2. 熟悉产品装配工艺过程及装配的组织形式。
3. 掌握装配工艺规程的制订。

●技能目标

1. 能够识读锥齿轮轴组件的装配图。
2. 能够熟知锥齿轮轴组件的装配单元系统图。
3. 能够正确规范地拆卸锥齿轮轴组件。

●任务引入

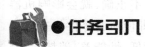

装配工作是机械设备制造过程中的最后一道工序，占有非常重要的地位，产品的质量、

性能最终是由装配工作来保证的,故必须十分重视装配工作。掌握装配工艺的一些基础知识,对今后的工作会有很大的帮助。

●任务分析

本任务通过对装配工艺的学习,学会识读锥齿轮轴组件的装配图,并能通过对其装配单元系统图和装配工艺过程卡片的熟悉,尝试对锥齿轮轴组件进行正确地拆卸。

●相关知识

装配是指按规定的技术要求,将零件或部件进行配合和联接,使之成为半成品或成品的工艺过程。机械装配就是按照设计的技术要求实现机械零件或部件的联接,把机械零件或部件组合成机器。

一、装配工艺过程

机械装配是机械制造中最后决定机械产品质量的重要工艺过程,是形成产品的关键环节,如图 1-1 所示为数控车床的装配。

图 1-1　数控车床的装配

装配工作质量的好坏,对产品质量起着决定性的作用。如果装配后零件间的配合不符合技术要求,机器就不能正常工作,零部件之间、机构之间的相互位置不正确,就会影响机器的工作性能,甚至无法使用。如果在装配过程中不按工艺要求装配,即使所有零件加工质量都合格,也不能装配出合格的产品。装配质量差的机器普遍存在精度低、性能差、消耗大、寿命短等问题。相反,虽然某些零部件的加工质量并不是很高,但经过仔细修配和精确调整后，仍能装配出性能良好的产品。因此，装配工作是一项非常重要而细致的工作，必须认真按照产品装配图的要求，制订出合理的装配工艺规程，采用正确的装配工艺，提高装配精度，最终保证产品质量。

产品的装配工艺过程由以下4个部分组成。

1. 装配前的准备工作

①研究、熟悉产品装配图及其他工艺文件和技术要求，了解产品结构、各零件的作用以及联接关系。

②确定装配方法、顺序和准备所需要的工具。

③对装配的零件进行清理和清洗，去掉零件上的毛刺、铁锈、切屑、油污等脏物。

④对有些零件还需要进行刮削等修配工作，有些特殊要求的零件还要进行平衡试验、密封性试验等。

2. 装配

零件是组成产品的最基本单元。一台复杂的机器，其装配工艺常分为部件装配（简称部装或部件）和总装配（简称总装）两个过程。

（1）部件装配

将两个或两个以上的零件组合在一起或将零件与几个组件结合在一起，成为一个单元的装配工作，称为部件装配。

部件是由许多零件组成的产品的一部分，是一个统称，其划分是多层次的：直接进入产品总装的部件称为组件；直接进入组件装配的部件称为第一级分组件；直接进入第一级分组件装配的部件称为第二级分组件；依次类推。

（2）总装配

总装配指将零件和部件结合成为一台完整产品的过程。

3. 调整、精度检验和试机

①调整是调节零件或机构的相互位置、配合间隙、结合松紧等。目的是使机构或机器工作协调，如轴承间隙、丝杠间隙、涡轮轴向位置的调整等。

②精度检验包括几何精度检验和工作精度检验等。几何精度通常是指形状和位置精度，如车床总装后要检验主轴中心线对床身导轨的平行度误差、中滑板导轨和主轴中心线的垂直度误差等。工作精度检验指一般的切削试验，如车床进行车外圆和车端面的检验。

③试机包括检验机器和机构运转的灵活性及振动、温升、噪声、转速、功率、密封性等性能是否符合要求。

4. 喷漆、涂油和装箱

机器装配好之后，为了使其美观，防止其生锈和便于运输，还要进行喷漆、涂油和装箱等工作。

产品通常是在工厂中装配的。但在某些场合下，制造厂并不将产品进行总装，而是为了运输方便，在制造厂内只进行部件装配工作，总装则在工作现场进行，如重型机床、大型汽轮机和大型泵等。

二、装配的生产类型和组织形式

1. 单件生产、成批生产和大量生产

装配的组织形式随着生产类型和产品复杂程度而不同。装配生产类型可分为3类：

(1)单件生产

单个制造不同结构的产品，并很少重复，甚至完全不重复，这种生产方式称为单件生产。

单件生产的装配工作多在固定的地点，由一个工人或一组工人，从开始到结束进行全部的装配工作，如夹具、模具的装配一般属于此类。这种装配组织形式的装配周期长，占地面积大，需要大量的工具和设备，并要求工人具有较高的技能水平。

(2)成批生产

在一定的时期内，成批制造相同的产品，这种生产方式称为成批生产。

成批生产时，装配工作通常分为部件装配和总装配，每个部件由一个工人或一组工人来完成，然后进行总装配，如机床的装配一般属于此类。

(3)大量生产

产品的制造数量庞大，每个工作点完全重复地完成某一项工作，并使用专用设备和专用工具，这种生产方式称为大量生产。在装配过程中，装配对象(零件、部件、组件)有顺序地由一个或一组工人转移给另一个或一组工人，这种转移可以是装配对象的移动，也可以是装配工人的移动。通常把这种装配组织方法称为流水装配法，如汽车、拖拉机的装配属于此类。

2. 固定式装配和移动式装配

根据生产类型和产品复杂程度的不同，装配的组织形式一般分为固定式装配和移动式装配。固定式装配和移动式装配的区别在于产品位置是否改变，装配对象(零件、部件、组件)或人员是否移动。

①固定式装配是将产品或部件的全部装配工作都安排在一个固定的工作地点进行。在装配过程中，产品的位置不变，装配所需的零件和部件都汇集在工作场地附近，主要应用于单件生产和小批量生产。

②移动式装配常利用传送带、滚道或地面运输线运送装配对象，即所谓"流水线装配法"，适用于大量生产。在大量生产中，由于广泛采用互换性原则，并使装配工作工序化，因此装配质量好、效率高、生产成本低，是一种较先进的装配组织形式。

三、装配单元系统图

1. 装配单元系统图的概念

表示产品装配单元的划分及其装配先后顺序的图称为装配单元系统图。在系统图中，每个零件或组件、部件都用一个长方格表示，每一长方格内，需注明装配单元(零件或组件、部件)的编号、名称及其件数，如图1-2所示为装配单元系统图。

2. 装配单元系统图的绘制方法

①画一条横线。

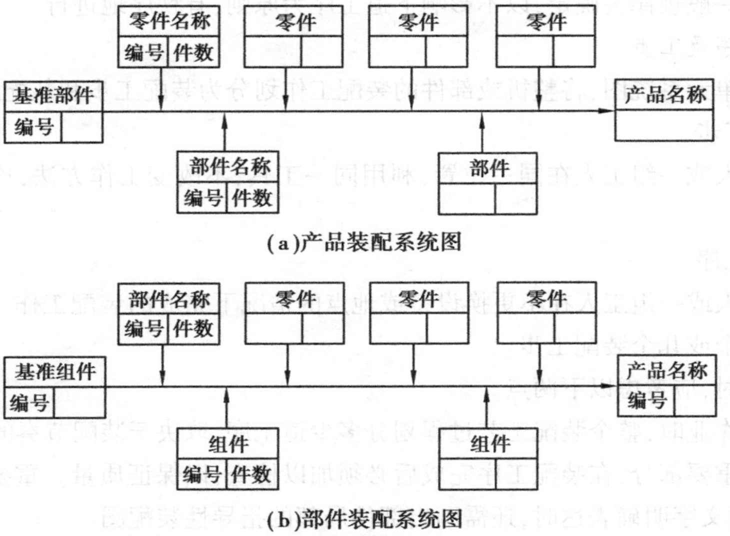

图 1-2　装配单元系统图

②横线的左边画一长方格，代表基准零件。在长方格中注明基准零件或基准部件的名称、编号和数量。

③横线的右端也画一长方格，代表装配的成品。

④横线自左向右表示装配的顺序，直接进入装配的零件画在横线上面，组件画在横线的下面。

装配单元系统图是根据装配工艺制订绘制的。由装配单元系统图可以清楚地看出产品的装配过程，装配所需零件的名称、编号和数量，并可以此为根据划分装配工序，因此可起指定和组织装配工艺的作用。

四、装配工艺规程的制订

装配工艺规程是规定产品及部件的装配顺序、装配方法、装配技术要求和检验方法及装配所需设备、工夹具、时间、等额等的技术文件。它是提高产品装配质量和效率的必要措施，也是组织装配生产的重要依据。

装配工艺规程的制订步骤如下所示。

1. 分析装配图

了解产品结构特点，确定装配方法。

2. 确定装配的组织形式

根据工厂的生产规模和产品的结构特点，决定装配的组织形式。

3. 确定装配顺序

装配顺序基本上是由产品的结构和装配组织形式决定的。产品的装配总是从基准零件开始，从零件到部件，从部件到产品，按照先下后上、先内后外、先难后易、先精密后一般、先重大后轻小的一般规律去确定，以不影响下道工序为原则，有秩序地进行。

4. 划分工序及工步

根据装配单元系统图，将整机或部件的装配工作划分为装配工步和装配工序。

(1)装配工步

由一个工人或一组工人在同一位置，利用同一工具，不改变工作方法，连续完成的装配工作。

(2)装配工序

由一个工人或一组工人在不更换设备或地点的情况下完成的装配工作。在一个装配工序中可包括一个或几个装配工步。

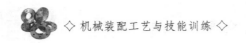

划分工序时，应考虑以下两点。

①在流水作业时，整个装配工艺过程划分多少道工序，取决于装配节奏的快慢。

②组件的重要部分，在装配工序完成后必须加以检查，以保证质量。重要而又复杂的装配工序，不易用文字明确表达时，还需画出部件局部的指导性装配图。

5. 选择工艺设备

根据产品的结构特点和生产规模尽量选用先进装配工具和设备。

6. 确定检验方法

根据产品的结构特点和生产规模尽量选用先进的检验方法。

7. 确定工人等级和工时定额

根据工厂的实际经验和统计资料及现场实际情况确定工人等级和工时定额。

8. 编写工艺文件

装配工艺技术文件主要是装配工艺卡片(有时需编写更详细的工序卡)，它包含有完成装配工艺过程所必需的一切资料。

编写工艺规程，在保证装配质量的前提下，应该是生产率高而又是经济的。因此，需根据实际条件，采用先进的技术。单件小批量生产不需制订工艺卡，按装配图和安装单元系统图进行装配。成批生产要制订装配工艺卡片，简要说明每一工序的装配内容、所需设备和工夹具、工人技术等级、时间定额等。大批量生产则需一序一卡。

●任务实施

锥齿轮轴组件的拆卸

一、识读装配图

如图 1-3 所示为锥齿轮轴组件的装配图，其装配顺序如图 1-4 所示，拆卸顺序和装配顺序刚好相反。

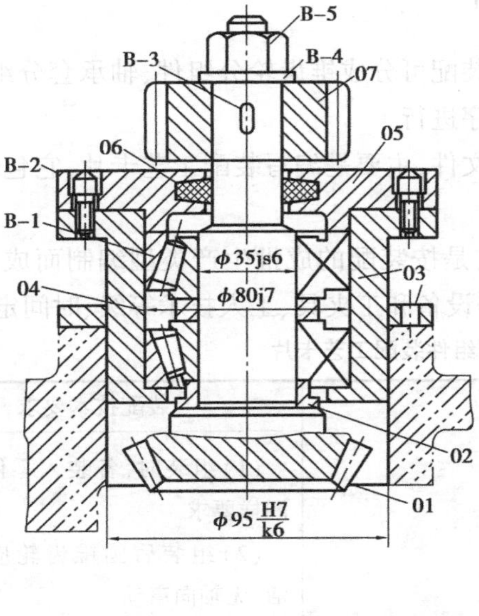

图 1-3 锥齿轮轴组件的装配图

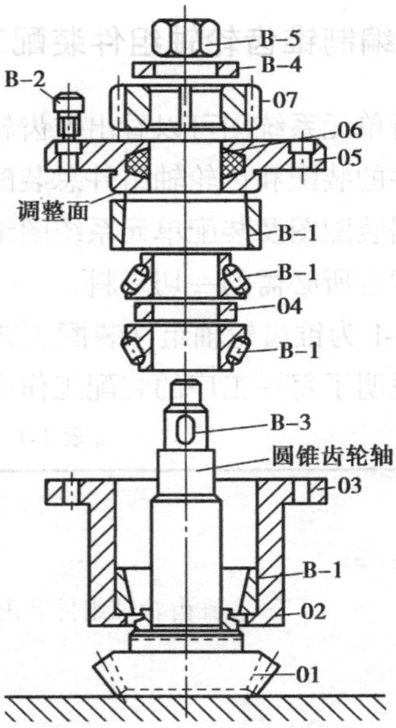

图 1-4 锥齿轮轴组件装配顺序

01—锥齿轮轴；02—衬垫；03—轴承套；04—隔圈；05—轴承盖；06—毛毡；7—圆柱齿轮；
B—1—轴承；B—2—螺钉；B—3—键；B—4—垫圈；B—5—螺母

二、熟悉锥齿轮轴组件装配单元系统图

根据装配顺序画出如图 1-5 所示锥齿轮轴组件装配单元系统图。

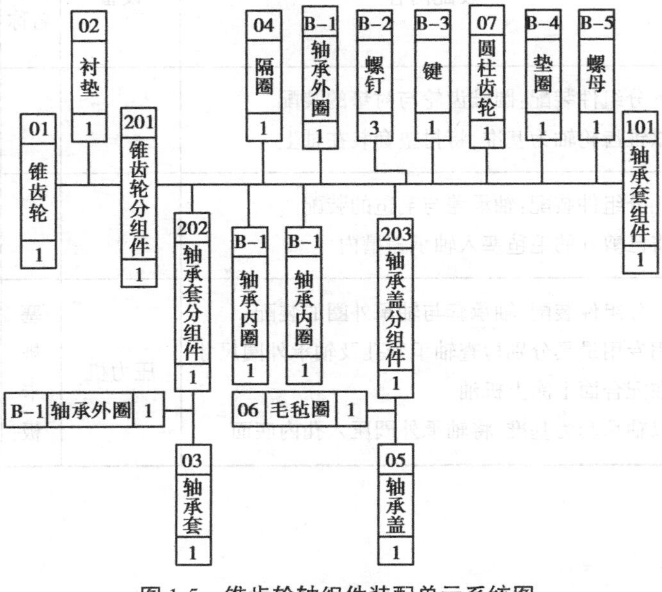

图 1-5 锥齿轮轴组件装配单元系统图

三、编制锥齿轮轴组件装配工艺卡片

分析单元系统图可以看出锥齿轮轴组件装配可分成锥齿轮分组件、轴承套分组件、轴承盖分组件的装配和齿轮轴组件总装配 4 个工序进行。

根据装配图及装配单元系统图编写工艺文件，主要是编写装配工艺卡片，它包含完成装配工艺过程所必需的一切资料。

表 1-1 为锥齿轮轴组件装配工艺卡片，它是按装配的成批生产类型编制而成。工艺卡片简要说明了每一工序的装配工作内容、所需设备和工夹具、工人技术等级、时间定额等。

表 1-1　锥齿轮轴组件装配工艺卡片

<table>
<tr><td colspan="4" rowspan="2">（锥齿轮轴组件装配图）</td><td colspan="5">装配技术要求</td></tr>
<tr><td colspan="5">（1）组装时，各装入零件应符合图样要求
（2）组装后圆锥齿轮应转动灵活，无轴向窜动</td></tr>
<tr><td colspan="2" rowspan="2">厂　名</td><td colspan="2" rowspan="2">装配工艺卡</td><td>产品型号</td><td colspan="2">部件名称</td><td colspan="2">装配图号</td></tr>
<tr><td></td><td colspan="2">轴承套</td><td colspan="2"></td></tr>
<tr><td colspan="2">车间名称</td><td>工段</td><td>班组</td><td>工序数量</td><td colspan="2">部件数</td><td colspan="2">净重</td></tr>
<tr><td colspan="2">装配车间</td><td></td><td></td><td>4</td><td colspan="2">1</td><td colspan="2"></td></tr>
<tr><td rowspan="2">工序号</td><td rowspan="2">工步号</td><td colspan="2" rowspan="2">装配内容</td><td rowspan="2">设备</td><td colspan="2">工艺装备</td><td rowspan="2">工人等级</td><td rowspan="2">工序时间</td></tr>
<tr><td>名称</td><td>编号</td></tr>
<tr><td>一</td><td>
1</td><td colspan="2">分组件装配：圆锥齿轮与衬垫的装配
以锥齿轮轴为基准，将衬垫套装在轴上</td><td></td><td></td><td></td><td></td><td></td></tr>
<tr><td>二</td><td>
1</td><td colspan="2">分组件装配：轴承盖与毛毡的装配
将已剪好的毛毡塞入轴承盖槽内</td><td></td><td></td><td></td><td></td><td></td></tr>
<tr><td>三</td><td>
1
2
3</td><td colspan="2">分组件装配：轴承套与轴承外圈的装配
用专用量具分别检查轴承套孔及轴承外圈尺寸
在配合面上涂上机油
以轴承套为基准，将轴承外圈压入孔内底面</td><td>压力机</td><td>塞规卡板</td><td></td><td></td><td></td></tr>
</table>

续表

工序号	工步号	装配内容	设备	工艺装备 名称	工艺装备 编号	工人等级	工序时间
四		锥齿轮轴组件装配：	压力机	百分表			
	1	以锥齿轮组件为基准，将轴承套分组件套装在轴上					
	2	在配合面上加油，将轴承内圈压装在轴上并紧贴衬垫					
	3	套上隔圈，将另一轴承内圈压装在轴上，直至与隔圈接触					
	4	将另一轴承外圈涂上油，轻压到轴承套内					
	5	装入轴承盖分组件，调整端面的高度，使轴承间隙符合要求后拧紧3个螺钉					
	6	安装平键，套装圆柱齿轮、垫圈，拧紧螺母，注意配合面加油					
	7	检查锥齿轮转动的灵活性及轴向窜动					

									共　张
编号	日期	签章	编号	日期	签章	编制	移交	批准	第　张

●考核评价

序号	项目和技术要求	实训记录	配分	得分
1	正确识读锥齿轮轴组件装配图		10	
2	根据装配顺序清晰画出锥齿轮轴组件装配单元系统图		10	
3	回答老师提问的锥齿轮轴组件装配工序规程问题		15	
4	能正确使用拆卸工具并做到动作规范		10	
5	能够正确拆卸锥齿轮轴组件，拆卸顺序正确，有团队合作精神		25	

续表

序号	项目和技术要求	实训记录	配分	得分
6	拆卸时无零件损坏		10	
7	拆卸后的零件按顺序摆放,保管齐全		10	
8	拆卸后清理工具,打扫卫生		10	

任务2　装配前的准备工作

●知识目标

1. 了解旋转件不平衡的形式及平衡方法。
2. 了解零件的密封性试验方法。
3. 掌握零件的清理和清洗方法。

●技能目标

能够对拆卸的锥齿轮轴组件进行正确清理和清洗。

●任务引入

装配前零件清理和清洗是为了去除零件表面或内部的油污和机械杂质,做到清洁装配。旋转件的平衡则是装配精度中的一项重要要求,能够避免发生机械振动。对于要求密封的液压零件,应进行密封性试验,做到不泄漏。

●任务分析

本任务重点对拆卸后锥齿轮组件各零件进行清理和清洗,达到掌握相关技能的目的。

●相关知识

一、装配前零件的清理和清洗

在装配过程中,零件的清理和清洗工作对提高装配质量、延长产品使用寿命具有重要意义。特别是对于轴承、精密配合件、液压元件、密封件以及有特殊清洗要求的零件更为重要。

1. 零件的清理

(1)装配前,清除零件上残余的型砂、铁锈、切屑、研磨剂、油污等。特别是要仔细清除孔、沟槽及其他容易积存污物的部位。某些非加工表面还需在清理后进行涂装。

(2)装配后,必须清理装配中因配做、钻孔、攻螺纹等补充加工所产生的切屑。

(3)试运行后,必须清理因摩擦而产生的金属微粒和污物。

零件的清理方法较多,通常清理型砂和铁渣,可用錾子、钢丝刷等工具。清理中还要用毛刷、皮风箱或压缩空气把零件表面清理干净。清理铁锈、干油漆可用刮刀、锉刀、砂布等。对于重要的配合表面,在进行清理时要避免划伤并注意保持其精度。

2. 零件的清洗

(1)常用的清洗液有汽油、煤油、柴油和化学清洗液等

①工业汽油主要用于清洗油脂、污垢和一般粘附的机械杂质,适用于清洗较精密的零部件。航空汽油则用于清洗质量要求较高的零件。

②煤油和柴油用途与汽油相似,但清洗能力不及汽油,清洗后干燥较慢,但相对安全。

③化学清洗剂又称乳化剂,对油脂、水溶性污垢具有良好的清洗能力。这种清洗剂配制简单、稳定耐用、安全环保、以水代油节约能源,如105清洗剂、6501清洗剂和6503清洗剂,可用于冲洗钢件上以全损耗系统用油为主的油垢和机械杂质。

零件的清洗方法:在单件和小批量生产中,常将零件置于清洗槽内用棉纱或泡沫塑料进行手工擦洗或冲洗;在成批大量生产中,则采用清洗剂清洗零件。清洗时,根据需要可以采用气体清洗、浸脂清洗、流涂清洗、超声波清洗等。

(2)清洗时的注意事项

①对于橡胶制品,如密封圈等零件,严禁用汽油清洗,以防橡胶件发胀变形,而应使用清洗剂进行清洗。

②清洗零件时,可根据不同精度的零件,选用棉纱或泡沫塑料擦拭。滚动轴承不能使用棉纱清洗,以防止棉纱搅进轴承内,影响轴承装配质量。

③零件在清洗工作后,应等零件上的油滴干后,再进行装配,以防油污影响装配质量。

同时清洗后的零件不应放置过长时间,防止污物和灰尘再次弄脏零件。

④零件的清洗工作,根据需要可分为一次清洗和二次清洗。零件在第一次清洗后,应检查配合表面有无碰伤和划伤,齿轮的齿顶部分和棱角有无毛刺,螺纹有无损坏等。对零件的毛刺和轻微破损的部位可用磨石、刮刀、砂布、细锉刀进行修整。经过检查修整后的零件,再

进行第二次清洗。

3. 清洁度的检测

清洁度是反映产品质量的重要指标之一，它是指经过清理和洗涤后的零部件以至装配完成后的整机含有杂质的程度。杂质包括金属粉屑、锈片、尘沙、棉纱头、污垢等。检测时，主要零件的内外表面、孔槽，一般零件的工作面，导轨面的结合部位，以及机械传动、液压、电气系统等都要用目测、手感或称量法进行检测。

二、旋转零部件的平衡

为了防止机器中的旋转件（如带轮、齿轮、飞轮、叶轮等各种转子）在工作时因出现不平衡的离心力所引起的机械振动，造成机器工作精度降低、零件寿命缩短、噪声增大，甚至发生破坏性事故。装配前，对转速较高或长径比较大的旋转零、部件都须进行平衡，使旋转件的重心调整到转动轴线上，以抵消或减少不平衡离心力。

旋转件不平衡的形式可分为静不平衡和动不平衡两类。

1. 静不平衡

如图 1-6（a）所示，零件或部件在径向位置上由偏重而产生的不平衡，称为静不平衡，静不平衡的零件只有当它的偏重停留在铅垂线下方时才能静止不动，如图 1-6（b）所示。在旋转时，由于离心力会使轴产生向偏重方向的弯曲，并使机器发生振动。

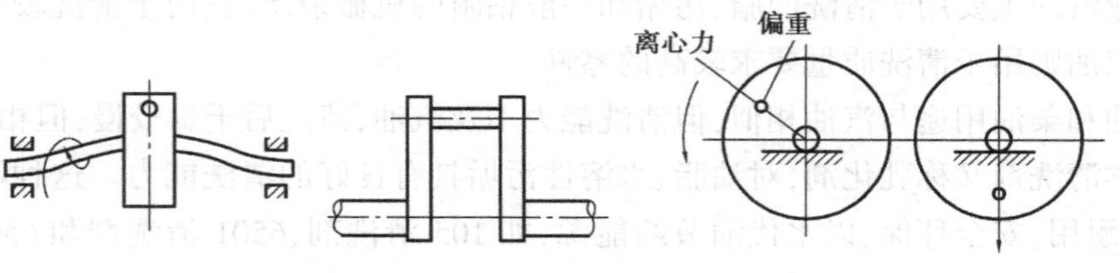

（a）静不平衡形式　　（b）静不平衡状态

图 1-6　零件的静不平衡

消除旋转件静不平衡的方法称为静平衡法。静平衡操作是在圆柱形或菱形等平衡支架上进行的，如图 1-7 所示。静平衡只能平衡旋转件重心的不平衡，无法消除不平衡力矩，只适用于盘类旋转件和转速不太高的旋转件。

静平衡的方法是首先确定旋转件上不平衡量的大小和位置，然后去除或抵消不平衡量对旋转的不良影响。具体步骤如下：

①将待平衡的旋转件装上心轴后，放在平衡支架上。用手轻推旋转体使其缓慢转动待自动静止后，在旋转件正下方作一记号，如此重复若干次，确认所作记号位置不变，则此方向为静不平衡方向。

②在与记号相对的部位粘贴一质量为 m 的橡皮泥，使 m 对旋转中心产生的力矩，恰好等于不平衡量 G 对旋转中心产生的力矩，即 $mr=Gl$，如图 1-8 所示。此时，旋转件实现静平衡。

③去掉橡皮泥，在其所在部位附加相当于 m 的重块（配重法）或在不平衡量处（与 m 相

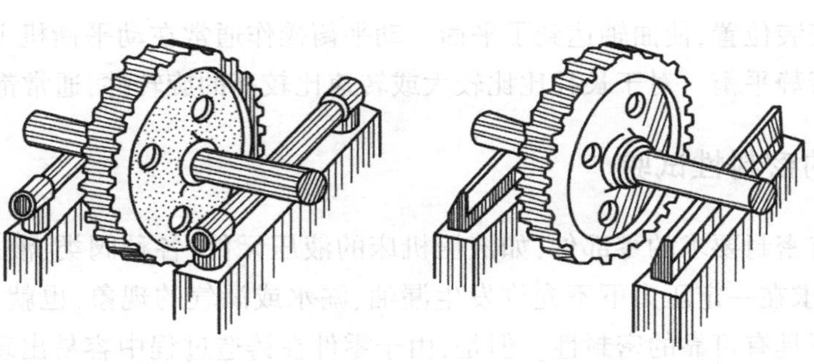

(a)圆柱形平衡支架　　　　(b)菱柱平衡支架

图 1-7　静平衡支架

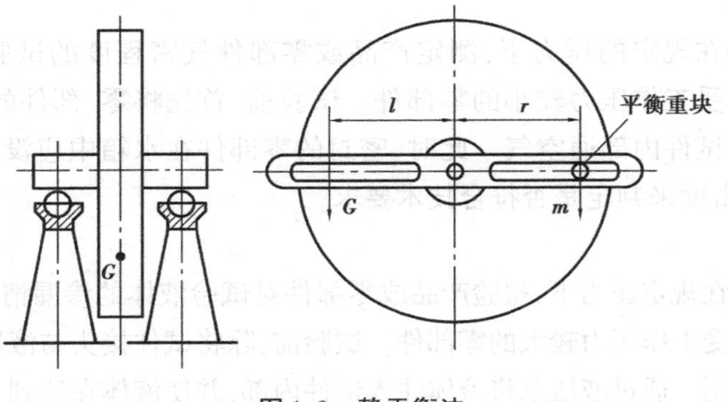

图 1-8　静平衡法

对直径上 l 处)去除一定质量 G(去重法)。待旋转件在任意角度位置均能在支架上停留时，即达到静平衡。

校正平衡的方法主要常用的是配、去重法。配重法如铆、焊、喷镀、胶接、旋上螺钉、装上垫圈、铅块或铁块等。去重法如钻孔、铣削、刨削、偏心车削、打磨、抛光、激光融化金属等。

2. 动不平衡

如图 1-9 所示，零件或部件在径向位置上有不平衡量，且由此产生的离心力形成不平衡力矩，此时产生的不平衡称为动不平衡。动不平衡的零件虽然在径向位置上可以静止不动(即静平衡)，但在旋转时由于轴向位置上有偏重而产生力偶矩使轴产生扭曲，同样会使机器发生振动。

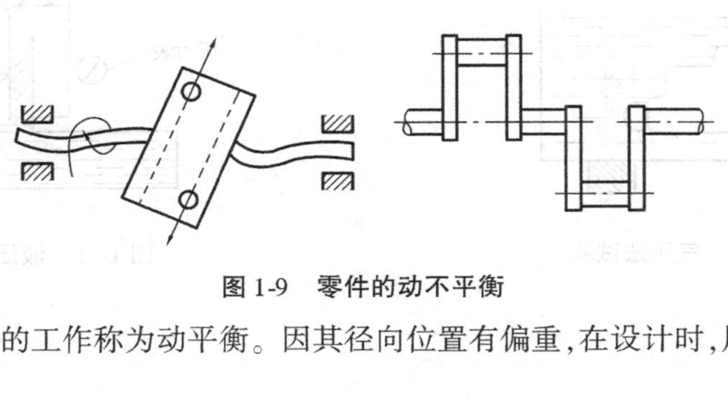

图 1-9　零件的动不平衡

消除动不平衡的工作称为动平衡。因其径向位置有偏重，在设计时，用计算法确定应加的平衡质量及安装位置,使曲轴达到了平衡。动平衡操作通常在动平衡机上进行,一般在动平衡前首先进行静平衡。对于长径比比较大或转速比较高的旋转件,通常都要进行动平衡。

三、零件的密封性试验

对于某些有密封要求的零部件,如液压机床的液压元件、各种阀类、液压缸、泵体、气缸套和气阀等,要求在一定压力下不允许发生漏油、漏水或漏气的现象,也就是要求这些零件在一定的压力下具有可靠的密封性。但是,由于零件在铸造过程中容易出现砂眼、气孔及组织疏松等缺陷,致使工作中液体或气体渗漏。因此在装配前应进行密封性试验,否则会对机器的质量产生很大的影响。密封性试验有气压法和液压法两种。

1. 气压法试验

气压法试验是在规定的压力下,测定产品或零部件气密程度的试验,如图 1-10 所示。这种试验适用于承受工作压力较小的零部件。试验前,首先将零、部件的各孔全部封闭,然后浸入水箱中并向试件内部通空气。此时,密封的零部件在水箱中应没有气泡。当有泄漏时,可根据气泡的密度来判定是否符合技术要求。

2. 液压法试验

液压法试验是在规定压力下,检验产品或零部件对试验液体的渗漏情况,如图 1-11 所示。这种试验适用于承受工作压力较大的零部件。试验前,除将试件接头与液压泵相联接外,还应将其他各孔全部封闭。通过液压泵将液体注入试件内部,并使液体在达到一定压力后,观察试件接口或焊缝等各部分是否有渗透、泄漏等现象,以此来判断试件的密封性能。对于容积较小零部件的渗漏试验采用手动油泵注油;对于容积较大的零部件采用机动油泵注油。

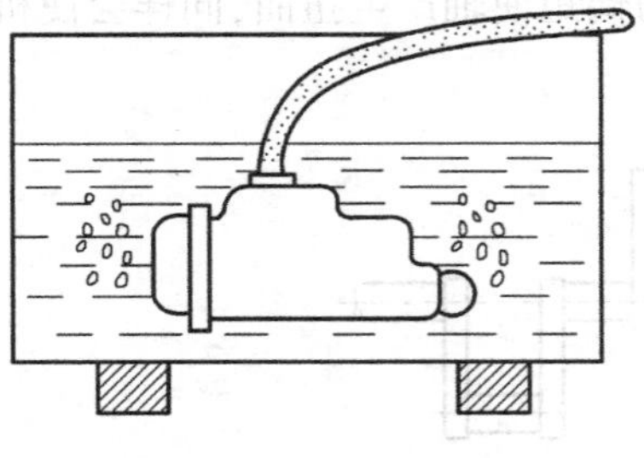

图 1-10　气压法试验

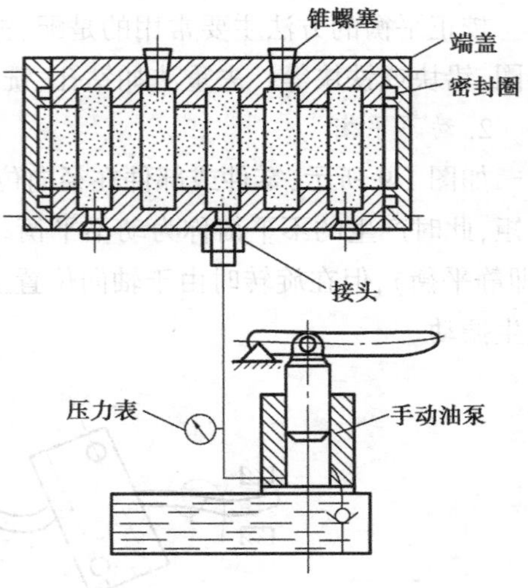

图 1-11　液压法试验

任务实施

锥齿轮组件零件的清理和清洗

一、实训器具

抹布、钢丝刷、毛刷、砂布、油石、刮刀、锉刀(粗细锉)、煤油、棉纱、泡沫塑料、油盆、压缩空气机。

二、实训步骤

1. 锥齿轮组件各零件的清理

①用錾子和锉刀清理锥齿轮组件各零件的较大毛刺和铁渣。

②用钢丝刷和刮刀清理轴承盖、锥齿轮和圆柱齿轮轮齿上残余的切屑和锈蚀，如齿面有损伤可用锉刀和砂布进行修复。

③轴承需放在油盆中浸泡 3 min 再用抹布擦拭清理。

④用抹布和毛刷清理擦净锥齿轮轴组件的各零件。

⑤用压缩空气吹净锥齿轮轴组件各零件，分类摆放整齐。

2. 锥齿轮组件各零件的清洗(毛毡除外)

①在油盆中加入煤油准备清洗锥齿轮组件各零件。

②把锥齿轮组件各零件进行分类浸泡至少 3 min 以上，较大较长零件放在底层，较小零件放在上层。

③用棉纱或泡沫塑料擦拭清洗各零件，滚动轴承须用泡沫塑料擦拭清洗。有条件的情况下可采用如图 1-12 所示手工冲洗装置进行清洗。

④检查配合表面有无碰伤和划伤，齿轮齿顶有无毛刺，螺纹有无损坏，如有可用油石、砂布、细锉刀进行修整。

⑤把锥齿轮轴组件各零件放入装有清洁煤油的油盆中进行二次清洗。

⑥用抹布擦干擦净锥齿轮组件各零件，摆放整齐供装配使用。

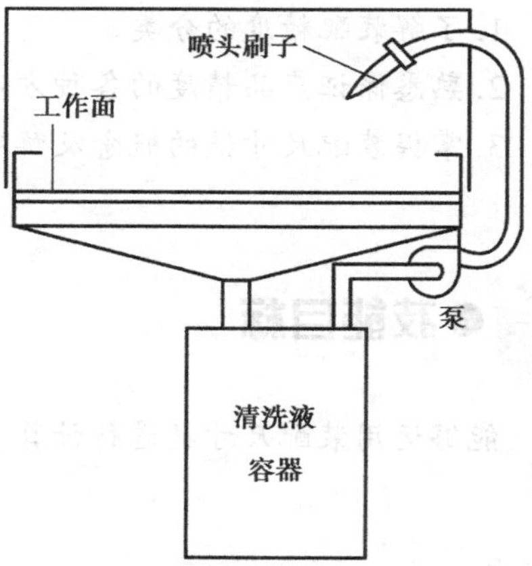

图 1-12　手工冲洗装置

●考核评价

序号	项目和技术要求	实训记录	配分	得分
1	能正确使用清理清洗工具并做到动作规范		15	
2	回答老师提问的锥齿轮轴组件清理清洗问题		20	
3	能够正确清理清洗锥齿轮轴组件,清理清洗动作正确,有团队合作精神		35	
4	清理清洗的零件按顺序摆放,保管齐全		15	
5	清理清洗后清理器具,打扫卫生		15	

任务3　装配尺寸链和装配方法

●知识目标

1. 了解装配精度的分类。
2. 熟悉保证产品精度的各种方法。
3. 掌握装配尺寸链的概念及解法。

●技能目标

能够运用装配尺寸链进行计算。

●任务引入

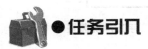

产品或部件的装配精度不仅与有关零件的加工精度有密切关系,而且经常需要依靠合

理的各种装配工艺方法来保证。为保证装配精度,需要用尺寸链方法来分析与计算。

●任务分析

学习装配尺寸链的目的就是为了要保证装配精度的要求,本任务的重点是运用装配尺寸链进行计算。

●相关知识

一、装配精度

在产品的装配过程中,每一步装配均应满足预定的装配要求,即应达到一定的装配精度。

装配精度不仅影响机器或部件的工作性能,而且影响它们的使用寿命。

装配精度主要包括零部件间的尺寸精度、相互位置精度、相对运动精度和接触精度。零部件间的尺寸精度包括配合精度和距离精度。

1. 尺寸精度

尺寸精度指装配后零件间应该保证的距离和间隙,如轴与孔的配合间隙,啮合齿轮的中心距等。

2. 位置精度

位置精度指装配后零部件间应该保证的平行度、垂直度等,如车床主轴锥孔的径向圆跳动、顶尖套轴线与床身导轨的平行度等。

3. 运动精度

动力精度指装配后有相对运动的零部件间在运动方向和运动准确性上应保证的要求,如车螺纹时主轴与刀架的相对运动等。

4. 接触精度

接触精度指两配合表面、接触表面或联接表面间达到规定的接触面积以及接触点分布的情况,如齿轮啮合、锥体配合、移动导轨间均有接触精度的要求。

二、装配尺寸链概念

1. 装配尺寸链

在装配过程中,把一些互相联系且影响某一装配精度的有关尺寸按一定的顺序联接排列起来,就能构成一个封闭的图形,称为装配尺寸链,如图 1-13 所示。

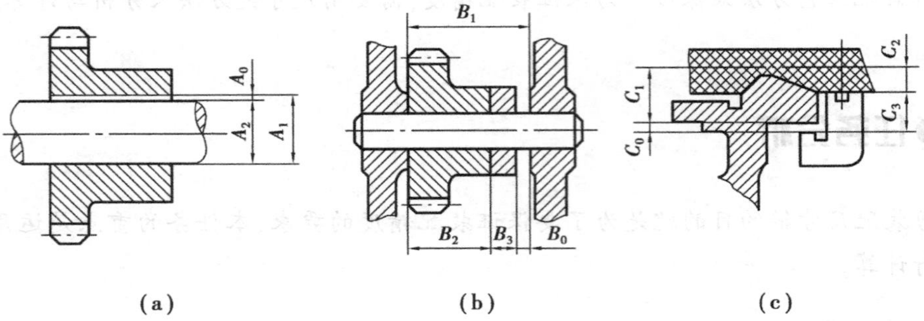

图 1-13　装配尺寸链

装配尺寸链的特征：

①各有关尺寸联接成封闭的图形。

②构成这个封闭图形的每个独立尺寸的误差都影响装配精度。

运用尺寸链原理来分析机器的装配精度问题是一种有效的方法。任何机械都是由若干相互关联的零件或部件组成的。这些零、部件的有关尺寸就反映着它们之间的彼此联系而形成尺寸链。从尺寸链的观点来看，整个机械就是一个彼此有密切关系的尺寸链系统。

2. 装配尺寸链简图

为了方便，画装配尺寸链简图时，不必画出该装配部分的具体结构，也不需按严格的比例，只需依次绘出各有关尺寸，排成封闭图形的尺寸链如图 1-14 所示。

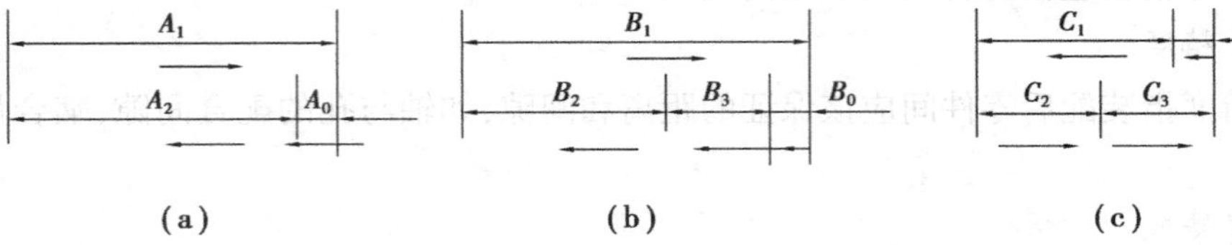

图 1-14　尺寸链简图

3. 装配尺寸链的环

尺寸链的每一个尺寸称为尺寸链的环，环又分为封闭环和组成环，而组成环又有增环和减环。每个尺寸链中至少应有 3 个环。

(1) 封闭环

在机器装配或零件加工过程中，最后间接获得的尺寸，称为封闭环。封闭环在一个尺寸链中只有一个，如图 1-14 中的 A_0，B_0 和 C_0。在装配尺寸链中封闭环即为装配技术要求。

(2) 组成环

在尺寸链中，除封闭环以外的其他环称为组成环。同一尺寸链中的组成环，用同一字母表示，如图 1-14 中的 A_1，A_2，；B_1，B_2，B_3 和 C_1，C_2，C_3。

①增环。在其他组成环不变的条件下，当某组成环尺寸增大时，封闭环尺寸随之增大，则该组成环称为增环。在图 1-14 中，A_1，B_1；C_2 和 C_3 为增环，用符号 $\overrightarrow{A_1}$，$\overrightarrow{B_1}$；$\overrightarrow{C_2}$ 和 $\overrightarrow{C_3}$ 表示。

②减环。在其他组成环不变的条件下，当某组成环尺寸增大时，封闭环尺寸随之减小，那么该组成环称为减环。在图 1-14 中，A_2，B_2，B_3 和 C_1 为减环，用符号 $\overleftarrow{A_2}$，$\overleftarrow{B_2}$，$\overleftarrow{B_3}$ 和 $\overleftarrow{C_1}$

表示。

③增环和减环的判断方法。由尺寸链封闭环的基面出发,绕其轮廓顺时针(或逆时针)转一周回到这一基面,如果所指方向与封闭环上所标箭头方向相反的为增环,与封闭环上所标箭头方向相同的为减环,如图 1-14 所示。

4. 装配尺寸链的封闭环极限尺寸及公差

①由尺寸链简图可以看出,封闭环的基本尺寸等于所有增环基本尺寸之和减去所有减环基本尺寸之和。即:

$$A_0 = \sum_{i=1}^{m} A_i - \sum_{i=1}^{n} A_i \tag{1-1}$$

式中 A_0——封闭环的基本尺寸,mm;

m——增环数目;

n——减环数目。

②封闭环最大极限尺寸等于所有增环的最大极限尺寸之和减去所有减环的最小极限尺寸之和。即:

$$A_{0\max} = \sum_{i=1}^{m} \overrightarrow{A}_{i\max} - \sum_{i=1}^{n} \overleftarrow{A}_{i\min} \tag{1-2}$$

式中 $A_{0\max}$——封闭环最大极限尺寸,mm;

$\overrightarrow{A}_{i\max}$——各增环最大极限尺寸,mm;

$\overleftarrow{A}_{i\min}$——各减环最小极限尺寸,mm。

③封闭环最小极限尺寸等于所有增环的最小极限尺寸之和减去所有减环的最大极限尺寸之和。即:

$$A_{0\min} = \sum_{i=1}^{m} \overrightarrow{A}_{i\min} - \sum_{i=1}^{n} \overleftarrow{A}_{i\max} \tag{1-3}$$

式中 $A_{0\min}$——封闭环最小极限尺寸,mm;

$\overrightarrow{A}_{i\min}$——各增环最小极限尺寸,mm;

$\overleftarrow{A}_{i\max}$——各减环最大极限尺寸,mm。

④封闭环公差等于封闭环最大极限尺寸与封闭环最小极限尺寸之差,即:

$$\delta_0 = \sum_{i=1}^{m+n} \delta_i \tag{1-4}$$

式中 δ_0——封闭环公差,mm;

δ_i——各组成环公差,mm;$\delta_i = A_{0\max} - A_{0\min}$。

此式表明,封闭环公差等于各组成环公差之和。由此可知,若各组成环公差一定,减少环数可提高封闭环精度;若封闭环公差一定,减少环数可放大各组成环公差,使之加工容易。

例 1-1 如图 1-13(b)所示,在齿轮轴装配中,为了能使齿轮可靠工作,要求装配后齿轮端面和箱体凸台端面之间具有 0.1 ~ 0.3 mm 的轴向间隙。已知 $B_1 = 80_{0}^{+0.1}$ mm,$B_2 = 60_{-0.06}^{0}$ mm,问 B_3(垫片)的尺寸应控制在什么范围内才能满足装配要求?

解:①根据题意绘制尺寸链简图,如图 1-14(b)所示。

②确定封闭环为 B_0、增环为 $\overrightarrow{B}_1$、减环为 $\overleftarrow{B}_2$、$\overleftarrow{B}_3$。

③列出尺寸链方程式，计算 B_3 的尺寸值。

由封闭环的基本尺寸公式 1.1 可知，将封闭环、增环、减环分别代入公式得：

$$B_0 = B_1 - (B_2 + B_3)$$

$$B_3 = B_1 - B_2 - B_0 = (80 - 60 - 0)\text{mm} = 20\text{ mm}$$

④确定 B_3 的极限尺寸。

由封闭环的最大极限尺寸公式 1.2 可知：

$$B_{0\max} = \overrightarrow{B}_{1\max} - (\overleftarrow{B}_{2\min} + \overleftarrow{B}_{3\min})$$

$$\overleftarrow{B}_{3\min} = \overrightarrow{B}_{1\max} - \overleftarrow{B}_{2\min} - B_{0\max} = (80.1 - 59.94 - 0.3)\text{mm} = 19.86\text{ mm}$$

由封闭环的最小极限尺寸公式 1.3 可知：

$$B_{0\min} = \overrightarrow{B}_{1\min} - (\overleftarrow{B}_{2\max} + \overleftarrow{B}_{3\max})$$

$$\overleftarrow{B}_{3\max} = \overrightarrow{B}_{1\min} - \overleftarrow{B}_{2\max} - B_{0\min} = (80 - 60 - 0.1)\text{mm} = 19.9\text{ mm}$$

所以，$B_3 = 20^{-0.10}_{-0.14}$ mm。

三、装配方法

通过分析尺寸链可知，由于封闭环公差等于各组成环公差之和，装配精度直接取决于零件制造公差，这将提高零件的加工要求及生产成本。如果在装配时采取不同的装配方法，即使零件制造精度降低，最终也能保证装配要求，从而保证装配精度，使装配精度不完全取决于零件精度。常用的装配方法有完全互换装配法、选择装配法、修配装配法和调整装配法。其中完全互换装配法的装配精度完全依赖于制造精度，而后 3 种装配法的装配精度则不完全取决于零件制造精度。

1. 完全互换装配法

配合不经修配、选择或调整，装配后即可达到装配精度，这种装配方法称为完全互换装配法。此方法装配方便，生产效率高。适用于组成环数少，精度要求不高的场合或大批量生产中。

2. 选择装配法

选择装配法分直接选配法和分组选配法两种。常用的分组选配法，是将产品配合件按实测尺寸分为若干组，装配时按组进行互换装配以达到装配精度。此法的配合精度取决于分组数，增加分组数可以提高装配精度，适用于大批量生产中装配精度要求很高、组成环数较少的场合。

3. 修配装配法

装配时，修去指定零件上的预留量，以达到装配精度的装配方法，称为修配装配法。此法装配周期长、效率低，适用于单件、小批量生产以及装配精度高的场合。

4. 调整装配法

装配时，调整某一零件的位置或尺寸以达到装配要求的方法称为调整装配法。一般采用锥面、斜面、螺纹等移动可调整件的位置；采用调换垫片、垫圈、套筒等控制调整件的尺寸。此法维修方便、生产效率低，除必须采用分组装配的精密配件外，可用于各种装配场合。调整装配法主要有可动调整和固定调整两种装配方法。

(1)可动调整法

可动调整法指用改变零件位置来达到装配精度的方法。采用此法可以调整由于磨损、热变形、弹性变形等所引起的误差，如图1-15所示。以套筒作为调整件，装配时使套筒沿轴向移动（即调整 A_3），直至达到规定的间隙为止。

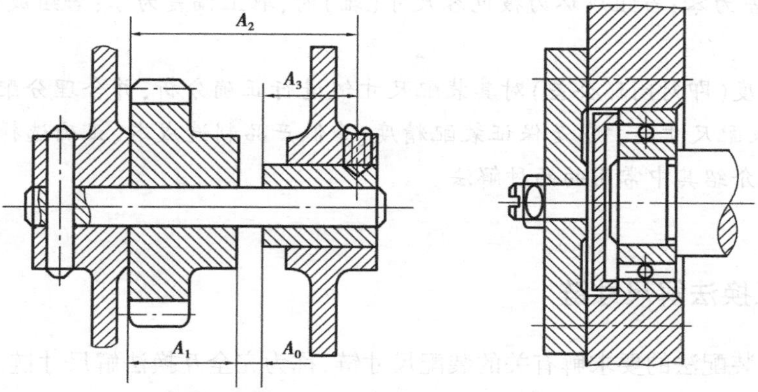

(a)利用套筒调整　(b)利用具有螺纹的端盖调整

图1-15　可调装配法

(2)固定装配法

固定装配法指在尺寸链中选定一个或加入一个零件作为调整环，通过改变调整环尺寸，使封闭环达到精度要求的方法。作为调整环的零件是以一定尺寸制作的一组专用零件，根据装配时的需要，选用其中一种作为补偿，从而保证所需的装配精度。图1-16所示为利用垫片来调整轴向配合间隙的方法。

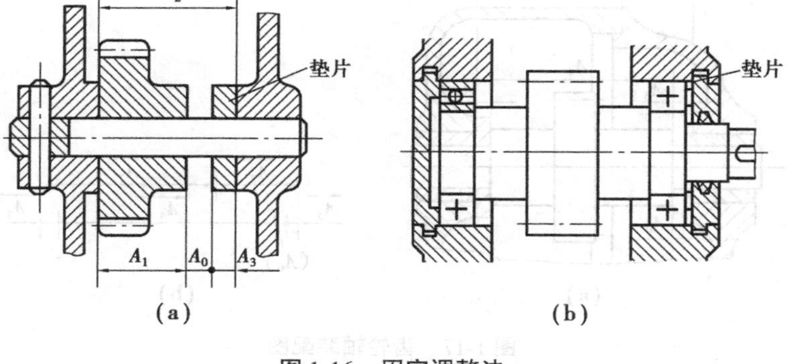

(a)　(b)

图1-16　固定调整法

●任务实施

装配尺寸链解法

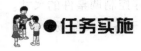

不论采用哪种装配方法，都需要应用尺寸链的概念，才能正确解决零件制造精度与装配精度，即组成环公差与封闭环公差的合理分配。

确定好各组成环公差后，应按“入体原则”确定基本偏差。即：当组成环为包容尺寸(孔)时，取下偏差为零；当组成环为被包容尺寸(轴)时，取上偏差为零；若组成环为中心距，则取对称偏差。

根据装配精度(即封闭环公差)对其装配尺寸链进行正确分析，并合理分配各组成环公差的过程，称解装配尺寸链。它是保证装配精度、降低产品制造成本、正确选择装配方法的重要依据。下面介绍其中常用的两种解法。

一、完全互换法解尺寸链

按完全互换装配法的要求解有关的装配尺寸链，称为完全互换法解尺寸链。

例 1-2 如图 1-17(a)所示齿轮箱部件，装配要求为轴向窜动量 $A_0=0.2\sim0.7$ mm。已知 $A_1=122$ mm，$A_2=28$ mm，$A_3=A_5=5$ mm，$A_4=140$ mm，试用完全互换法解尺寸链。

解：①根据题意绘制尺寸链简图，校验各环基本尺寸。如图 1-17b 所示为尺寸链简图，其中 A_1、A_2 为增环，A_3、A_4、A_5 为减环，A_0 为封闭环。

由封闭环的基本尺寸公式 1-1 可知，将封闭环、增环、减环分别代入公式得：

$$A_0=(A_1+A_2)-(A_3+A_4+A_5)=(122+28)-(5+140+5)=0$$

由此可见，各环基本尺寸无误。

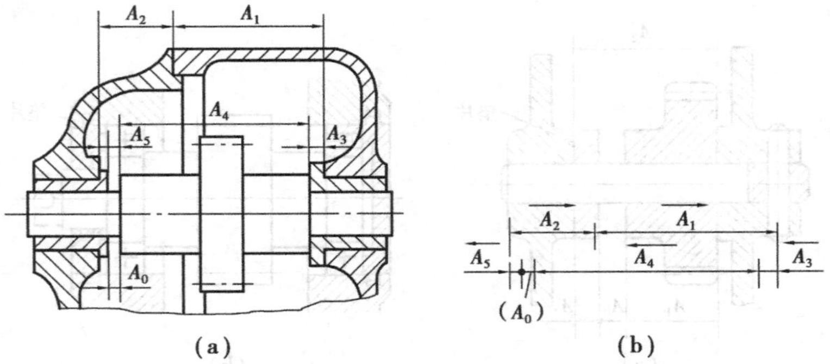

图 1-17 齿轮轴装配图

②确定各组成环尺寸公差及极限尺寸。首先求出封闭环公差：

由封闭环公差公式 1-4 可知：

$$\delta_0 = \sum_{i=1}^{m+n} \delta_i = 0.7 - 0.2 = 0.5(\text{mm})$$

根据$\delta_0 = \sum_{i=1}^{m+n} \delta_i = \delta_1 + \delta_2 + \delta_3 + \delta_4 + \delta_5 = 0.5$ mm，同时考虑各组成环尺寸的加工难易程度，合理分配各环尺寸公差：

$$\delta_1 = 0.20 \text{ mm}, \delta_2 = 0.10 \text{ mm}, \delta_3 = \delta_5 = 0.05 \text{ mm}, \delta_4 = 0.10 \text{ mm}$$

再按"入体原则"分配偏差，有：

$$A_1 = 122_{0}^{+0.20} \text{ mm}, A_2 = 28_{0}^{+0.10} \text{ mm}, A_3 = A_5 = 5_{-0.05}^{0} \text{ mm}$$

③确定协调环。为满足装配精度的要求，应在各组成环中选择一个环，其极限尺寸由封闭环极限尺寸方程式来确定，此环称为协调环。一般情况下，选便于制造及可用通用量具测量的尺寸作为协调环，本题选A_4作为协调环。

由封闭环最大极限尺寸公式1-2可知：

$$A_{0\max} = \overrightarrow{A}_{1\max} + \overrightarrow{A}_{2\max} - \overleftarrow{A}_{3\min} - \overleftarrow{A}_{4\min} - \overleftarrow{A}_{5\min}$$

$$\overleftarrow{A}_{4\min} = \overrightarrow{A}_{1\max} + \overrightarrow{A}_{2\max} - A_{0\max} - \overleftarrow{A}_{3\min} - \overleftarrow{A}_{5\min}$$

$$= 122.20 + 28.10 - 4.95 - 4.95 - 0.7 = 139.70(\text{mm})$$

由封闭环最小极限尺寸公式1-3可知：

$$A_{0\min} = \overrightarrow{A}_{1\min} + \overrightarrow{A}_{2\min} - \overleftarrow{A}_{3\max} - \overleftarrow{A}_{4\max} - \overleftarrow{A}_{5\max}$$

$$\overleftarrow{A}_{4\max} = \overrightarrow{A}_{1\min} + \overrightarrow{A}_{2\min} - A_{0\min} - \overleftarrow{A}_{3\min} - \overleftarrow{A}_{5\min}$$

$$= 122 + 28 - 5 - 5 - 0.2 = 139.80(\text{mm})$$

故$A_4 = 140_{-0.30}^{-0.20}$ mm

二、分组选配法解尺寸链

分组选配法是将尺寸链中组成环的制造公差放大到经济加工精度许可的程度，然后分组进行装配，以保证装配精度。这种装配方法的装配质量不完全取决于零件制造公差，而装配精度决定于分组数，增加分组数可以提高装配精度。

例1-3　如图1-18所示为某发动机内直径为ϕ28 mm的活塞销与活塞孔的装配示意图，装配技术要求销子与销孔装配时，有0.01～0.02 mm的过盈量。试用分组选配法解该尺寸链并确定各组成环的偏差值。设轴、孔的经济公差为0.02 mm。

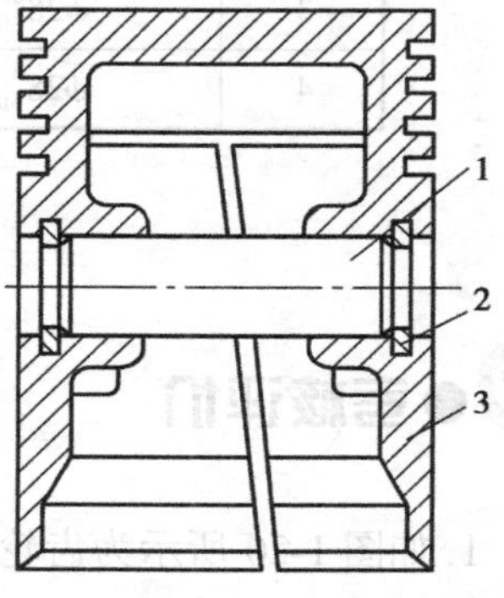

图1-18　活塞销与活塞孔装配图

1—活塞销；2—挡圈；3—活塞

解：①先按完全互换法确定各组成环的公差和偏差值：

由封闭环公差公式1.4得：

$$\delta_0 = \sum_{i=1}^{m+n} \delta_i = (-0.01) - (-0.02) = 0.01(\text{mm})$$

根据等公差原则，取 $\delta_1=\delta_2=0.005$ mm。活塞销的公差带位置应为单向负偏差，则销子的尺寸为：

$$A_1 = 28^{0}_{-0.005} \text{ mm}$$

相应的，根据配合要求可知销孔尺寸为：

$$A_2 = 28^{-0.015}_{-0.020} \text{ mm}$$

根据题意画出销子、销孔公差带图，如图 1-19(a)所示。

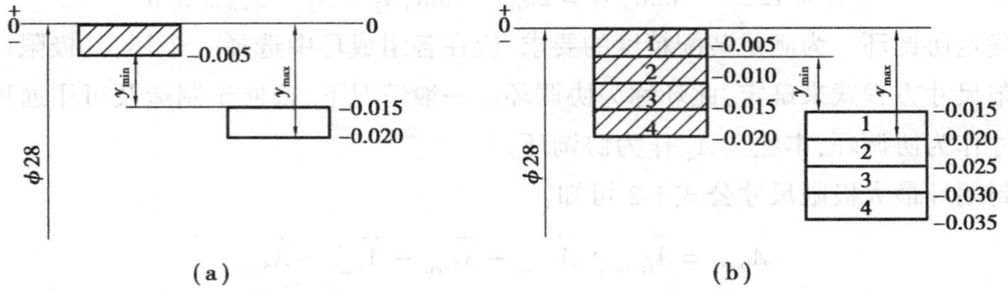

图 1-19　销子与销孔的尺寸公差带

②根据经济公差 0.02 mm，将得出的组成环公差均扩大 4 倍，得到 4×0.005＝0.02 mm 的经济制造公差。

③按相同方向扩大制造公差，得销子的尺寸为 $\phi28^{0}_{-0.020}$ mm，销孔的尺寸为 $\phi28^{-0.015}_{-0.035}$ mm。

④制造后，按实际加工尺寸分成 4 组，分组尺寸公差带如图 1-19(b)所示。然后按组进行装配(表 1-2)，因分组配合公差与允许配合公差相同，所以符合装配要求。

表 1-2　活塞销与活塞孔的分组尺寸　　(单位:mm)

组别	活塞销直径	活塞销孔直径	配合情况	
			最小过盈	最大过盈
1	$\phi28^{0}_{-0.005}$	$\phi28^{-0.015}_{-0.020}$	0.010	0.020
2	$\phi28^{0.005}_{-0.010}$	$\phi28^{-0.020}_{-0.025}$		
3	$\phi28^{0.010}_{-0.015}$	$\phi28^{-0.025}_{-0.030}$		
4	$\phi28^{0.015}_{-0.020}$	$\phi28^{-0.030}_{-0.035}$		

●考核评价

1. 如图 1-20 所示为齿轮轴装配简图。其中，$B_1=80$ mm，$B_2=60$ mm，$B_3=20$ mm，要求装配后轴向间隙为 0.02～0.20 mm。试用完全互换法解该装配尺寸链。

2. 如图 1-21 所示，某轴在加工后需镀铬处理，孔径尺寸为 $A_1=\phi50^{+0.03}_{0}$ mm，镀铬前轴的

尺寸为 $A_2=\phi49.74^{0}_{-0.016}$ mm，要求配合间隙为 $A_0=0.236\sim0.286$ mm。则镀铬层厚度 A_3 应控制在什么范围内？

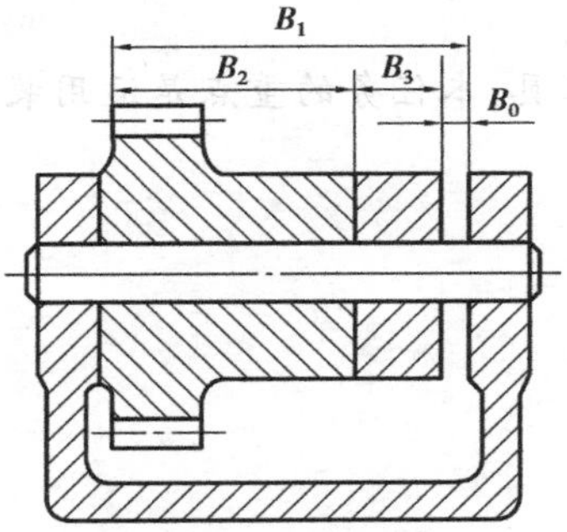

图 1-20 齿轮轴装配图

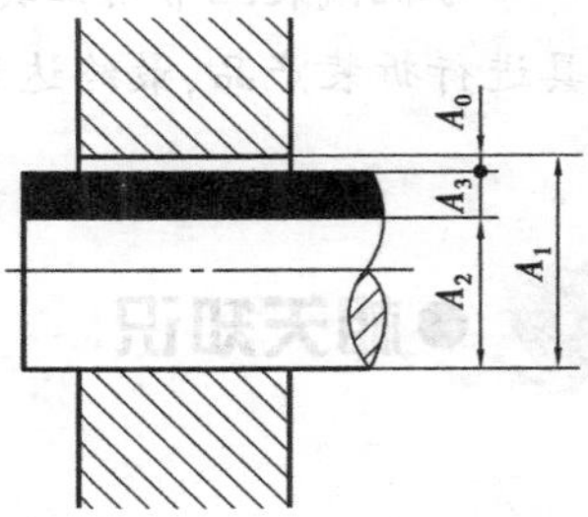

图 1-21 孔轴装配图

任务4 机械装配常用工具

●知识目标

1. 了解电动及气动工具的使用方法。
2. 熟悉机械拆卸工具的正确使用方法。
3. 掌握装配手工工具的操作使用方法。

●技能目标

能够规范使用和选择拆装常用工具。

●任务引入

产品的装配和拆卸需要用到机械装配工具，装配质量和装配工具也有着密切关系，不同装配工具会带来不同的装配效果。

●任务分析

学习机械装配常用工具的目的就是为了学会使用装配工具，本任务的重点是运用装配工具进行拆装产品，最终达到熟练使用各类装配工具。

●相关知识

一、装配手工工具

1. 螺钉旋具

螺钉旋具又称为螺丝刀、旋凿、改锥，是一种用以拧紧或旋松各种尺寸的槽性机用螺钉、木螺钉以及自攻螺钉的手工工具。规格一般以旋杆长度表示，常见的有 75 mm、100 mm、150 mm、300 mm 等长度规格，以一字形和十字形为常见，另外还有快速旋具和弯头旋具，如图 1-22 所示。

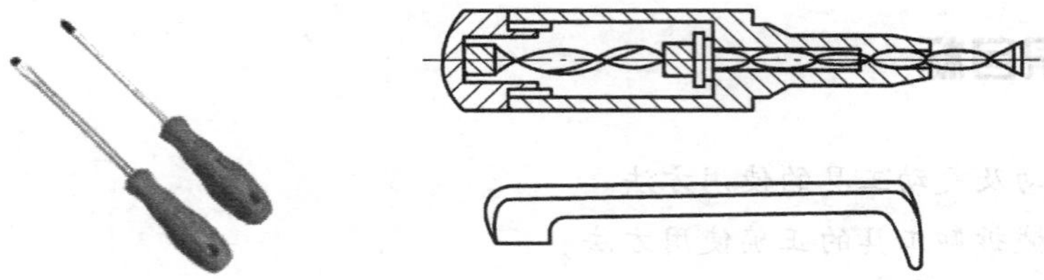

图 1-22　旋具

使用螺钉旋具时，应注意以下几点：

①根据螺钉头部沟槽的形状和尺寸选用相应规格的螺钉旋具。

②使用螺钉旋具时应手握旋具柄部，使刀口对准螺钉头部沟槽，在沿着螺钉方向用力地同时旋转旋具，即可拧紧或松开螺钉。

③不能将螺钉旋具作为撬棒使用，也不能用锤子敲击螺钉旋具的柄部，将螺钉旋具作为錾子使用。

④不能在旋具刀口附近用扳手或钳子来增加扭转力矩。

2. 扳手

扳手是用于拧紧或旋松螺栓、螺母等螺纹紧固件的手工工具。使用时沿螺纹旋转方向在柄部施加外力，就能拧转螺栓或螺母。常用的扳手有通用扳手（活动扳手）、专用扳手和特种扳手等。

（1）通用扳手

通用扳手也称活络扳手、活动扳手，如图 1-23（a）所示，由活动钳口、固定钳口和调节螺杆组成。此种扳手的开度可以自由调节,适用于不同规格的螺栓或螺母,其规格见表1-3。

表1-3　通用活动扳手的规格

长度	米制/mm	100	150	200	250	300	375	450	600
	英制/in	4	6	8	10	12	15	18	24
开口最大宽度 W/mm		14	19	24	30	36	46	55	65

使用时,应将钳口调整到与螺栓或螺母的对边距离同宽,并使其贴紧,让扳手固定钳口承受主要作用力,如图1-23(b)所示,否则容易损坏扳手。扳手手柄不可任意接长,以免拧紧力矩过大而损坏扳手或螺钉。通用扳手的工作效率不高,活动钳口容易歪斜,往往会损伤螺母或螺钉的头部。

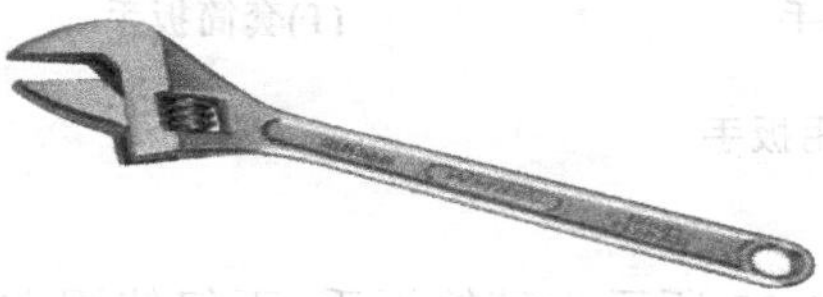

(a)活动扳手

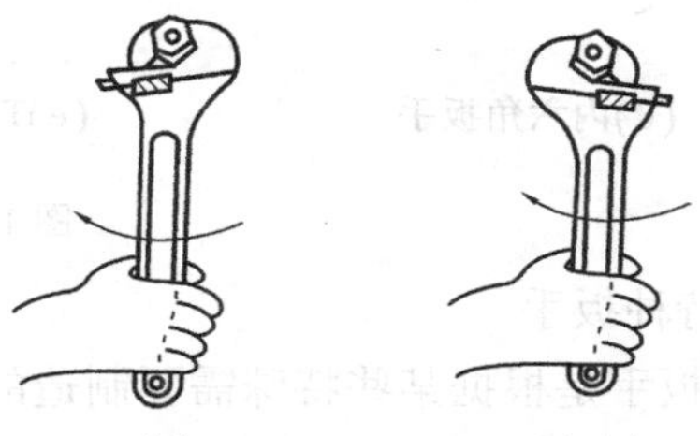

(b)活动扳手的使用

图1-23　活动扳手

(2)专用扳手

专用扳手只能扳动一种规格的螺母或螺钉,根据其用途的不同可分为下列几种。

①呆扳手。它的一端或两端带有固定尺寸的开口,如图1-24(a)所示。一把呆扳手最多只能拧动两种相邻规格的六角头或方头螺栓、螺母,故使用范围较活动扳手小。

②梅花扳手。梅花扳手的两端带有空心的圈状扳口,扳口内侧呈六角、十二角的梅花形纹,如图1-24(b)所示,并且两端分别弯成一定角度。由于梅花扳手具有扳口壁薄和摆动角度小的特点,在工作空间狭窄的地方或者螺母密布的地方使用最为适宜。

③两用扳手。两用扳手是呆扳手和梅花扳手的合成形式,其两端分别为呆扳手和梅花扳手,故而兼有两者的特点,如图1-24(c)所示。一把两用扳手只能拧紧一种尺寸的螺栓或螺母。

④内六角扳手。呈L形的六角棒状扳手,如图1-24(d)所示,专门用于拧紧内六角螺钉,这种扳手是成套的,规格以六角形对边S表示。

⑤丁字扳手。扳手头部按六角或四方形规格制造,适用于装拆台阶工件旁边或凹陷很深的螺钉或螺母,如图1-24(e)所示。

⑥套筒扳手。由多个带六角孔或十二角孔的套筒并配有手柄、接杆等多种附件组成,如图1-24(f)所示,特别适用于空间十分狭小或凹陷很深的螺栓或螺母。

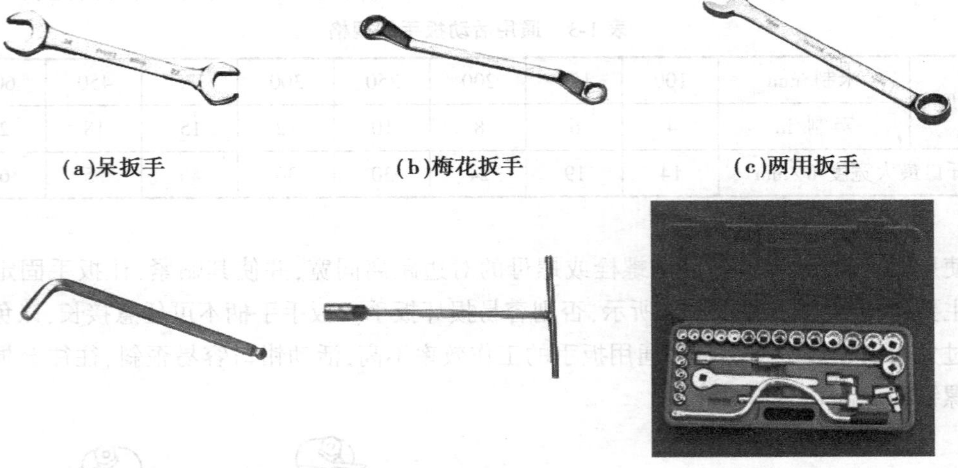

(a)呆扳手　(b)梅花扳手　(c)两用扳手

(d)内六角扳手　(e)T字套筒扳手　(f)套筒扳手

图 1-24　专用扳手

(3)特种扳手

特种扳手是根据某些特殊需要制造的，如图 1-25 所示为棘轮扳手，不仅使用方便，而且效率较高。使用时正向转动(顺时针方向)为拧紧，反向转动为空行程，反复摆动手柄即可逐渐拧紧螺母或螺钉。如图 1-26 所示为管子扳手，用于管子的装拆。

图 1-25　棘轮扳手

图 1-26　管子扳手

3. 钳子

钳子是一种用于夹持、固定加工工件或者扭转、弯曲、剪断金属丝线的手工工具。钳子的外形呈 V 形，通常包括手柄、钳腮和钳嘴 3 个部分。其中钳嘴的形式很多，常见的有尖嘴、平嘴、扁嘴、圆嘴、弯嘴等样式，可适应对不同形状工件的作业需要。常用的钳子有钢丝钳、尖嘴钳和弹性挡圈钳等。

(1)钢丝钳

钢丝钳是一种夹持、弯折和剪断金属丝线的工具，其外形如图 1-27 所示。主要规格有 160 mm、180 mm 和 200 mm。

(2)尖嘴钳

尖嘴钳由于头部较尖,用于狭窄空间夹持零件,其外形如图1-28所示。

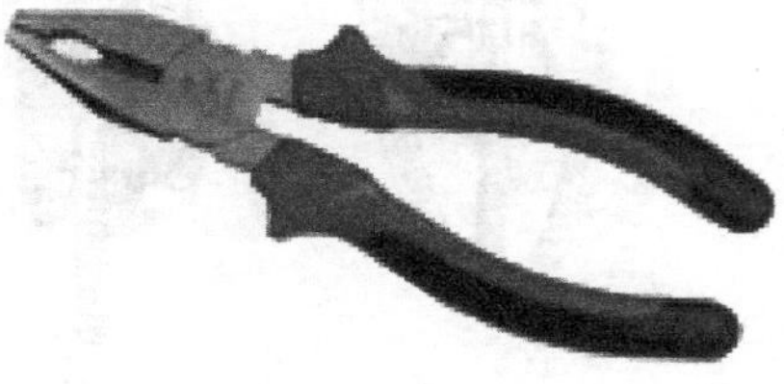

图1-27　钢丝钳

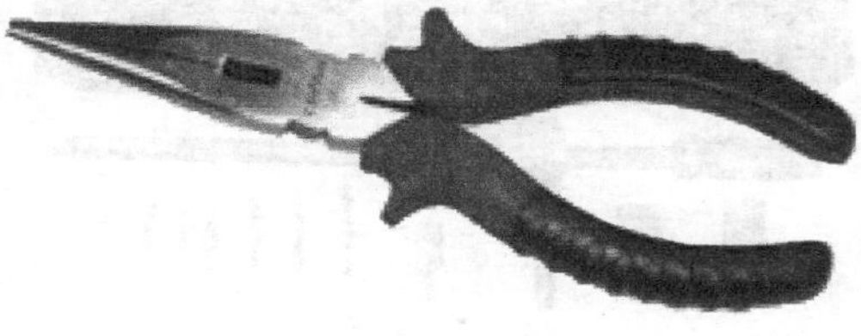

图1-28　尖嘴钳

(3)弹性挡圈钳

弹性挡圈钳用于装拆弹性挡圈,其外形如图1-29所示,分为轴用和孔用两种。每一类又可分为Ⅰ型[图1-29(a)、(c)]和Ⅱ型[图1-29(b)、(d)],Ⅰ型为直嘴式,Ⅱ型为弯嘴式。轴用弹性挡圈钳和孔用弹性挡圈钳是不一样的。当用手捏紧钳把时,轴用弹性挡圈钳的钳嘴是张口的,而孔用弹性挡圈钳的钳嘴是收缩的。

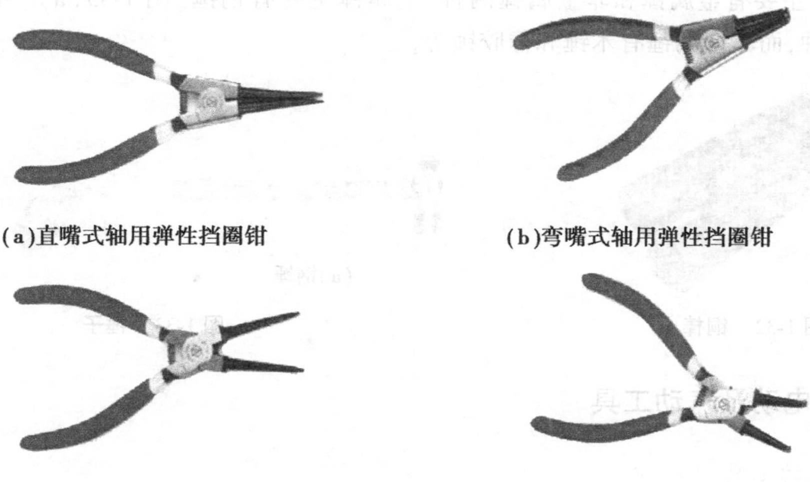

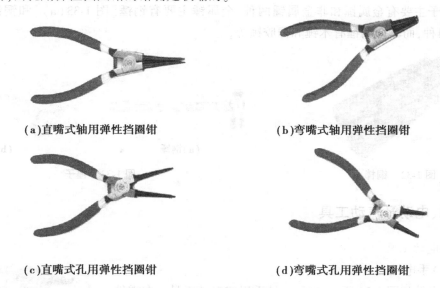

(a)直嘴式轴用弹性挡圈钳　(b)弯嘴式轴用弹性挡圈钳

(c)直嘴式孔用弹性挡圈钳　(d)弯嘴式孔用弹性挡圈钳

图1-29　弹性挡圈钳

二、拆卸工具

1. 拔销器

拔销器如图1-30所示,主要用于拔出带有内(外)螺纹的小轴,带有内螺纹的圆柱销、圆锥销和带有钩头楔形键的零件。

2. 顶拔器

顶拔器如图1-31所示,常用于顶拔机械中的轮、盘或轴承等。顶拔时,用钩头钩住被拔零件,同时,转动螺杆以顶住轴端面中心;用力旋转螺杆转动手柄,即可将被拔零件缓慢拉出。

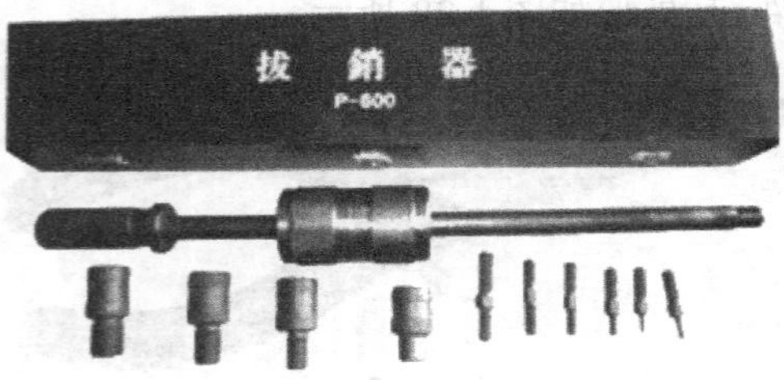

图 1-30　拔销器

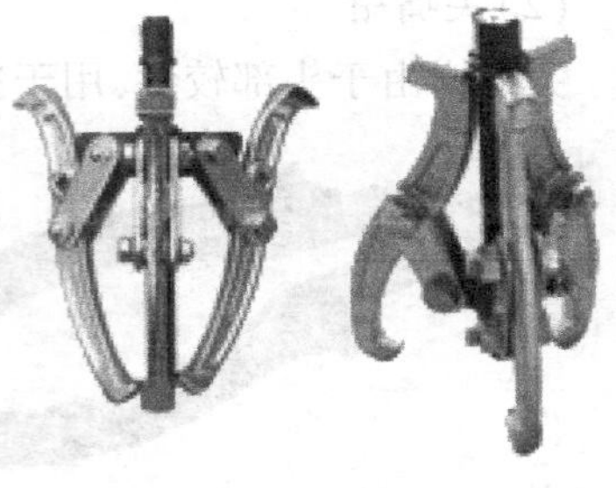

图 1-31　顶拔器

3. 铜棒

铜棒如图 1-32 所示，主要用于敲击不允许直接接触的工件表面，不得用力太大。使用时，一般和手锤共用，一手握住铜棒，一手用手锤锤击铜棒另一端。现在有的企业也用尼龙塑料棒代替铜棒对轴承进行拆装。

4. 锤子

锤子主要有金属锤和非金属锤两种，金属锤主要有钢锤［图 1-33（a）］和铜锤［图 1-33（b）］两种，而非金属锤有木锤和橡胶锤等。

图 1-32　铜棒

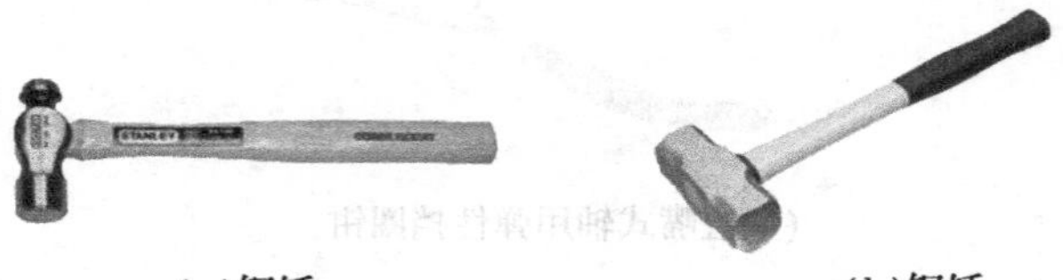

（a）钢锤　　（b）钢锤

图 1-33　锤子

三、电动及气动工具

1. 电动工具

（1）手电钻

手电钻如图 1-34 所示，它是一种手提式电动工具。在零件装配过程中，当零件形状或部位受到限制以致无法在钻床上进行钻孔时，可用手电钻来钻孔。使用手电钻时，应注意两点：

①在使用之前，应先开机空转 1 min，以此来检查各个部件是否正常。如有异常现象，应在故障排除后，再进行钻削。

②使用的钻头必须保持锋利，且钻孔时不宜用力过猛。当孔将被钻通时，应逐渐减轻压力，以防发生事故。

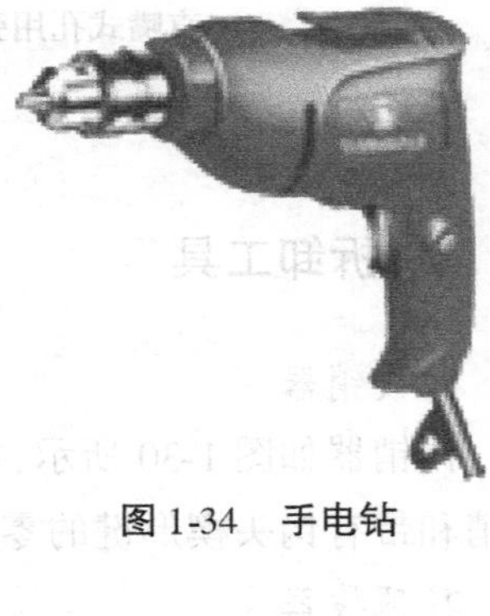

图 1-34　手电钻

（2）电动扳手

电动扳手是拆装螺纹联接的工具，目前在成批生产的企业中得到广泛应用，如图 1-35 所示。

(3)电动旋具

电动旋具是专供装拆各种一字槽和十字槽螺钉用的电动工具,如图1-36所示。

图1-35　电动扳手

图1-36　电动旋具

2. 气动工具

气动工具是利用压缩空气改变机构的运动方向,从而满足工作的需求,气动工具同电动工具一样,具有往复冲击型工具及旋转工具。

(1)气钻(图1-37)

气钻是将转子的旋转动力通过齿轮的变速,传到气钻主轴来实现钻孔。它的型式有直柄式、枪柄式和方向式3种。

(2)气动扳手(图1-38)

气动扳手也是拆装螺纹联接的工具,它的型式有直柄式和枪柄式两种。

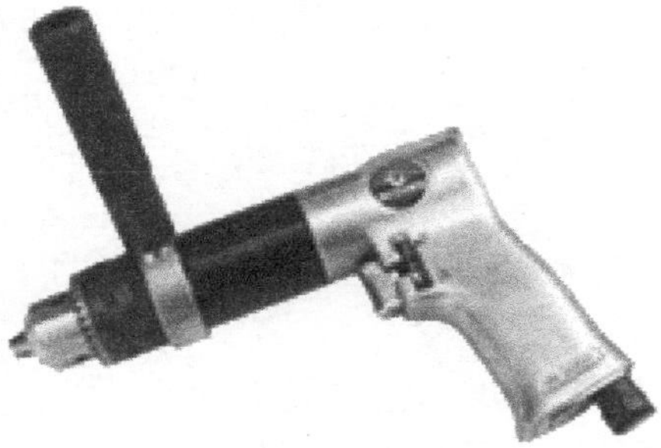

图1-37　气钻

图1-38　气动扳手

●任务实施

锥齿轮轴组件的装配

装配注意事项:

1. 把清洁干燥的锥齿轮轴组件零件及装配所需手工工具做好准备。

2. 装配前看懂图1-3所示锥齿轮轴组件的装配图及图1-4所示的装配顺序。

3. 装配时严格按照表1-1锥齿轮轴组件装配工艺卡片中的装配工序顺序进行，每一个工序中具体到装配工步的内容必须遵照执行。

4. 装配完毕不能有零件遗漏、碰伤乱扔组件和野蛮装配的情况发生，保证装配洁净。

考核评价

序号	项目和技术要求	实训记录	配分	得分
1	装配前零件按顺序摆放，整齐有序		15	
2	能正确使用装配工具并做到动作规范		15	
3	回答老师提问的锥齿轮轴组件装配问题		20	
4	能够正确装配锥齿轮轴组件，装配动作熟练，有团队合作精神		35	
5	装配后清理器具，打扫卫生		15	

项目 2

固定联接的装配

任务 1　螺纹联接的装配

●知识目标

1. 了解螺纹联接的类型。
2. 了解螺母、螺钉的装配要点。
3. 掌握螺纹联接的装配技术要求。
4. 掌握螺纹联接的预紧与防松。
5. 熟悉螺纹联接的损坏形式及修复防松。

●技能目标

会拆装双头螺柱、螺钉、螺母。

●任务引入

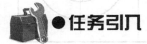

螺纹联接是一种可拆的固定联接，它具有结构简单、联接可靠、装拆方便等优点，在机械

中应用广泛。螺纹联接分为普通螺纹联接和特殊螺纹联接两大类，由螺栓、双头螺柱或螺钉构成的联接称为普通螺纹联接，除此以外的螺纹联接称为特殊螺纹联接。

●任务分析

在日常生活中，人们或多或少都拆装过零、部件，如自行车上零部件的更换，但多数没有精度要求。事实上，在机械工业中，工件装配完成的情况将直接影响整体部件的质量；合理的拆卸方法可以提高工作效率，防止零部件的损坏。本项目主要学习螺纹联接的相关理论知识，然后掌握螺纹联接的拆装方法和注意点。

●相关知识

固定联接是装配中基本的一种装配方法，常见的固定联接有螺纹联接、键联接、销联接、过盈联接等。根据拆卸后零件是否被破坏，固定联接又分为可拆卸的固定联接和不可拆卸的固定联接两类。

螺纹联接及其装配

螺纹联接是一种可拆卸的固定联接，它具有结构简单、联接可靠、装拆方便等优点，故在固定联接中应用广泛。

一、螺纹联接的类型

螺纹联接是一种可拆的固定联接，它具有结构简单、联接可靠、装拆方便等优点，在机械中应用广泛。螺纹联接分普通螺纹联接和特殊螺纹联接两大类：普通螺纹联接的基本类型有螺栓联接、双头螺柱联接、螺钉联接等，见表2-1；除此以外的螺纹联接称为特殊螺纹联接。

表2-1　普通螺纹的基本类型及其应用

类型	螺栓联接	双头螺柱联接	螺钉联接	紧定螺钉联接
结构	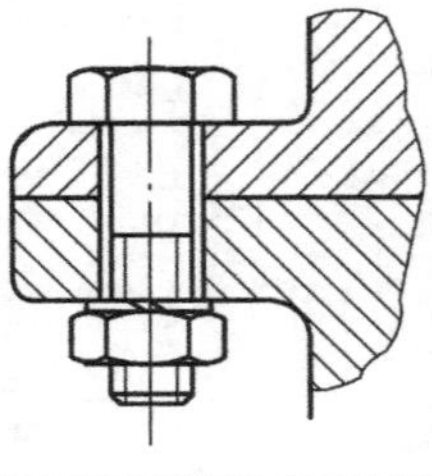	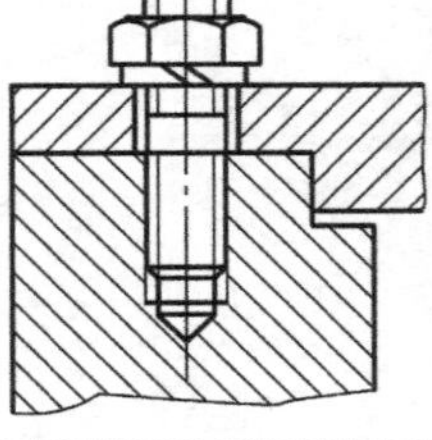	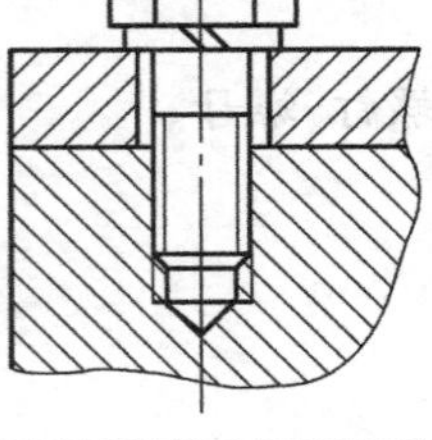	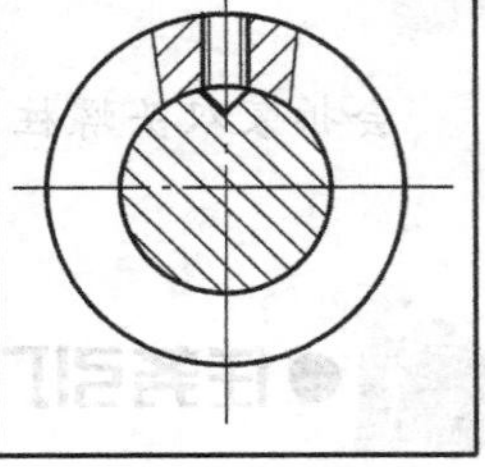

续表

类型	螺栓联接	双头螺柱联接	螺钉联接	紧定螺钉联接
特点及应用	无须在联接件上加工螺纹，联接件不受材料的限制，主要用于联接件不太厚，并能从两边进行装配的场合	拆卸时只需旋下螺母，螺柱仍留在机体螺纹孔内，故螺纹孔不易损坏。主要用于联接件较厚面又需经常装拆的场合	主要用于联接件较厚，或结构上受到限制，不能采用螺栓联接，且不需经常装拆的场合，经常拆装很容易使螺纹孔损坏	紧定螺钉的末端顶住其中一联接件的表面或进入该零件上相应的凹坑中，以固定两零件的相对位置，多用于轴与轴上零件的联接，传递不大的力或扭矩

二、螺纹联接装配的技术要求

1. 保证一定的拧紧力矩

为达到螺纹联接可靠和紧固的目的，要求纹牙间有一定摩擦力矩，所以螺纹联接装配时应有一定的拧紧力矩，使纹牙间产生足够的预紧力。

拧紧力矩或预紧力的大小是根据使用要求确定的。一般紧固螺纹联接，不要求预紧力十分准确，而规定预紧力的螺纹联接，则必须用专门方法来保证准确的预紧力。

2. 有可靠的防松装置

螺纹联接一般都具有自锁性，在静载荷下，不会自行松脱，但在冲击、震动或交变载荷下，会使纹牙之间正压力突然减小，以致摩擦力矩减小，使螺纹联接松动。因此，螺纹联接应有可靠的防松装置，以防止摩擦力矩减小和螺母回转。

3. 保证螺纹联接的配合精度

螺纹配合精度由螺纹公差带和旋合长度两个因素确定，分为精密、中等和粗糙 3 种，如图 2-1 所示。

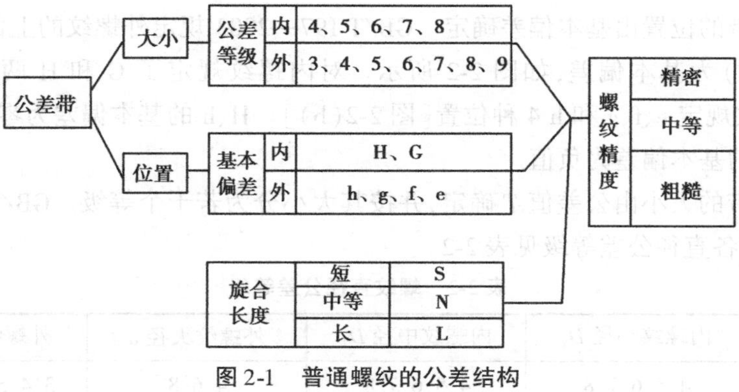

图 2-1　普通螺纹的公差结构

(1)螺纹公差带

由相对于基本牙型的位置和大小确定,如图 2-2 所示。

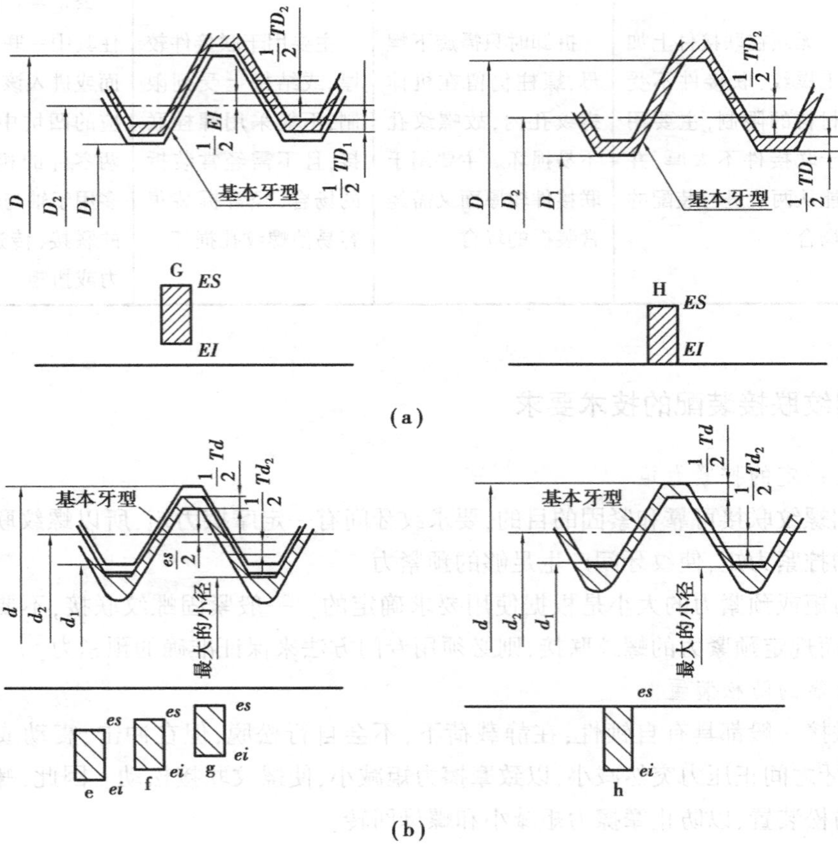

图 2-2　螺纹公差带

由图 2-2 可知,螺纹公差带是沿基本牙型的牙侧、牙顶和牙底分布的牙型公差带,应在垂直于螺纹轴线方向上计量大、中、小径的偏差值。

螺纹公差带的位置由基本偏差确定。GB/T 197—2003 规定外螺纹的上偏差(es)和内螺纹的下偏差(EI)为基本偏差,如图 2-2 所示。对内螺纹规定了 G 和 H 两种位置[图 2-2(a)],对外螺纹规定 e、f、g 和 h 4 种位置[图 2-2(b)]。H、h 的基本偏差为零,G 的基本偏差为正值,e、f、g 的基本偏差为负值。

螺纹公差带的大小由公差值 T 确定,并按其大小分为若干个等级。GB/T 197—2003 规定的内、外螺纹各直径公差等级见表 2-2。

表 2-2　螺纹直径公差等级

螺纹直径	内螺纹小径 D_1	内螺纹中径 D_2	外螺纹大径 d	外螺纹中径 d_2
公差等级	4、5、6、7、8	4、5、6、7、8	4、6、8	3、4、5、6、7、8、9

根据螺纹配合的要求，将公差等级和公差位置组合，可得到各种公差带。但为了减少量刃具的规格，国标规定：一般用途螺纹公差带，内螺纹有5G、6G、7G、5H、6H、7H；外螺纹有6e、6f、5g、6g、7g、5h、6h、7h。

内、外螺纹公差带可以任意组合，为了保证足够的接触高度，最好组合为H/g、H/h、G/h配合。

(2)螺纹旋合长度

两个相互配合的螺纹，沿螺纹轴线方向相互旋合部分的长度，称为螺纹旋合长度。按GB 197—81规定，螺纹的旋合长度分为3组，分别称为短旋合长度、中等旋合长度和长旋合长度，相应的代号为S、N和L。

三、螺纹联接的装配工艺

1. 螺纹联接的预紧

一般的螺纹联接可用普通扳手、电动扳手或风动扳手拧紧，而有规定预紧力的螺纹联接，则常用控制扭矩法、控制扭角法和控制螺栓伸长法等方法来保证准确的预紧力。

2. 螺纹联接的防松

螺纹联接工作在有振动或冲击的场合时会发生松动，为防止螺钉或螺母松动必须有可靠的防松装置。防松的种类分为摩擦防松、机械防松和破坏螺纹副运动关系的防松。

(1)摩擦防松

①对顶螺母。利用主、副两个螺母，先将主螺母拧紧至预定位置，然后再拧紧副螺母。这种防松装置在联接时要使用两只螺母，增加了结构尺寸和质量，一般用于低速重载或较平稳的场合，如图2-3所示。

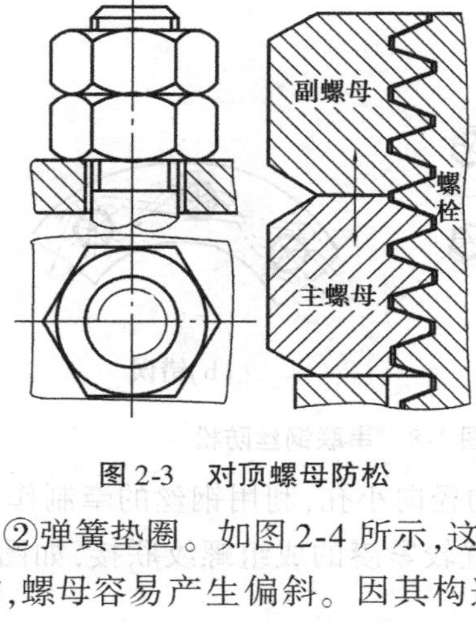

图2-3 对顶螺母防松

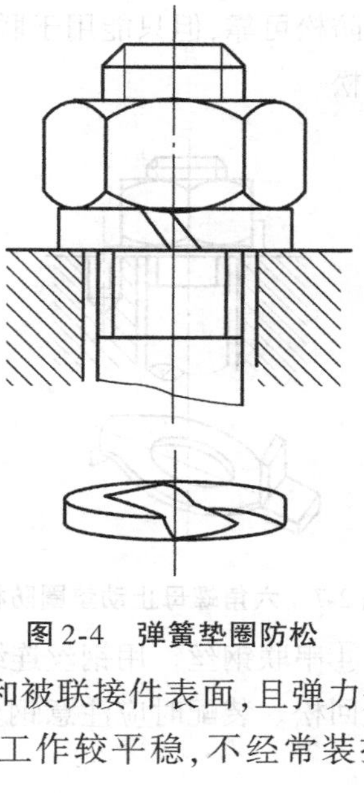

图2-4 弹簧垫圈防松

②弹簧垫圈。如图2-4所示，这种防松装置容易刮伤螺母和被联接件表面，且弹力分布不均，螺母容易产生偏斜。因其构造简单，防松可靠，适用于工作较平稳，不经常装拆的

场合。

(2)机械防松

①开口销与槽形螺母。用开口销把螺母直接锁在螺栓上,其防松可靠,但螺杆上销孔位置不易与螺母最佳锁紧位置的槽口吻合。适用于交变载荷和振动的场合。如图 2-5 所示为开口销与槽型螺母。

②圆螺母止动垫圈。装配时,先把垫圈的内翅插入螺杆槽中,然后拧紧螺母,再把外翅弯入螺母的外缺口内。用于受力不大时螺母的防松。如图 2-6 所示为圆螺母止动垫圈防松。

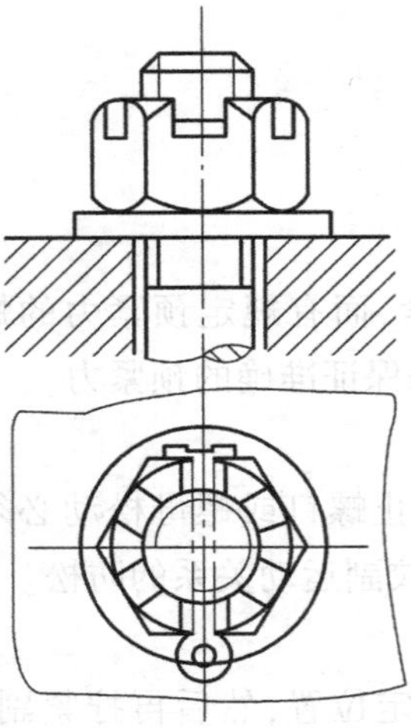

图 2-5　开口销与槽型螺母

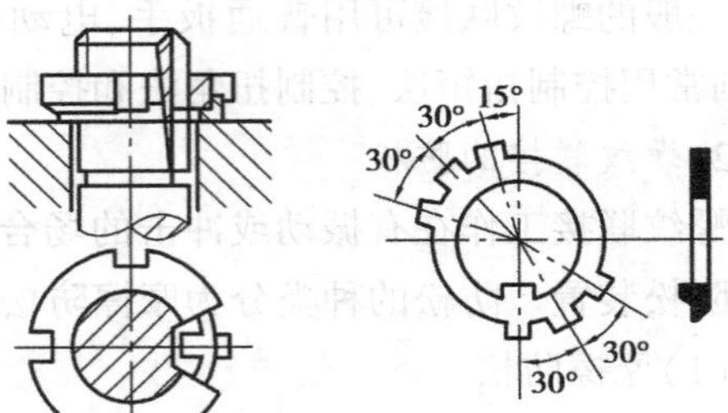

图 2-6　圆螺母止动垫圈防松

③六角螺母止动垫圈。垫圈耳部分别与联接件和六角螺钉或螺母紧贴防止回松。这种方法防松可靠,但只能用于联接部分可容纳弯耳的场合。如图 2-7 所示为六角螺母止动垫圈防松。

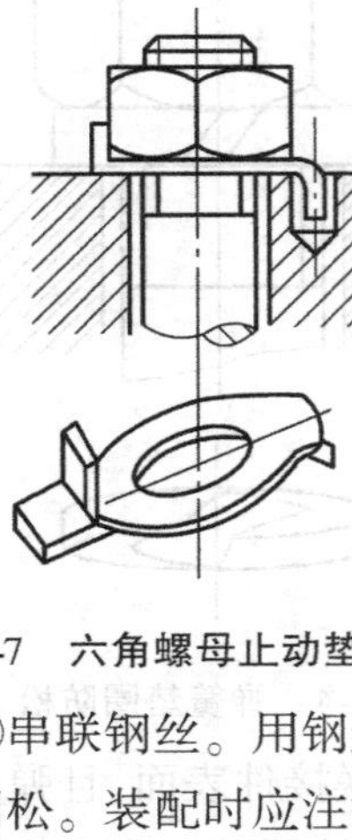

图 2-7　六角螺母止动垫圈防松

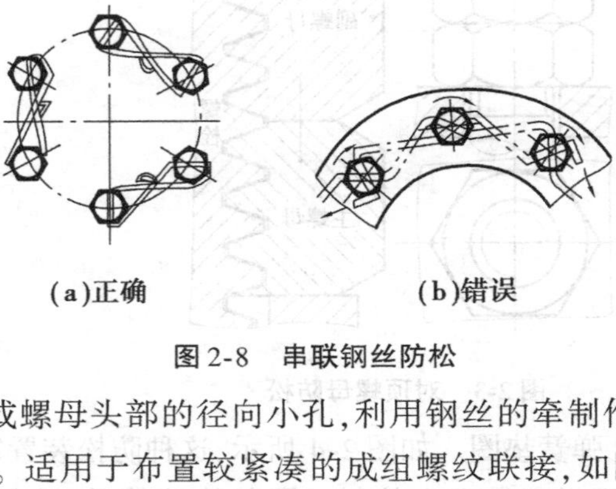

(a)正确　　(b)错误

图 2-8　串联钢丝防松

④串联钢丝。用钢丝连续穿过各螺钉或螺母头部的径向小孔,利用钢丝的牵制作用来防止回松。装配时应注意钢丝的穿绕方向。适用于布置较紧凑的成组螺纹联接,如图 2-8 所示。

(3)破坏螺纹副运动关系的防松

①冲点和点焊。将螺钉或螺母拧紧后,在螺纹旋合处冲点或点焊。防松效果很好,用于不再拆卸的场合,如图 2-9 所示。

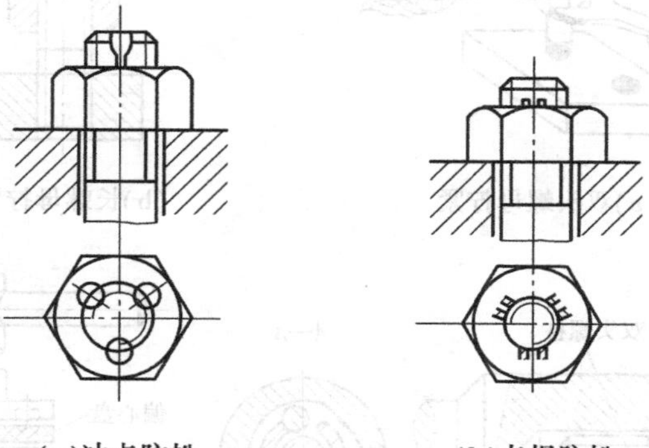

(a)冲点防松　(b)点焊防松

图 2-9　冲点及点焊放松

②粘接。在螺纹旋合表面涂黏结剂,拧紧后,黏合剂固化,防松效果较好,且具有密封作用,但不便拆卸。

四、螺纹联接的装配

1. 双头螺柱的装配

①保证双头螺柱与机体螺纹的配合有足够的紧固性。因此,双头螺柱在装配时其紧固端应采用过渡配合,保证配合后中径有一定过盈量。双头螺柱紧固端的紧固方法如图 2-10 所示。

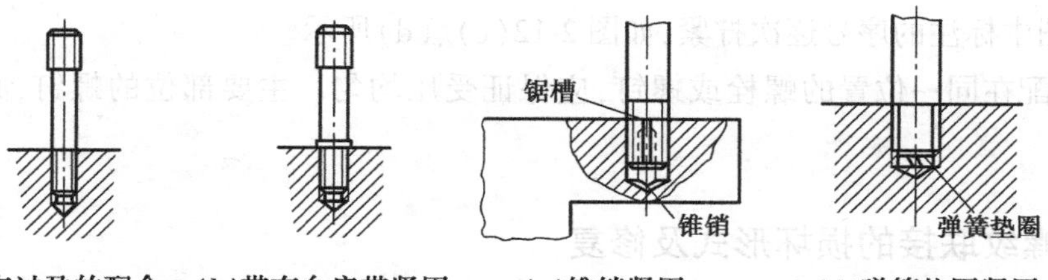

(a)具有过盈的配合　(b)带有台肩带紧固　(c)锥销紧固　(d)弹簧垫圈紧固

图 2-10　双头螺柱的紧固形式

②双头螺柱的轴心线必须与机体表面垂直,装配时可用 90°角尺进行检验。当发现较小的偏斜时,可用丝锥校正螺孔后再装配,或将装入的双头螺柱校正至垂直;当偏斜较大时,不得强行校正,以免影响联接的可靠性。

③装入双头螺柱时,必须用油润滑,以免拧入时产生咬住现象,同时便于以后拆卸。常用的拧紧双头螺柱的方法,如图 2-11 所示。

2. 螺栓、螺母和螺钉的装配

①应使螺栓、螺母或螺钉端面与贴合的表面接触良好,贴合处的表面应当经过加工,否

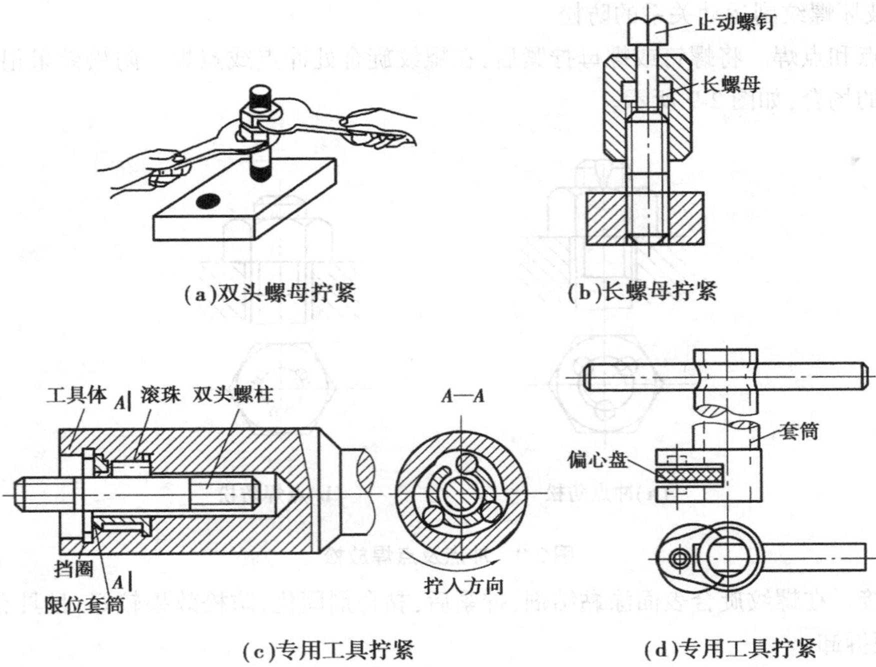

图 2-11　双头螺柱拧紧的方法

则容易使联接件松动或使螺钉弯曲。

②螺孔内的脏物应当清理干净。被联接件应互相贴合,受力均匀联接牢固。

③拧紧成组多点螺纹联接时,应按一定顺序逐次拧紧(一般分 3 次拧紧),否则会使零件或螺杆产生松紧不一致,甚至变形。在拧紧长方形布置的成组螺母时应从中间开始,逐渐向两边对称的扩展,如图 2-12(a)、(b)所示,在拧紧方形或圆形布置的成组螺母时必须对称进行,应按图中标注的序号逐次拧紧,如图 2-12(c)、(d)所示。

④装配在同一位置的螺栓或螺钉,应保证受压均匀。主要部位的螺钉,必须保证拧紧力矩。

五、螺纹联接的损坏形式及修复

①螺栓头拧断,若螺栓断处在孔外,可在螺栓上锯槽、锉方或焊上一个螺母后再拧出。若断处在孔内,可用比螺纹小径小一点的钻头将螺柱钻出,再用丝锥修整内螺纹。

②螺钉、螺柱的螺纹损坏,一般更换新的螺钉、螺柱。

③螺孔损坏使配合过松,可将螺孔钻大,攻制大直径的新螺纹,配换新螺钉。当螺孔螺纹只损坏端部几扣时,可将螺孔加深,配换稍长的螺栓。

④螺纹、螺柱因锈蚀难以拆卸。可将煤油加在锈蚀处,待煤油渗入螺纹部分后即可拆卸;也可用锤子敲打螺钉或螺母,使铁锈受震动脱落后拧出。

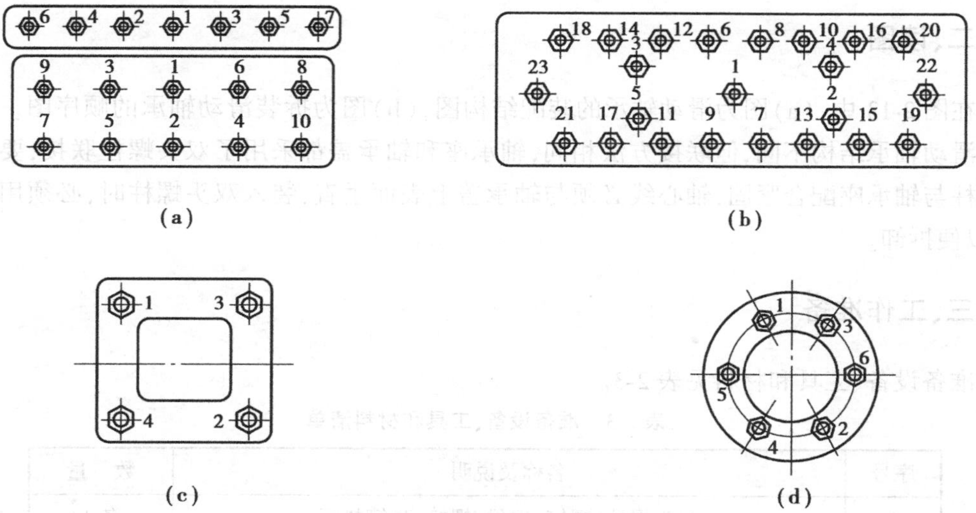

图 2-12　成组螺母的拧紧顺序

●任务实施

拆装螺纹联接

一、装拆结构图

滑动轴承装配图如图 2-13 所示。

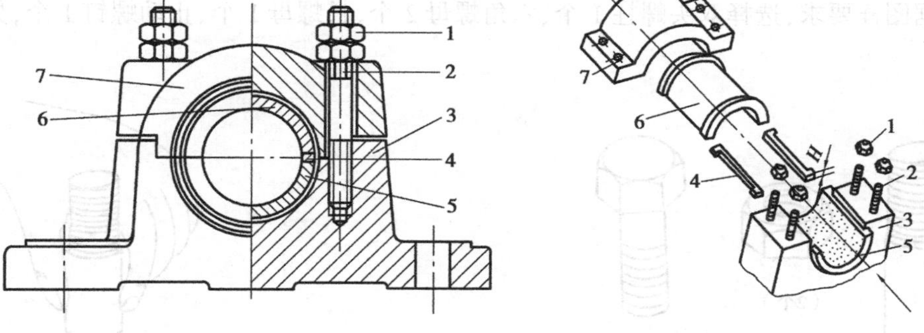

图 2-13　滑动轴承装配图

1—螺母;2—双头螺柱;3—轴承座;4—下轴瓦;5—垫片;6—上轴瓦;7—轴承盖

二、读图

在图 2-13 中,(a)图为滑动轴承的装配结构图,(b)图为拆装滑动轴承的顺序图。两图中两滑动轴承结构不同,但联接方法相同,轴承座和轴承盖都采用了双头螺柱联接,要求双头螺柱与轴承座配合紧固,轴心线必须与轴承盖上表面垂直,装入双头螺柱时,必须用油润滑,以便拆卸。

三、工作准备

准备设备、工具和材料见表 2-3。

表 2-3　准备设备、工具和材料清单

序号	名称及说明	数　量
1	双头螺柱、螺钉、螺母、螺栓,弹簧垫圈	各 1
2	开口销,止动垫圈、紧定螺钉	各 1
3	内六角扳手,活扳手、长螺母和止动螺钉	各 1
4	90°角尺	1
5	手电钻,钻头	各 1

四、装配步骤(装拆双头螺柱)

1. 用双螺母装拆双头螺柱

①识读装配图(图 2-13),了解装配关系、技术要求和配合性质。

根据图样要求,选择双头螺柱 1 个、六角螺母 2 个、长螺母 1 个、止动螺钉 1 个,如图2-14所示。

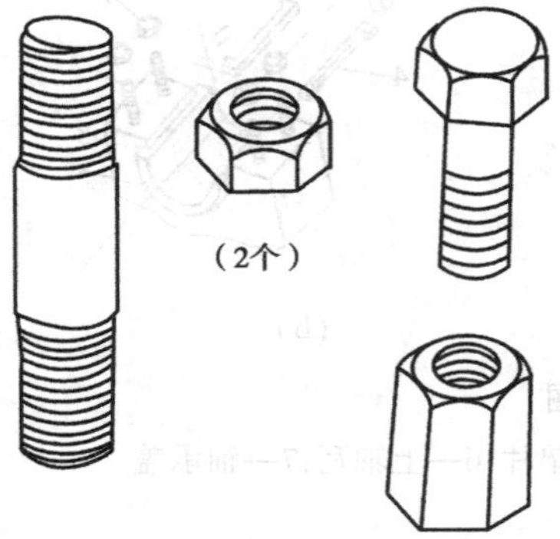

图 2-14

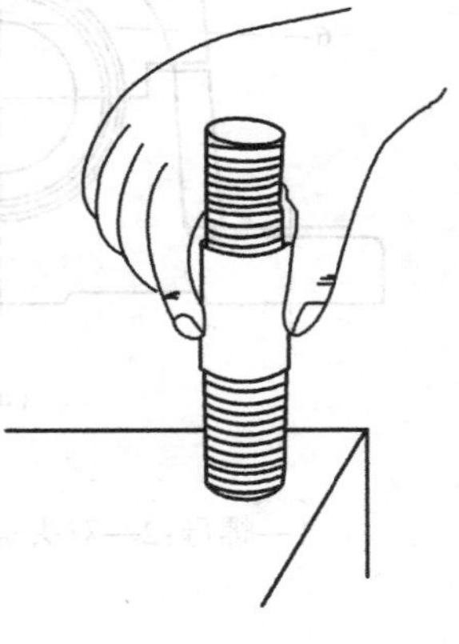

图 2-15

②选择呆扳手和活扳手各1把，机械油（N32）适量，90°角尺1把。

③在机体的螺孔内加注机械油润滑，以防拧入时产生螺纹拉毛现象，同时也可防锈。

④按图样要求将双头螺柱用手旋入机体螺孔内，如图2-15所示。

⑤用手将两个螺母旋在双头螺柱上，并相互稍微锁紧，如图2-16所示。

⑥用一个扳手卡住上螺母，用右手按顺时针方向旋转；用另一个扳手卡住下螺母，用左手按逆时针方向旋转，将双螺母锁紧。

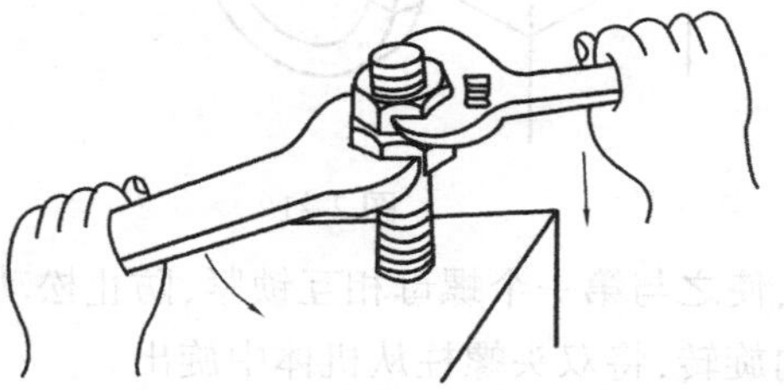

图2-16

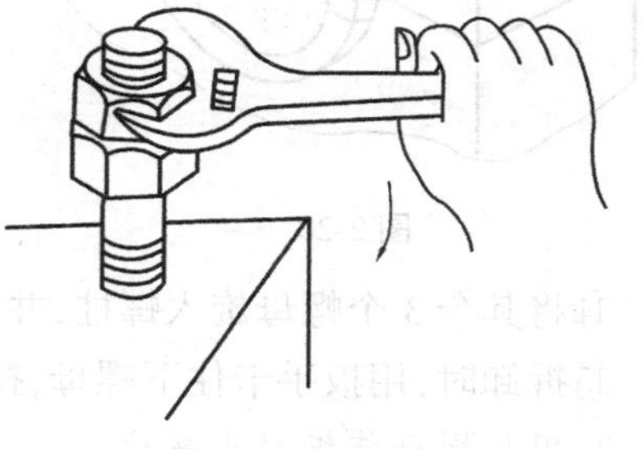

图2-17

⑦用扳手按顺时针方向扳动上螺母，将双头螺柱锁紧在机体上，如图2-17所示。

⑧用右手握住扳手，按逆时针方向扳动上螺母，用左手握住另一个扳手，卡住下螺母不动，使两螺母松开，卸下两个螺母。

⑨用90°角尺检验或目测双头螺柱的中心线应与机体表面垂直，如图2-18所示。

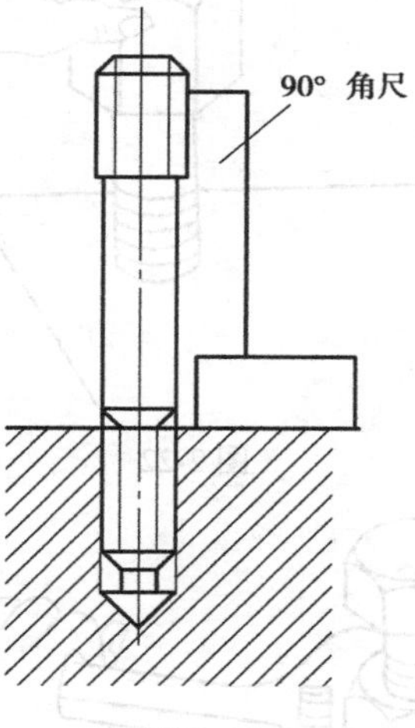

图2-18

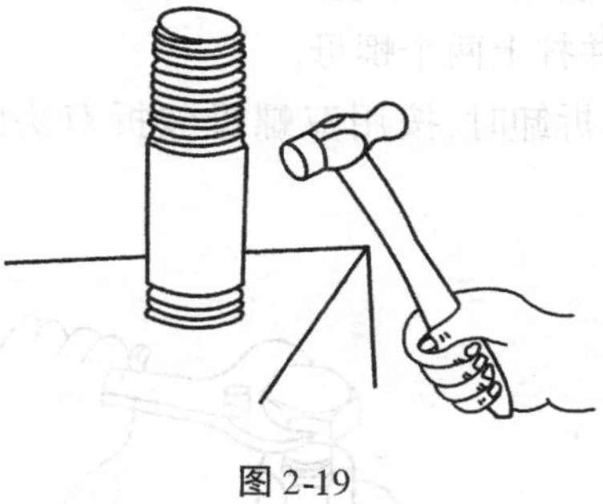

图2-19

⑩检查后，若稍有偏差，如对精度要求不高时可用锤子锤击校正，如图2-19所示，或拆下双头螺柱用丝锥回攻校正螺孔；如对精度要求较高时则要更换双头螺柱。若偏差较大时，不能强行以锤击校正，否则影响联接的可靠性。

⑪将轴承盖套入双头螺柱上，如图2-20所示。

⑫用手将螺母旋入螺柱上压住轴承盖。

⑬用扳手卡住螺母，按顺时针方向旋转，压紧轴承盖，如图2-21所示。

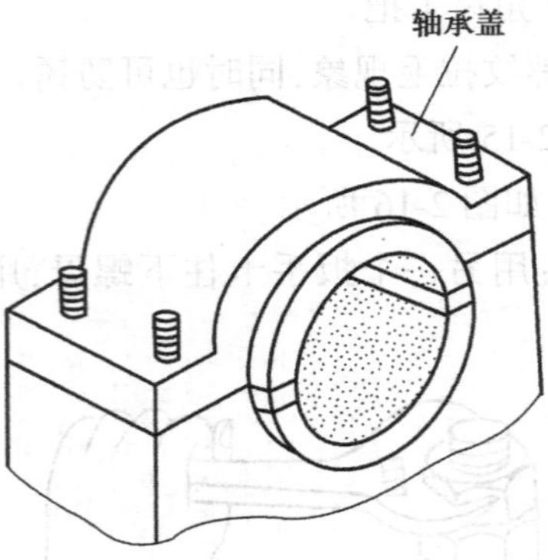

图 2-20

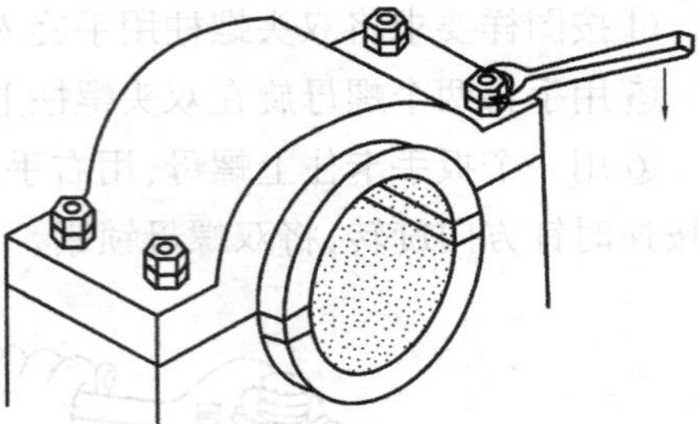

图 2-21

⑭将其余 3 个螺母旋入螺柱，并用扳手拧紧，使之与第一个螺母相互锁紧，防止松动。

⑮拆卸时，用扳手卡住下螺母，按逆时针方向旋转，将双头螺柱从机体中旋出。

2. 用长螺母装拆双头螺柱

①按用双螺母装拆双头螺柱的步骤 1 ~ 5，将双头螺柱旋入机体螺孔内。

②将长螺母旋入双头螺柱上，旋入深度约为 1/2 长螺母厚，如图 2-22 所示。

③在长螺母上再旋入一个止动螺钉，并用扳手拧紧，如图 2-23 所示。

④用扳手按顺时针方向拧动长螺母，将双头螺柱拧紧在机体上，如图 2-24 所示。

⑤用扳手按逆时针方向拧松止动螺钉，用手旋出止动螺钉和长螺母。

⑥按用双螺母装拆双头螺柱的步骤 11 ~ 14 安装轴承盖，并拧上两个螺母。

⑦拆卸时，按用双螺母装拆双头螺柱的第⑮步骤进行。

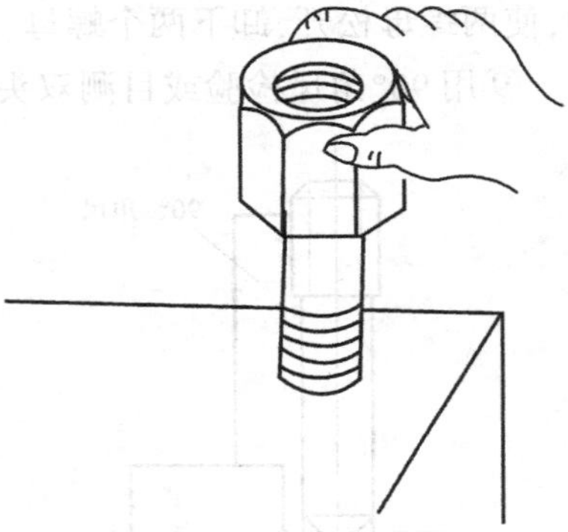

图 2-22

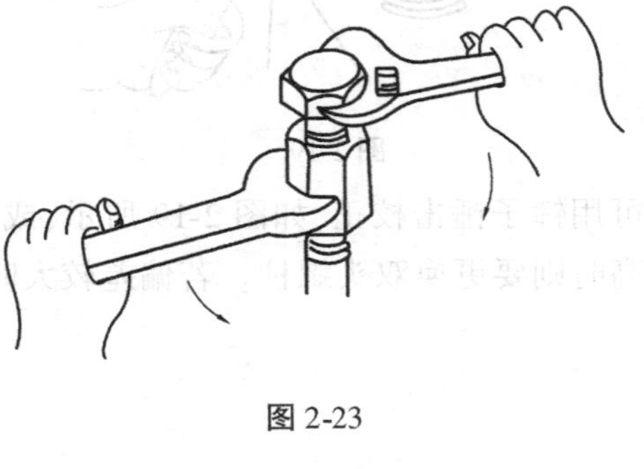

图 2-23

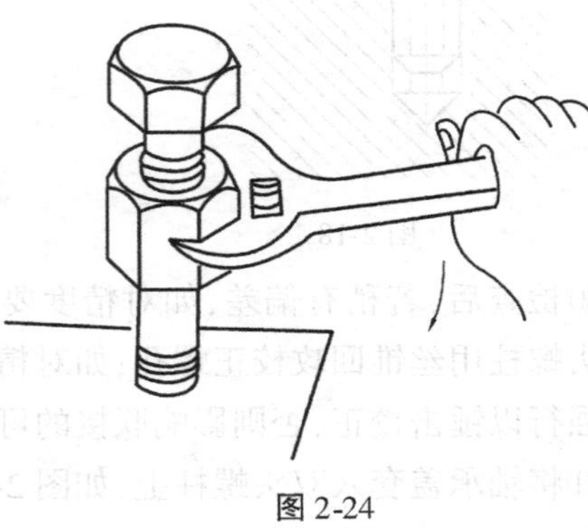

图 2-24

●考核评价

装拆双头螺柱联接训练记录与成绩评定表

序号	项目和技术要求	实训记录	配分	得分
1	装配顺序正确		10	
2	螺柱与轴承座配合紧固		10	
3	螺柱轴心线必须与轴承盖上表面垂直		15	
4	装入双头螺柱时,必须用油润滑		10	
5	双螺母联接应能起到防松目的		15	
6	拆卸顺序正确		15	
7	拆卸时无零件损坏		15	
8	拆卸后的零件按顺序摆放,保管齐全		10	

●知识扩展

1. 设备的拆卸概念

设备的拆卸就是采用适当的方法正确地解除零部件在机构中相互间的约束和固定形式,把它们有次序地、尽量完好地分解出来,妥善放置,做好标记。要防止零、部件的拉伤、损坏、变形和丢失等。

2. 设备拆卸前的准备

拆卸是设备修理工作的重要环节。在拆卸中,如果考虑不周,方法不当,就会造成被拆设备的零部件损坏,甚至导致设备的精度性能降低。所以,拆卸之前首先必须熟悉设备的有关图样、资料,了解设备的结构特点、传动系统,以及零、部件的结构特点和相互之间的配合关系,明确它们的用途和相互之间的作用。然后才能选择适当的拆卸方法,选用合适的拆卸工具,开始进行设备的解体。

3. 拆卸工作的原则

机械设备拆卸时的顺序应与装配顺序相反,一般按"由外至内,自上而下,先部件(或组件)再零件"的原则进行。同时还必须注意以下规则。

①应尽量避免拆卸那些不易拆卸的联接或拆卸后将会降低联接质量和损坏一部分联接零件的联接,如密封联接、过盈联接、铆接和焊接等。

②用击卸法冲击零件时;为了防止损坏零件表面,必须垫好软衬垫,或者用软材料做的

锤子或冲棒打击。冲击方向要正确,落点要得当。

③拆卸时用力应适当,要特别注意保护主要的零件,不使其发生损坏。对于相配合的2个零件,在不得已必须拆坏一个时,应保存价值较高、制造困难或质量较好的零件。

④长径比值较大的零件(如较精密的细长轴、丝杆等)拆下后,应当立即清洗、涂油,并垂直悬挂。为防止重型零件变形,可采用多支点支承卧放。

⑤应尽快清洗拆下的零件,并涂上防锈油。还要用油纸包裹精密零件,防止其生锈腐蚀或碰伤表面。零件较多时,还要按部件分门别类,作好标记后妥善放置。

⑥较细小、易丢失的零件(如紧定螺钉、螺母、垫圈及销子等)清理后尽可能再装到主要零件上,防止遗失。拆下轴上的零件后,最好按原次序方向临时装回轴上或用钢丝串起来放置,这将给装配工作带来方便。

⑦拆下来的油杯、液压元件、油管、水管、气管等,经过清洗后均应将其进、出口封好,以免灰尘杂物等侵入。

⑧拆卸旋转部件时,应注意尽量不破坏原来的平衡状态。

⑨对容易产生位移而又无定位装置或有方向性的相配件,要先作好标记,再拆卸,以便复装时容易辨认。

4. 常用的拆卸方法

常用的方法有击卸法、拉拔法、顶压法、温差法和破坏法等。根据被拆卸零、部件结构特点和联接方式的具体情况,采用相适应的拆卸方法。

任务2　键联接的装配

知识目标

1. 熟悉松键联接的装配技术要求。
2. 掌握松键联接的装配要点。
3. 了解紧键联接的装配。
4. 掌握花键联接的装配。
5. 了解键的损坏形式及修复。

●技能目标

1. 能读懂键联接装配图及其零件图。
2. 会拆装键联接。

●任务引入

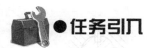

键是一种标准零件，通常用来实现轴与轮毂之间的周向固定以传递转矩，有的还能实现轴上零件轴向固定或轴向滑动的导向作用。它具有结构简单、工作可靠、装拆方便等优点，应用广泛。

●任务分析

在日常生活中，人们或多或少都拆装过零、部件，如自行车上零、部件的更换，但多数没有精度要求。事实上，在机械工业中，工件装配完成的情况将直接影响整体部件的质量；合理的拆卸方法可以提高工作效率，防止零、部件的损坏。本项目主要学习键联接的相关理论知识，然后掌握键联接的拆装方法和注意点。

●相关知识

键联接的装配

键是用来联接轴和轴上工件，用于周向固定以传递转矩的一种机械工件，如齿轮、带轮等在固定时大多用键联接。它结构简单，工作可靠，装拆方便。平键的选用主要根据轴的直径确定。键的截面尺寸 $b \times h$（图 2-25）可查国家标准（GB 1095—79），键的长度一般可按轮毂的长度而定，即键长要略短于（或等于）轮毂的长度，另外还要符合国家标准（GB/T 1095—2003）中的键长要求。按结构特点和用途不同，键联接可分为松键联接、紧键联接和花键联接。

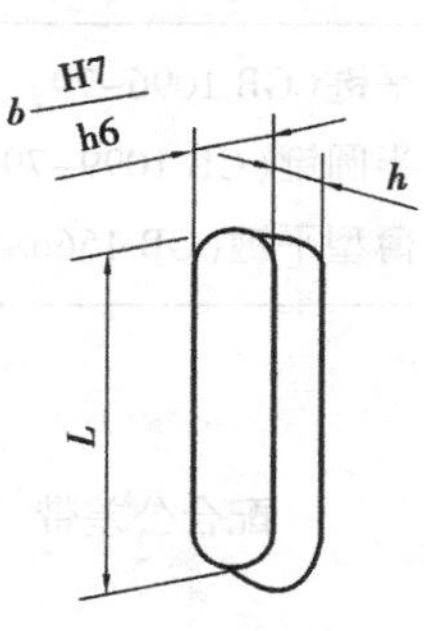

图 2-25 普通平键

一、松键联接的装配

松键联接应用较为广泛。它又分为普通平键[图 2-26(a)]、半圆键[图 2-26(b)]、导向平键[图 2-26(c)]、滑键[图 2-26(d)],其特点是靠键的侧面来传递扭矩,只能对轴上零件作周向固定,而不能承受轴向力。轴上零件的轴向固定,要靠紧定螺钉、定位环等定位零件来实现。松键联接能保证轴与轴上零件有较高的同轴度,在高速精密联接中应用较多。

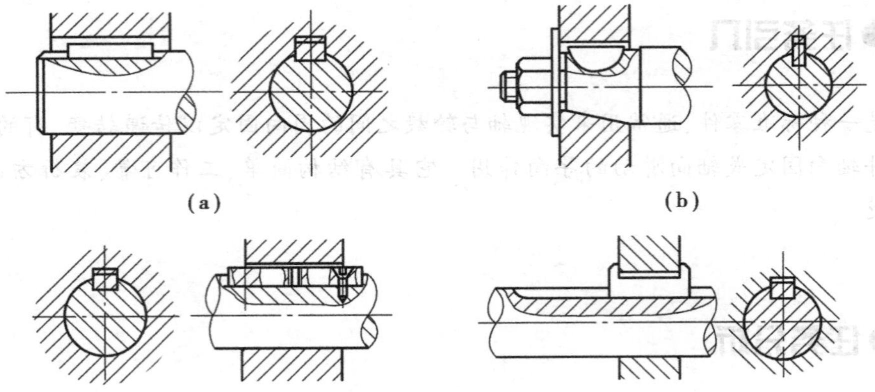

(a) (b) (c) (d)

图 2-26 松键联接

1. 松键联接的装配技术要求

①保证键与键槽的配合要求。键与轴槽和轮毂槽的配合性质一般取决于机构的工作要求,见表 2-4。

表 2-4 键宽 b 的配合公差带

键的类型	较松键联接			一般键联接			较紧键联接		
	键	轴	毂	键	轴	毂	键	轴	毂
平键(GB 1096-79) 半圆键(GB 1099-79) 薄型平键(GB 1566-79)	h9	H9 — H9	D10 — H9	h9	N9	JS9	h9	P9	P9
配合公差带	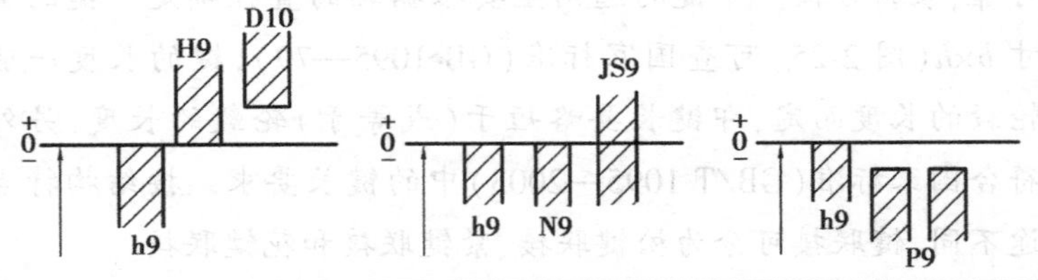								

由于键是标准件,各种不同配合性质的获得,要靠改变轴槽、轮毂槽的极限尺寸来得到。

a. 普通平键联接。图 2-26(a)所示为普通平键联接,键与轴槽采用 P9/h9 或 N9/h9 配合,键与毂槽的配合为 JS9/h9 或 P9/h9,即键在轴上和轮毂上均固定。这种联接应用广泛,常用于高精度、传递重载荷、冲击及双向扭矩的场合。

b. 半圆键联接。图 2-26(b)所示为半圆键联接,键在轴槽中能绕槽底圆弧曲率中心摆动,装拆方便,但因键槽较深,使轴的强度降低。一般用于轻载,常用于轴的锥形端部。

c. 导向平键联接。图 2-26(c)所示为导向平键联接,键与轴槽采用 H9 配合并用螺钉固定在轴上,键与轮毂采用 D10 配合,轴上零件能作轴向移动。为了拆卸方便,设有起键螺钉。常用于轴上零件轴向移动量不大的场合,如变速箱中的滑移齿轮。

d. 滑键联接。图 2-26(d)所示为滑键联接的一种。键固定在轮毂槽中(较紧配合),键与轴槽为间隙配合,轴上零件能带键作轴上移动。用于轴上零件轴向移动量较大的场合。

②键与键槽应具有较小的表面粗糙度。

③键装入轴槽中应与槽底贴紧,键长方向与轴槽有 0.1 mm 的间隙,键的顶面与轮毂槽之间有 0.3 ~0.5 mm 的间隙。

2. 松键联接装配要点

①清理键及键槽上的毛刺,以防配合后产生过大的过盈量而破坏配合的正确性。

②对于重要的键联接,装配前应检查键的直线度和键槽对轴心线的对称度及平行度等。

③用键的头部与轴槽试配,应能使键较紧地嵌在轴槽中(对普通平键和导向平键而言)。

④锉配键长时,在键长方向上键与轴槽有 0.1 mm 左右间隙。

⑤在配合面上加机油,用铜棒或台虎钳(钳口应加软钳口)将键压装在轴槽中,并与槽底接触良好。

⑥试配并安装套件(齿轮、带轮等)时,键与键槽的非配合面应留有间隙,以求轴与套件达到同轴度要求,装配后的套件在轴上不能左右摆动,否则,容易引起冲击和振动。

二、紧键联接的装配

紧键联接主要指楔键联接,楔键联接分为普通楔键[图 2-27(a)]和钩头楔键[图 2-27(b)]两种。楔键的上下两面是工作面,键的上表面和毂槽的底面各有 1 : 100 的斜度,键侧与键槽有一定的间隙。装配时须打入,靠过盈作用传递扭矩。紧键联接还能轴向固定零件和传递单方向轴向力,但易使轴上零件与轴的配合产生偏心和歪斜。多用于对中性要求不高,转速较低的场合。有钩头的楔键用于不能从另一端将键打出的场合,如图 2-27(b)所示。

1. 楔键联接的装配技术要求

①楔键的斜度应与轮毂槽的斜度一致,否则,套件会发生歪斜,同时降低联接强度。

②楔键与槽的两侧要留有一定间隙。

③对于钩头楔键,不应使钩头紧贴套件端面,必须留有一定距离,以便拆卸。

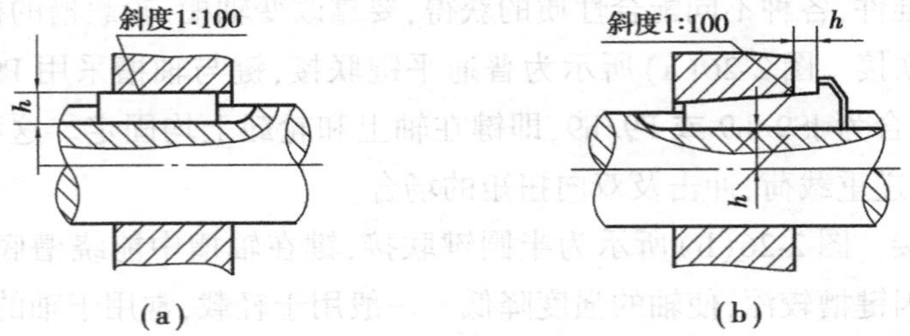

图 2-27　楔键联接

2. 楔键联接装配要点

装配楔键时，要用涂色法检查楔键上下表面与轴槽或轮毂槽的接触情况，若发现接触不良，可用锉刀、刮刀修整键槽。合格后，轻敲入内，至套件周向、轴向紧固可靠。

三、花键联接的装配

花键联接是由轴和毂孔上的多个键齿组成的，如图 2-28 所示。

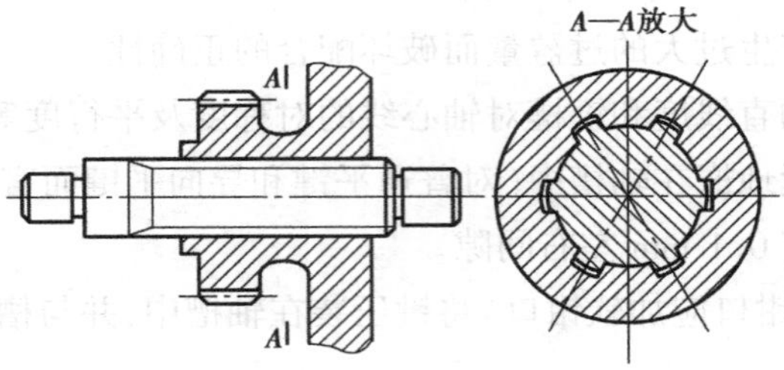

图 2-28　矩形花键联接

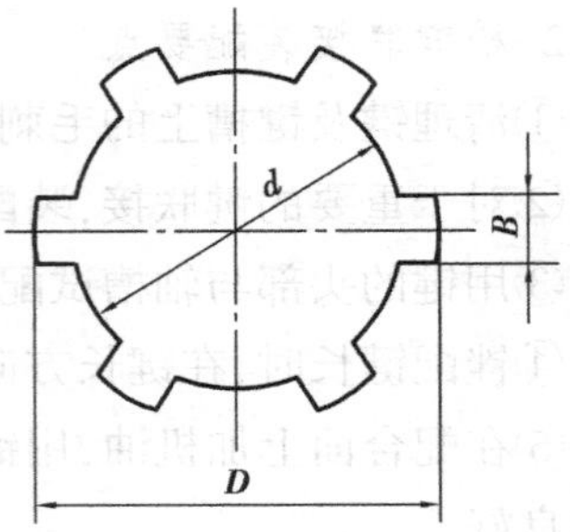

图 2-29　矩形内、外花键的基本尺寸

花键联接具有承载能力高、传递扭矩大、同轴度和导向性好和对轴强度消弱小等特点，但制造成本高。适用于大载荷和同轴度要求较高的联接，在机床和汽车工业中应用广泛。

按工作方式分类花键联接有静联接和动联接两种；按齿廓形状花键可分为矩形花键、渐开线花键及三角花键 3 种。矩形花键因加工方便，应用最为广泛。

1. 矩形花键的结构特点

(1) 矩形花键的基本尺寸

矩形花键的基本尺寸包括键数、小径、大径及键宽等，如图 2-29 所示。

①键数 N。花键轴的齿数或花键孔的键槽数，矩形花键的键数为偶数，常用范围为 4 ~ 20。

②小径 d 和大径 D。花键配合时的最小、最大直径，如图 2-29 所示。

③键宽 B。为键或槽的基本尺寸。

(2) 花键的定心方式

花键定心方式即保证内、外花键同轴度的方法。GB/T 1144—2001 中只规定了小径定心一种定心方式，其理由是：

①小径定心精度高于大径定心，且稳定性好，易实现热处理后磨削花键的工艺，可获得较高精度。

②国际标准和主要工业国家大都采用小径定心，便于对外经济和技术交流。

③采用小径定心，有利于以花键孔为基准的渐开线圆柱齿轮精度标准的贯彻。

(3)花键联接的标注

①装配图上花键联接：

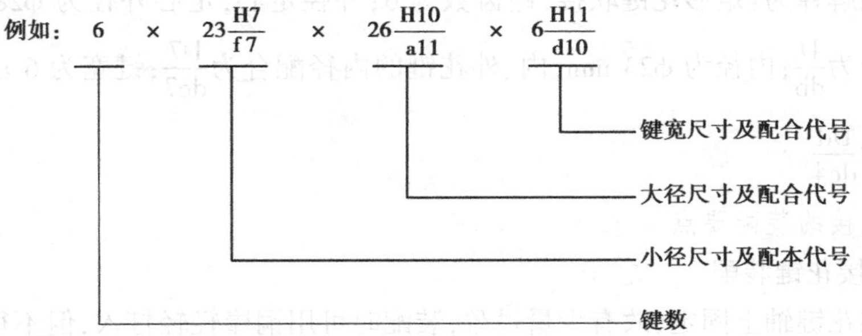

②零件图上内、外花键标注

例　6×23H7×26H10×6H11

表示键槽为：6 个、小径为 ϕ23H7、大径为 ϕ26H10，键宽为 6H11 的内花键。

例　6×23f7×26a11×6d10

表示齿为 6 个、小径为 ϕ23f7、大径为 ϕ26a11，键宽为 6d10 的外花键。

③花键的配合。花键的配合是指花键定心直径、非定心直径及键宽的配合。花键的配合性质与花键的用途、精密程度及联接性质等因素有关，详见有关手册。常见的有滑动$\left(d\,\frac{H7}{f7}\times D\,\frac{H10}{a11}\times B\,\frac{H11}{d10}\right)$、紧滑动$\left(d\,\frac{H7}{g7}\times D\,\frac{H10}{a11}\times B\,\frac{H11}{f9}\right)$和固定$\left(d\,\frac{H7}{h7}\times D\,\frac{H10}{a11}\times B\,\frac{H11}{h10}\right)$3 种。

④矩形花键联接新国标(GB 1144—2001)与旧国标(GB 1144—1974)的区别。

a. 旧标准矩形花键的基本尺寸称为外径(D)、内径(d)和键宽(b)。

b. 旧标准矩形花键配合有外径定心(D)、内径定心(d)和齿侧定心(b)3 种定心方式。一般情况下采用外径定心，如图 2-30 所示。

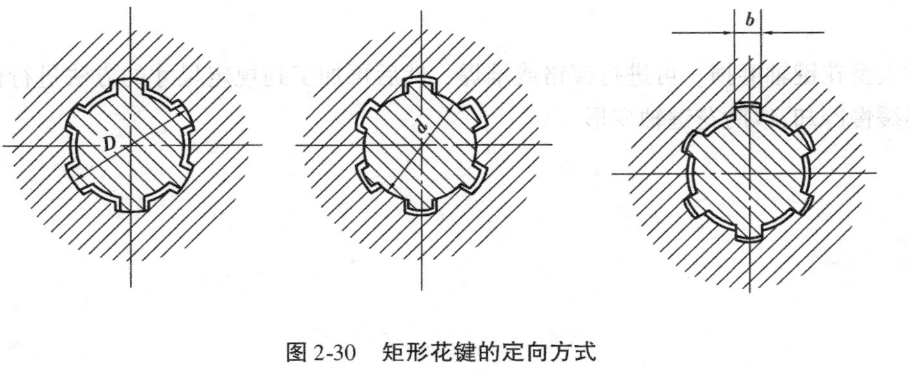

图 2-30　矩形花键的定向方式

c. 新、旧矩形花键的规格代号不同，旧标准在键齿数后用“*D*”“*d*”或“*b*”表示其定心方式，然后用“—”号隔开，后面按外径、内径、键宽顺序用“×”号分别联接，并同时标注其公差代号。

例　　花键副代号　$6D—28\frac{D}{db}\times23\frac{D7}{dc7}\times\frac{Dd}{dc4}$

其中　内花键代号　6D—28D×23D7×6Dd

　　　外花键代号　6D—28db×23dc7×6dc4

以上示例解释为：矩形花键联接，键齿数为6；外径定心，定心外径为ϕ28 mm，内、外花键的外径配合为$\frac{D}{db}$；内径为ϕ23 mm，内、外花键的内径配合为$\frac{D7}{dc7}$；键宽为6 mm；内、外花键的键宽配合为$\frac{Dd}{dc4}$。

2. 花键联接的装配要点

(1) 静联接花键装配

套件应在花键轴上固定，故有少量过盈，装配时可用铜棒轻轻打入，但不得过紧，以防止拉伤配合表面。如果过盈较大，则应将套件加热（80 ~ 120 ℃）后进行装配。

(2) 动联接花键装配

套件在花键轴上可以自由滑动，没有阻滞现象，但也不能过松，用手摆动套件时，不应感觉有明显的周向间隙。

(3) 花键的修整

拉削后热处理的内花键，可用花键推刀修整，以消除因热处理产生的微量缩小变形，也可以用涂色法修整，以达到技术要求。

(4) 花键副的检验

装配后的花键副应检查花键轴与被联接零件的同轴度或垂直度要求。

四、键的损坏形式及修复

①键损坏和修复。一般是更换新键。

②轴与轮毂上的键槽损坏。可将轴槽和轮毂用锉削或铣削的方法将键槽加宽再配制新键。

③大型花键轴磨损。可进行镀铬或堆焊。然后再加工到规定尺寸的方法进行修复。堆焊时要缓慢冷却，以防花键轴变形。

任务实施

一、装配图

齿轮轴装配图如图2-31所示。

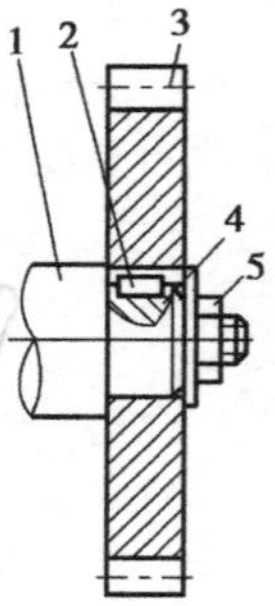

图2-31　齿轮轴

1—轴；2—平键；3—齿轮；4—挡圈；5—螺母

二、读图

图2-31中齿轮3左端用轴肩，右端用挡圈4和螺母5固定其轴向位置；齿轮3和轴1的联接采用了键联接，以固定其周向位置。

三、工作准备

准备设备、工具和材料清单见表2-5。

表2-5　准备设备、工具和材料清单

序号	名称及说明	数量
1	锉刀(300 mm)、刮刀、手锤、铜棒	各1
2	游标卡尺、千分尺、内径百分表	各1
3	台虎钳、软钳口	各1
4	机械油、红丹粉	适量
5	拆卸键联接的专用工具	1

四、装配步骤

1. 平键联接的拆装

①看懂装配图，了解装配关系、技术要求和配合性质。

②选择300 mm的锉刀、刮刀各1把，铜棒1根，手锤1把。

③选择游标卡尺、千分尺1把，内径百分表1块。

④用游标卡尺、内径百分表，检查轴和配合件的配合尺寸。若配合尺寸不合格时，应经过磨、刮、铰削加工修复至合格，如图2-32所示。

⑤按照平键的尺寸，用锉刀修整轴槽和轮毂槽的尺寸。平键与轴槽的配合要求稍紧，键长方向上键与轴槽留有0.1 mm左右间隙；平键与轮毂槽的配合，以用手稍用力能将平键推过去为宜(图2-33)。然后去除键槽上的锐边，以防装配时造成过大的过盈。

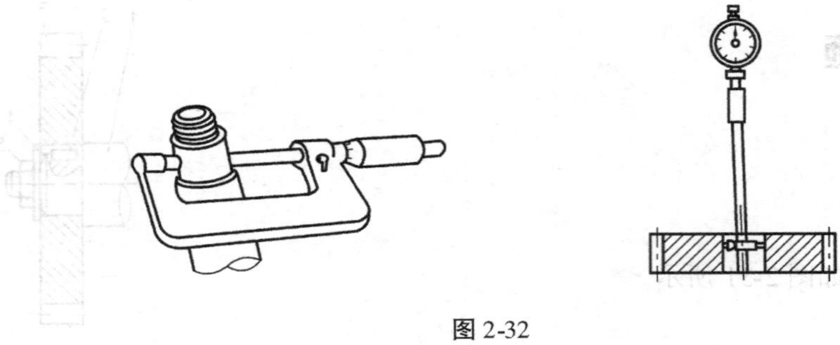

图 2-32

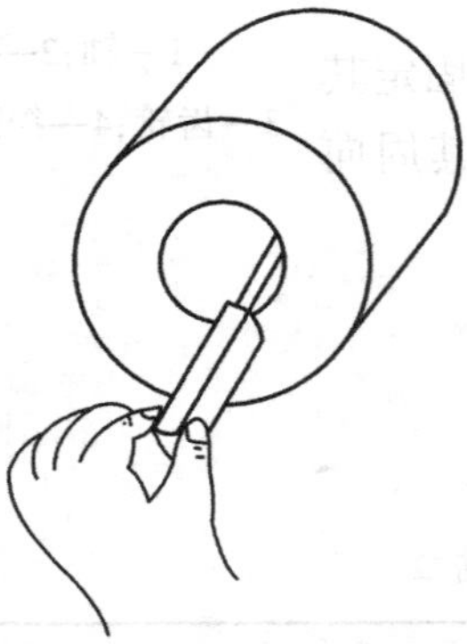

图 2-33

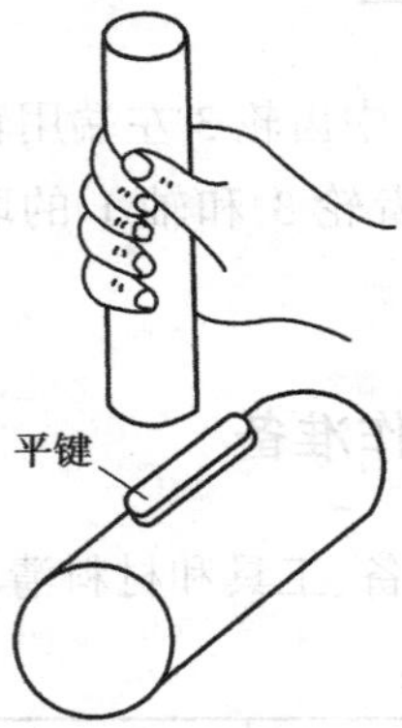

图 2-34

⑥装配时，先不装入平键，将轴与轴上配件试装，以检查轴和孔的配合状况，避免装配时轴与孔配合过紧。

⑦在平键和轴槽配合面上加注机械油（N32），将平键安装于轴的键槽中，用放有软钳口的台虎钳夹紧或用铜棒敲击，把平键压入轴槽内，并与槽底紧贴（图 2-34）。测量平键装入的高度，测量孔与槽的最大极限尺寸，装入平键后的高度尺寸应小于孔内键槽尺寸，公差允许为 0.3 ~ 0.5 mm，如图 2-35 所示。

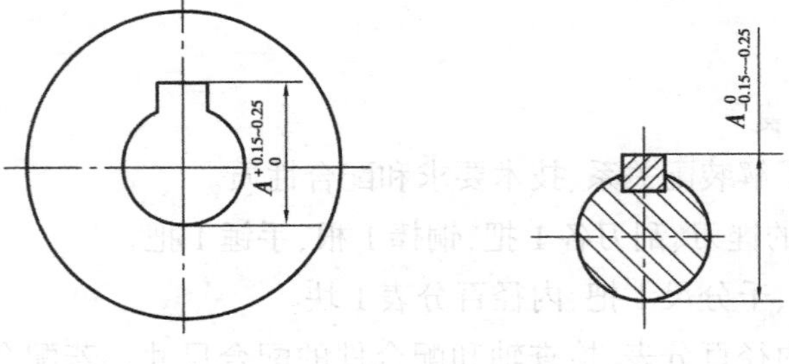

图 2-35

⑧将装配完平键的轴，夹在钳口带有软钳口的台虎钳上，并在轴和孔表面加注润滑油，如图 2-36 所示。

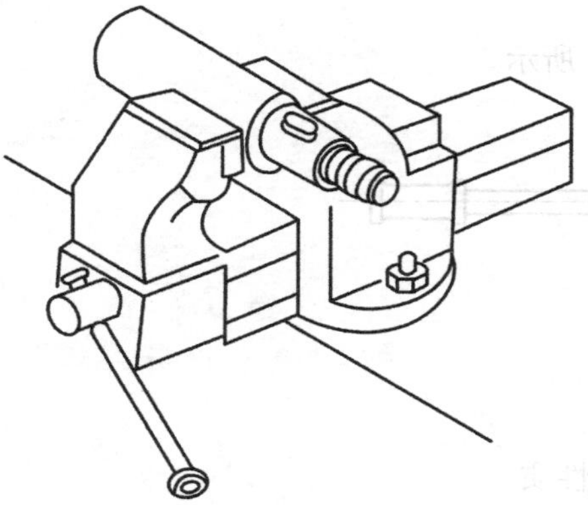

图 2-36

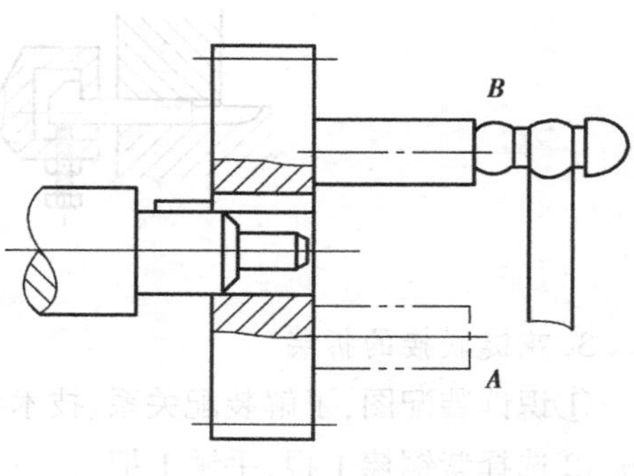

图 2-37

⑨把齿轮上的键槽对准平键，以目测齿轮端面与轴的轴心线垂直后，用铜棒、手锤敲击齿轮，慢慢地将其装入到位（应在 A、B 两点外轮换敲击），如图 2-37 所示。

⑩装上垫圈，旋上螺母。

⑪拆卸时，用扳手松开螺母，取下挡圈，将齿轮用拉卸工具拆下即可。

2. 楔键联接的拆装

①识读装配图，了解装配关系、技术要求和配合性质。

②选择 300 mm 的锉刀、刮刀各 1 把，铜棒 1 根，锤子 1 把。

③用游标卡尺、内径百分表检查各配合尺寸。

④用锉刀去除键槽上的锐边，以防装配时造成过大的过盈。

⑤将轴与轴上的配件试装，以检查轴和孔的配合状况，避免装配时轴与孔配合过紧。

⑥根据键的宽度，修配键槽槽宽，使键与键槽保持一定的配合间隙，如图 2-38 所示。

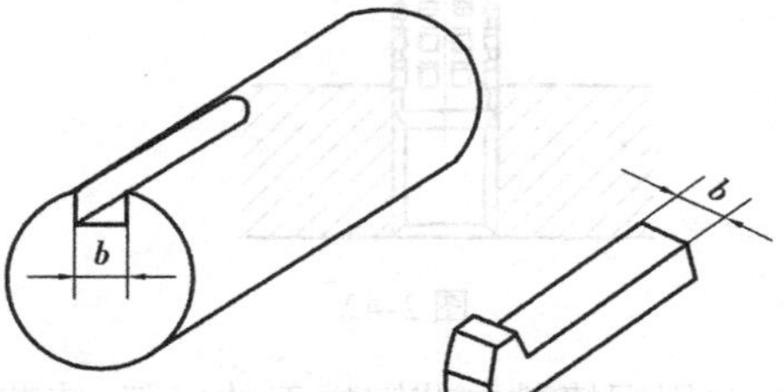

图 2-38

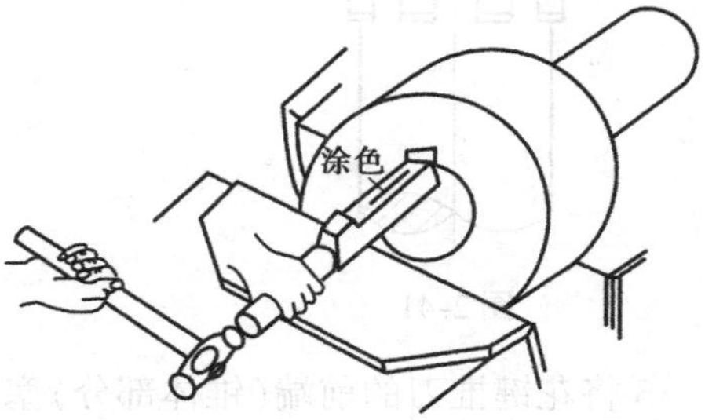

图 2-39

⑦将轴上配件的键槽与轴上键槽对齐，在楔键的斜面涂色后稍敲入键槽内，如图 2-39 所示。

⑧拆卸斜键，根据接触斑点来判断斜度配合是否良好，用锉削或刮削方法进行修整，使键与键槽的上、下结合面紧密贴合。

⑨用煤油清洗斜键和键槽。

⑩将轴上配件的键槽与轴上键槽对齐，将斜键加注机械油（N32）后，用铜棒和锤子将其

敲入键槽中。

⑪拆卸斜键时,用专用工具拨拉即可,如图 2-40 所示。

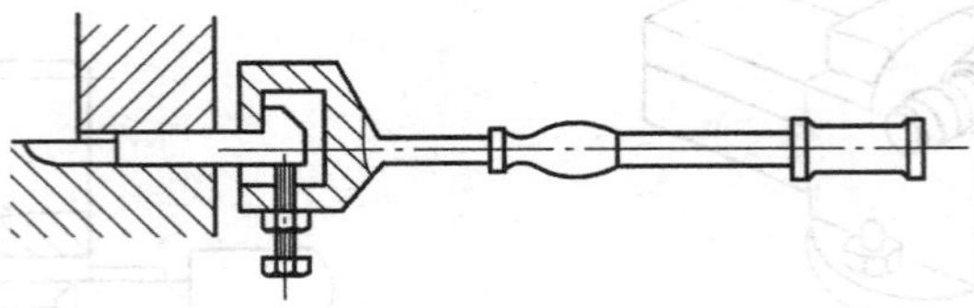

图 2-40

3. 花键联接的拆装

①识读装配图,了解装配关系、技术要求和配合性质。

②选择紫铜棒 1 根,手锤 1 把。

③选择游标卡尺 1 把。

④根据图样要求,选择合适的花键推刀 1 把,如图 2-41 所示。

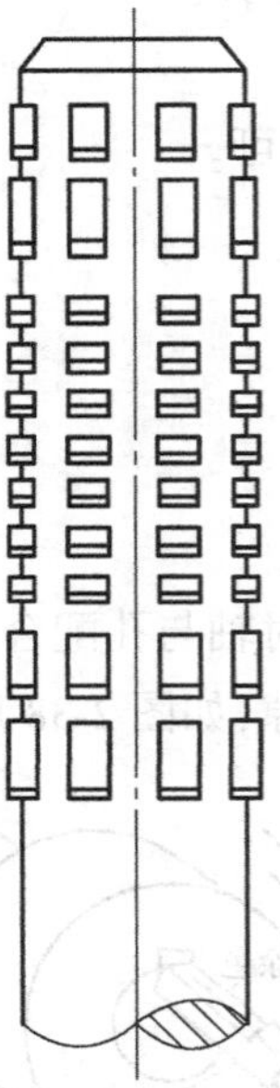

图 2-41

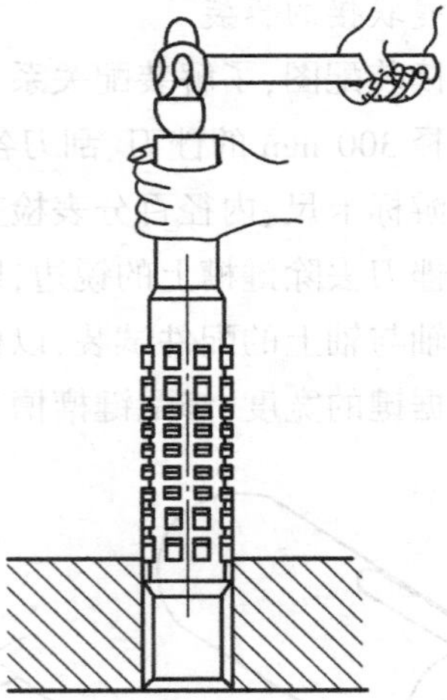

图 2-42

⑤将花键推刀的前端(锥体部分)塞入花键孔中,并用铜棒敲击花键推刀的柄部,使花键推刀的轴线与花键孔的轴线保持一致,垂直度目测合格,如图 2-42 所示。

⑥把装有花键推刀的花键放在压力机的工作台中间,将花键孔与工作台的孔对齐,如图 2-43 所示。

⑦按下压力机的启动按钮,将花键推刀从花键孔的上端面压入,从下端面压出。

⑧将花键推刀转换一个角度再次从花键孔的上端面压入,从下端面压出,重复 2 ~ 4 次,使花键孔达到要求。

⑨将花键轴的花键部位与花键装配,并来回抽动花键轴,要求运动自如,但又不能有晃

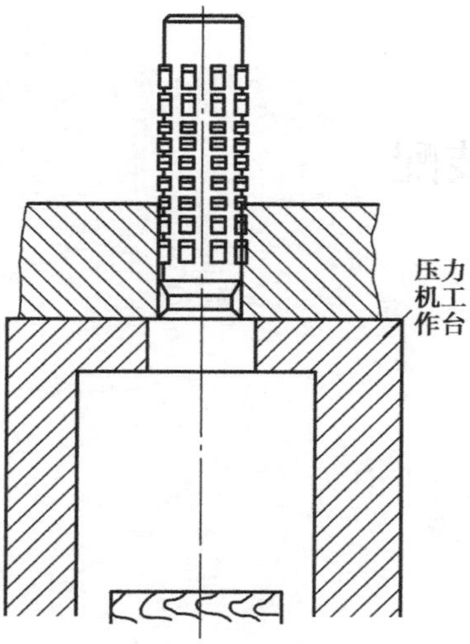

图 2-43

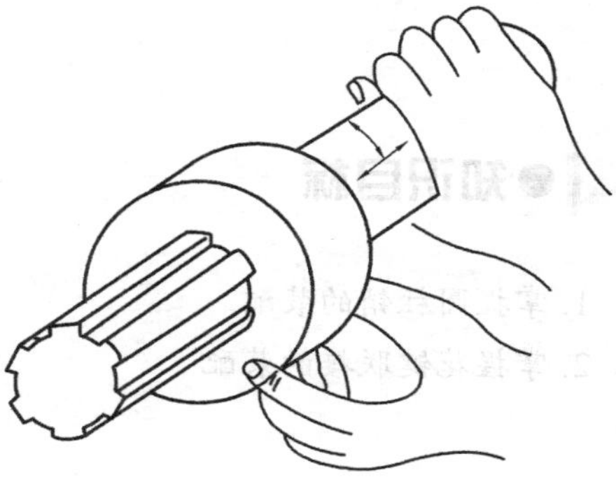

图 2-44

动现象，如图 2-44 所示。

⑩如有阻滞现象，应在花键轴上涂上红丹粉，用铜棒敲入，以检查接触点。

⑪用刮削方法，将接触点刮去，刮削 1～2 次，使花键轴达到要求为止。

⑫将花键轴清洗、加油并装入花键内。

⑬花键联接的拆卸，使用拉卸工具即可。

考核评价

装拆平键联接评分表

序号	项目和技术要求	实训记录	配分	得分
1	装配顺序正确		10	
2	平键与轴槽和轮毂槽的配合性质符合要求		15	
3	键长方向上键与轴槽有0.1 mm左右间隙		10	
4	装入平键时，配合面上必须用油润滑		10	
5	平键与槽底接触良好		10	
6	平键与键槽的非配合面应留有间隙		15	
7	装配后的齿轮在轴上不能左右摆动		15	
8	拆卸方法、顺序正确，无零件损坏		15	

任务3　销联接的装配

●知识目标

1. 掌握圆柱销的装配。
2. 掌握花键联接的装配。

●技能目标

1. 能读懂销联接装配图及其零件图。
2. 会拆装销联接。

●任务引入

销是一种标准件,其形状和尺寸均已标准化、系列化。销联接具有结构简单、装拆方便等优点,在固定联接中应用很广,但只能传递不大的载荷。在机械联接中,销联接主要起定位、联接和安全保护的作用。

●任务分析

在日常生活中,人们或多或少都拆装过零部件,如自行车上零部件的更换,但多数没有精度要求。事实上,在机械工业中,工件装配完成的情况将直接影响整体部件的质量;合理的拆卸方法可以提高工作效率,防止零、部件的损坏。本项目主要学习销联接的相关理论知识,然后掌握销联接的拆装方法和注意点。

相关知识

销联接的装配

销可分为圆柱销、圆锥销及异形销（如轴销、开口销、槽销等）3 种。其材料多采用 35 钢、45 钢制造，其中圆柱销、圆锥销应用较多。

定位销主要用来固定两个（或两个以上）零件之间的相对位置，如图 2-45(a)所示；联接销用于联接零件，如图 2-45(b)所示；安全销可作为安全装置中的过载剪断元件，如图 2-45(c)所示。

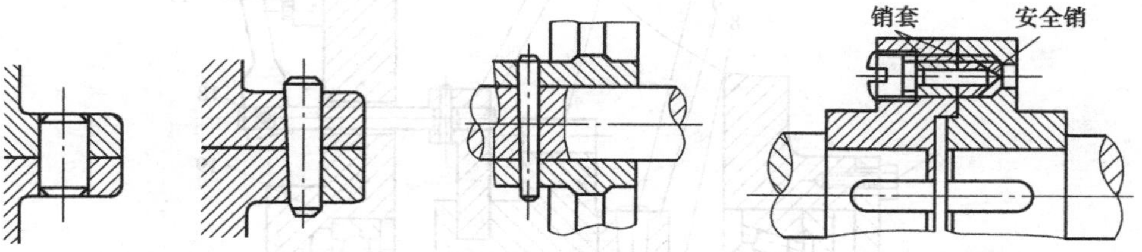

(a)定位销　(b)联接销　(c)安全销

图 2-45　销联接

一、销联接装配要点

1. 圆柱销的装配要点

圆柱销一般依靠过盈固定在孔中，用以定位和联接。对销孔尺寸、形状、表面粗糙度要求较高，所以销孔在装配前须铰削。一般被联接件的两孔应同时钻、铰，并使孔壁表面粗糙度值 R_a 不高于 1.6 μm，以保证联接质量。在装配时，应在销子表面涂机油，用铜棒将销子轻轻打入。圆柱销不宜多次装拆，否则会降低定位精度和联接的紧固程度。

2. 圆锥销的装配要点

圆锥销装配时，两联接件的销孔也应一起钻、铰。钻孔时按圆锥销小头直径选用钻头（圆锥销以小头直径和长度表示规格）；铰孔时，用试装法控制孔径。以圆锥销自由地插入全长的 80% ~85% 为宜，如图 2-46 所示。然后，用手锤敲入，销子的大头可稍微露出，或与被联接件表面平齐。

任务实施

一、装配图

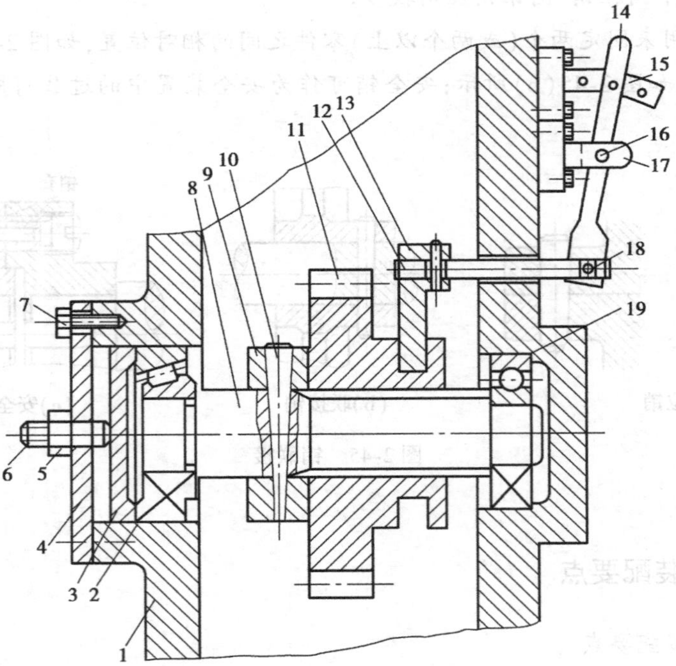

图 2-46　滑移齿轮操纵机构装配图

1—箱体；2—圆锥滚子轴承；3—止退盖；4—端盖；5—螺母；6—调整螺钉
7—六角螺钉；8—花键轴；9—轴套；10—圆锥销；11—滑移齿轮；12—拉杆；13—拨叉
14—手柄；15—支承座(1)；16—圆柱销；17—支承座(2)；18—滑块、滑块销；19—深沟球轴承

二、读图

图 2-46 中滑移齿轮 11，依靠手柄 14 和拨叉 13 的调整可以在花键轴 8 上移动，其左端轴套 9 限位，右端箱体限位。轴套 9 与花键轴 8 的联接采用销联接。

三、工作准备

准备设备、工具和材料见表 2-6。

表 2-6 准备设备、工具和材料

序号	名称及说明	数量
1	锤子、锉刀、铰刀、钻头	各 1
2	Z525 型钻床、C 形夹头	各 1
3	机械油(N32)	适量
4	圆锥销的拆卸工具、拔销器	各 1 套
5	圆锥销	各 1

四、装配步骤(装配销联接)

1. 装配圆锥销

①识读装配图,了解装配关系、技术要求和配合性质。

②选择锉刀、手锤各 1 把,圆锥铰刀 1 支,铜棒 1 根。

③根据圆锥孔的深度和圆锥销小端直径,来确定钻头直径。

特别提示:如果圆锥孔较深,为减少铰削余量,可钻成阶梯形孔。注意应首先选用小端直径的钻头,根据计算再选用其余钻头,如图 2-47 所示。

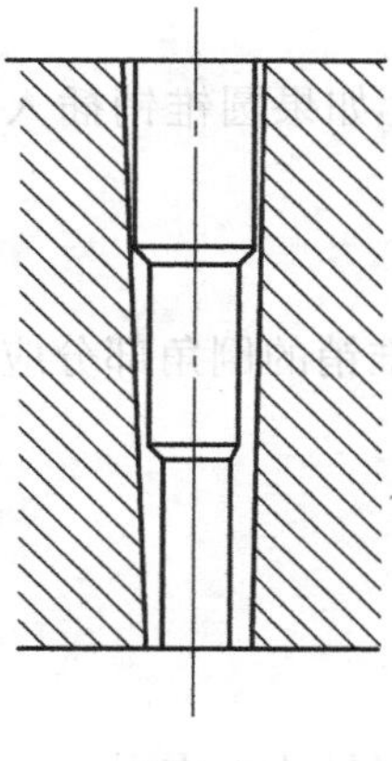

图 2-47

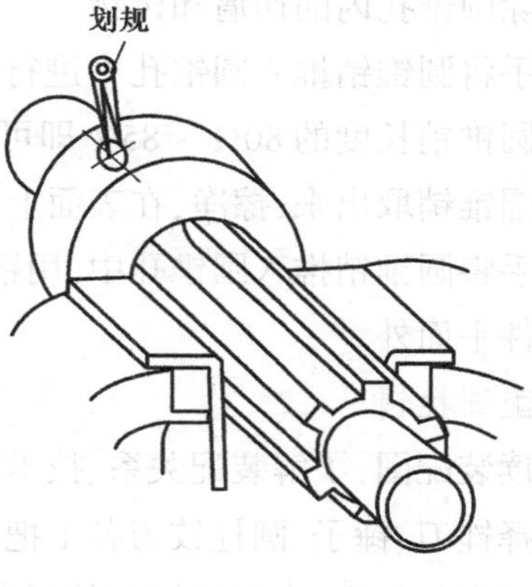

图 2-48

④选择游标卡尺、千分尺各 1 把。

⑤用千分尺测量圆锥销小端直径,经测量合格后,用锉刀锉去圆锥销上的毛刺。

⑥把花键轴装夹在带有软钳口的台虎钳上。

⑦按图样上给定的定位尺寸,用铜棒和锤子以敲击的方法,将定位套装配到花键轴上,并达到指定的位置。

⑧在定位套上,用钢直尺和划规划出圆锥销的位置并打样冲眼,如图 2-48 所示。

⑨把装配完定位套的花键轴搬到台式钻床上,夹持两个联接件叠合部位,并夹紧固定好。

⑩将选择好的钻头装夹在台式钻床的钻夹头中并拧紧。

⑪启动钻床，按定位套上已划的孔线，钻出圆锥销底孔。孔的轴心线应垂直并通过轴的轴心线。

⑫用锥度铰刀，铰出圆锥孔。铰孔时，应往孔内加注切削液，并且注意铰孔深度。如图所示，在使用手用铰刀铰孔时，在铰刀上作出标记，如图 2-49 所示。

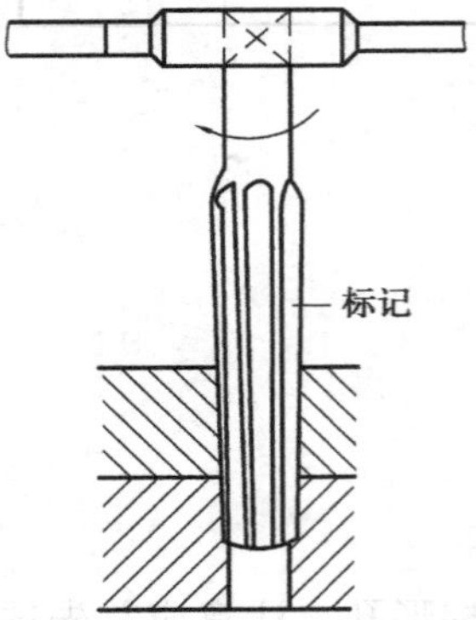

图 2-49

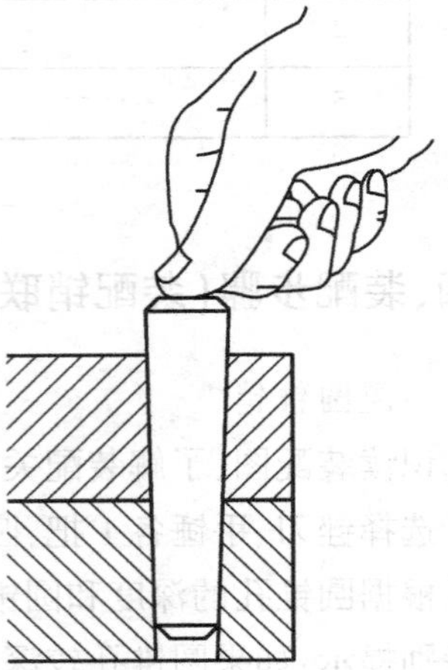

图 2-50

⑬清除圆锥孔内的切屑和污物。

⑭用手将圆锥销推入圆锥孔中进行试装，检查圆锥孔深度。如果圆锥销插入圆锥孔内的深度占圆锥销长度的 80% ~85% 即可，如图 2-50 所示。

⑮把圆锥销取出来，擦净，在表面上加机械油（N32）。

⑯用手将圆锥销推入圆锥孔中，用铜棒敲击圆锥销端面，圆锥销的倒角部分应伸出在所联接的零件平面外。

2. 装配圆柱销

①识读装配图，了解装配关系、技术要求和配合性质。

②选择锉刀、锤子、圆柱铰刀各 1 把，铜棒 1 根。

③根据定位精度，表面粗糙度的要求及铰孔余量的多少，选择钻头 1 支。

④选择游标卡尺、千分尺各 1 把。

⑤用千分尺测量圆柱销直径，如图 2-51 所示。

⑥经测量合格后，用锉刀去除圆柱倒角处的毛刺。

⑦按图样要求将两个联接件经过精确调整叠合在一起装夹，然后在钻床上钻孔，如图 2-52所示。

⑧对已钻好的孔用手铰刀铰孔，铰孔表面粗糙度一般应达到 $R_a 1.6 \sim 0.4$ μm。

⑨在铰孔时应边铰孔边加注切削液，将孔铰到图样要求。

⑩用煤油清洗销子孔，并在销子表面涂上机械油（N32）。

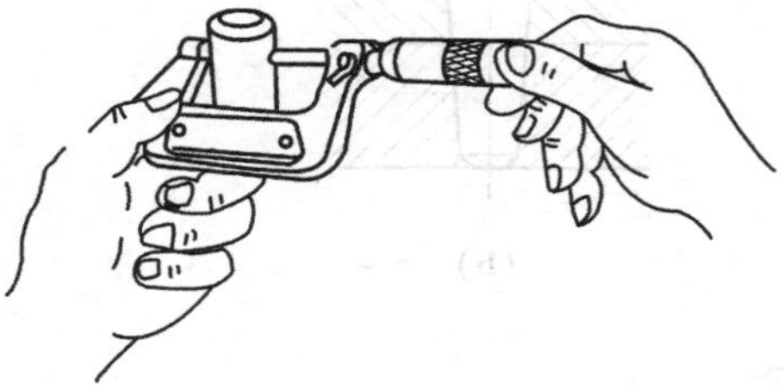

图 2-51

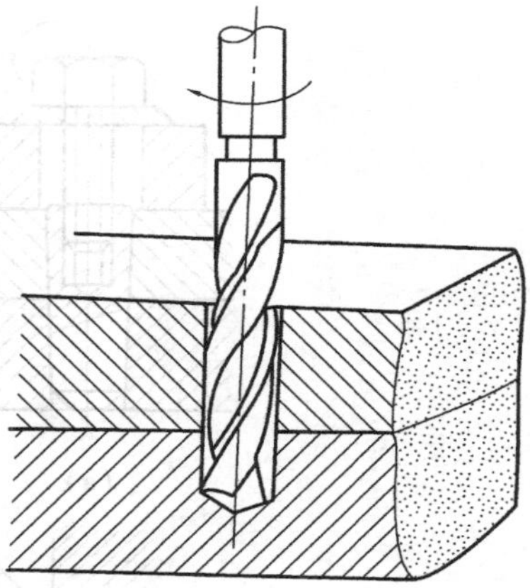

图 2-52

⑪将铜棒垫在销子端面上，用手锤将销子敲入孔中，如图 2-53 所示。

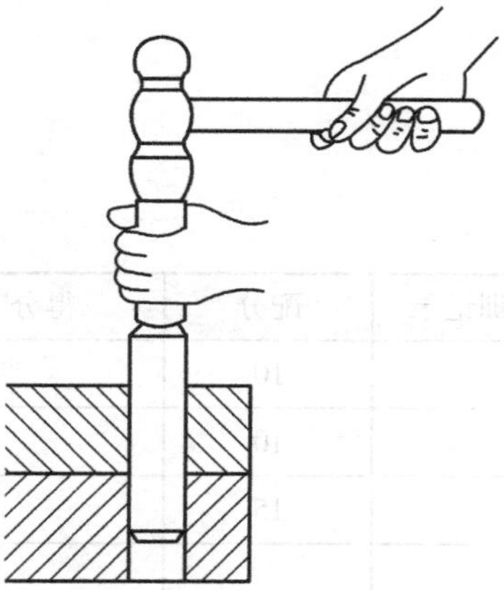

图 2-53

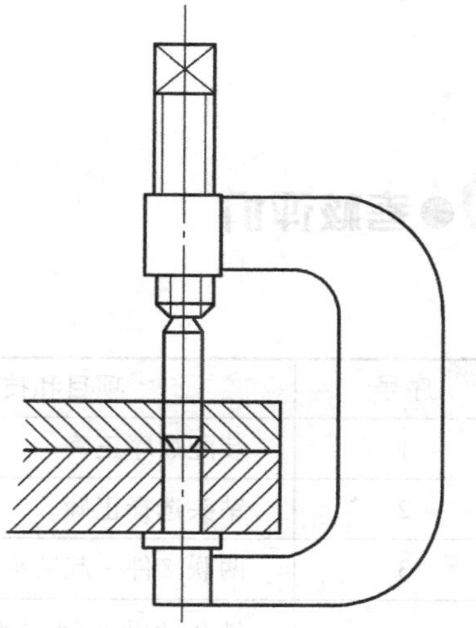

图 2-54

⑫对于装配精度要求高的定位销，应用 C 形夹头把销子压入孔中，如图 2-54 所示。

3. 拆卸销联接

①孔为通孔时，可用一个直径略小于销孔的金属棒将销子的底部顶住，用锤子敲击即可将销子敲出来。

②孔为不通孔时，则必须使用带内螺纹［图 2-55(a)］或螺尾的销子专用拆卸工具［图 2-55(b)］或利用拔销器，将销子拔出来［图 2-55(c)］。

③修理销联接件时，只要更换新的销子即可。

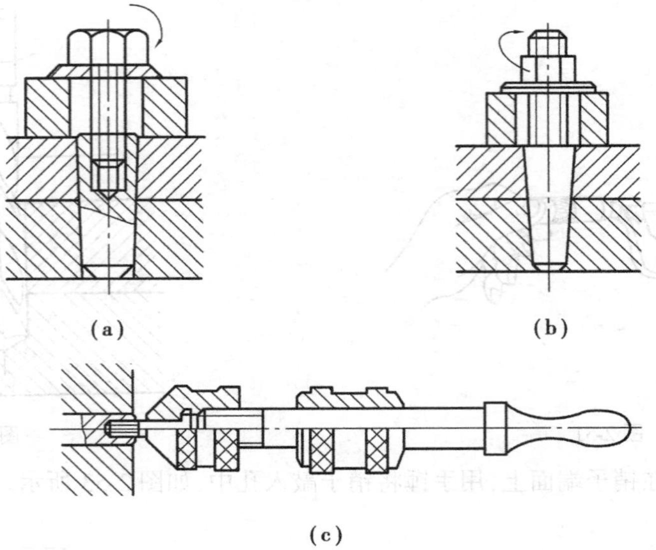

图 2-55

考核评价

拆装圆锥销联接评分表

序号	项目和技术要求	实训记录	配分	得分
1	装配顺序正确		10	
2	钻头选择正确		10	
3	两联接件一起装夹		15	
4	销孔的轴心线应垂直并通过轴的轴心线		15	
5	装入圆锥销时，必须用油润滑		10	
6	圆锥销装配深度正确		15	
7	拆卸圆锥销联接的顺序、方法正确		15	
8	拆卸时无零件损坏		10	

任务4 过盈联接的装配

知识目标

1. 了解过盈联接的装配技术要求。
2. 掌握过盈联接的装配方法。

技能目标

1. 能读懂过盈联接装配图及其零件图。
2. 会拆装过盈联接。

任务引入

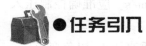

过盈联接是通过包容件(孔)和被包容件(轴)配合后的过盈值达到紧固联接的。装配后,轴的直径被压缩,孔的直径被胀大,包容件和被包容件因变形而使配合面间产生压力,工作时,此压力产生摩擦力传递扭矩、轴向力。

过盈联接结构简单、同轴度高、承载能力强,能承受变载和冲击力,同时可避免键联接中切削键槽而削弱零件强度的不足;但过盈联接配合表面的加工精度要求较高,装配较困难。过盈联接的配合面多为圆柱面,也有圆锥面或其他形式的。

任务分析

在日常生活中或多或少都拆装过零部件。例如,自行车上零部件的更换。但多数没有精度要求。事实上,在机械工业中,工件装配完成的情况将直接影响整体部件的质量;合理的拆卸方法可以提高工作效率,防止零部件的损坏。本项目主要学习过盈联接的相关理论知识。

●相关知识

过盈联接的装配

一、过盈联接的装配要求及装配要点

1. 过盈联接的装配技术要求

配合的过盈值，是按联接要求的紧固程度确定的。一般最小过盈，应等于或稍大于联接所需的最小过盈；过盈太小不能满足传递扭矩的要求，过盈量过大则会造成装配困难。

特别提醒：

①过盈量太小则不能满足工作的需要，一旦在机器运转中配合面发生松动，还将造成工件迅速打滑而发生损坏或安全事故。

②配合表面应具有较小的表面粗糙度值，并保证配合表面的清洁。

③配合件应有较高的形位精度，装配中注意保持轴孔中心线同轴度，以保证装配后有较高的对中性。

④装配前配合表面应涂油，以免装入时擦伤表面。

⑤装配时，压入过程应连续，速度稳定不宜太快，通常为 2 ~ 4 mm/s。应准确控制压入行程。

⑥细长件或薄壁件须注意检查过盈量和形位偏差。装配时最好垂直压入，以免变形。

2. 过盈联接的装配要点

①应保证配合表面的清洁。

②装配前配合表面应涂油，以防止装配时擦伤表面。

③装配时，压入过程应保持连续，速度通常为 2 ~ 4 mm/s。

④对细长键或薄壁件，须注意检查过盈量和形位偏差。装配时应垂直压入，以免变形。

二、过盈联接的装配方法

1. 圆柱面过盈联接的装配

圆柱面过盈联接是依靠轴、孔尺寸差获得过盈，过盈量大小不同，采用的拆装方法也不同。

(1)压入法

当过盈量及配合尺寸较小时，一般采用在常温下压入装配。常用压入方法和设备如图 2-56 所示。

图 2-56(a)所示为用手锤加垫块冲击压入，其方法简便，但导向性不易控制，易出现歪斜。此法适于配合要求较低或配合长度较短的过渡配合联接，常用于单件生产，

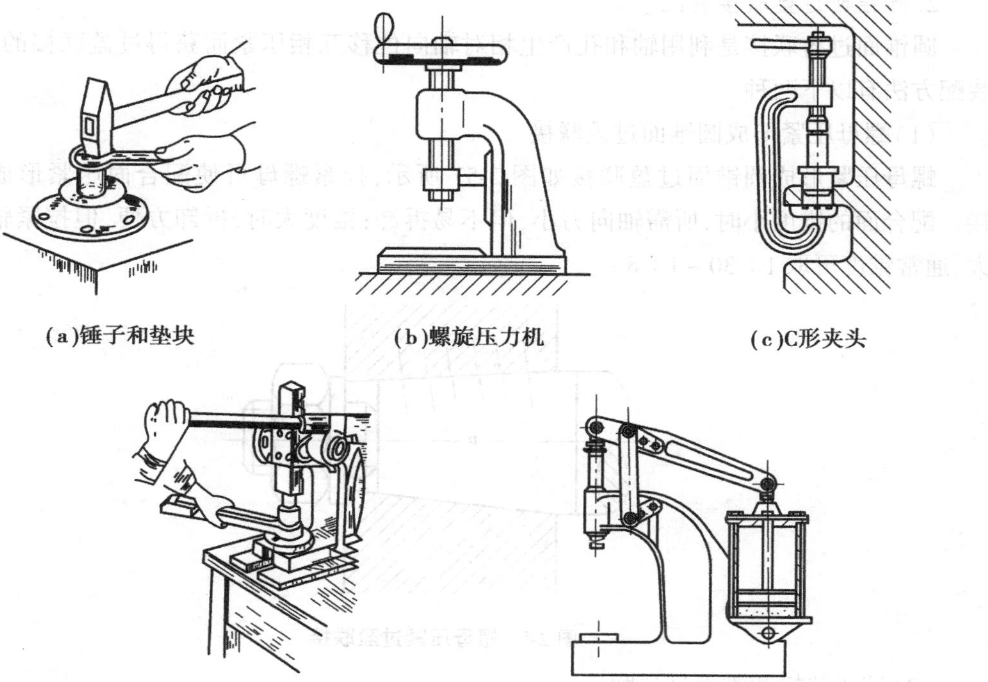

(a)锤子和垫块　(b)螺旋压力机　(c)C形夹头

(d)齿条压力机　(e)气动杠杆压力机

图2-56　压入法和设备

图2-56(b)、(c)、(d)所示为工具压入,其导向性比冲击压入好,生产率高。此法适于较紧的过渡配合和轻型过盈配合,如小尺寸的轮圈、轮毂、齿轮、套筒和一般要求的滚动轴承等,常用于成批生产。

图2-56(e)所示为压力机压入,压力范围为 $1\sim10^7$ N,配以夹具可提高导向性。此法适用于中型和大型的轻型和中型过盈配合的联接件,如车轮、飞轮、齿圈、轮毂、连杆衬套、滚动轴承等,并且多用于成批生产中。

(2)热装法

热装法也称红套,是利用金属材料热胀冷缩的物理特性,将孔加热,使之胀大,然后将轴装入胀大的孔中,待孔冷却收缩后,轴孔就形成过盈联接。热胀配合的加热,方法应根据过盈量及套件尺寸的大小选择。过盈量较小的联接件可放在沸水槽(80～100 ℃)、蒸汽加热槽(120 ℃)和热油槽(90～320 ℃)中加热;过盈量较大的中、小型联接件可放在电阻炉或红外线辐射加热箱中加热,过盈量大的中型和大型联接件可用感应加热器加热。

(3)冷装法

冷装法是将轴进行低温冷却,使之缩小,然后与常温孔装配,得到过盈联接。如过盈量小的小型联接件和薄壁衬套等装配可采用干冰将轴件冷至−78 ℃,操作简单。对于过盈量较大的联接件,如发动机连杆衬套可采用液氮将轴件冷至−195 ℃。

2. 圆锥面过盈联接装配

圆锥面过盈联接是利用轴和孔产生相对轴向位移互相压紧而获得过盈联接的，常用的装配方法有以下两种。

(1)螺母压紧形成圆锥面过盈联接

螺母压紧形成圆锥面过盈联接如图 2-57 所示，拧紧螺母可使配合面压紧形成过盈联接。配合面的锥度小时，所需轴向力小，但不易拆卸；锥度大时，拆卸方便，但拉紧轴向力增大，通常锥度可取 1 ∶ 30 ~1 ∶ 8。

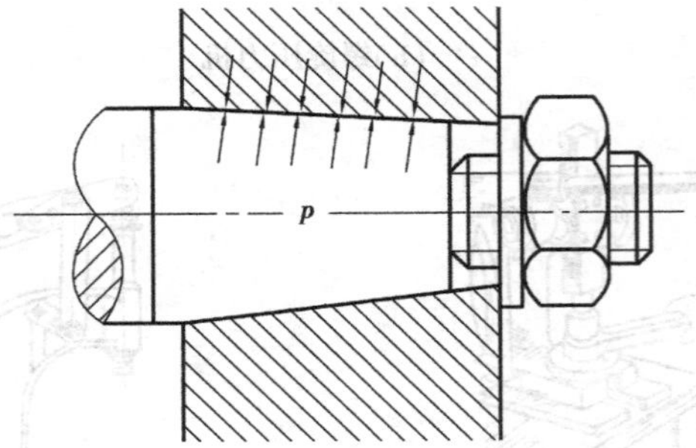

图 2-57 螺母压紧过盈联接

(2)液压装拆圆锥面过盈联接

圆锥面过盈联接，可以利用高压油装配，其结构如图 2-58 所示。装配时用高压油泵将油由包容件上油孔和油沟压入配合面[图 2-58(a)、(b)]，也可以由被包容件上的油孔和油沟压入配合面间[图 2-58(c)]。高压油使包容件内径胀大，被包容件外径缩小，施加一定的轴向力，就使之互相压入。当压入至预定的轴向位置后，排出高压油，即可形成过盈联接。同样，也可以利用高压油拆卸。利用液压装拆过盈联接时，不需要很大的轴向力，配合面不易擦伤，但对配合面接触精度要求较高，且需要高压油泵等专用设备，这种方法多用于承载较大且需多次装拆的场合，尤其适用于大型零件。

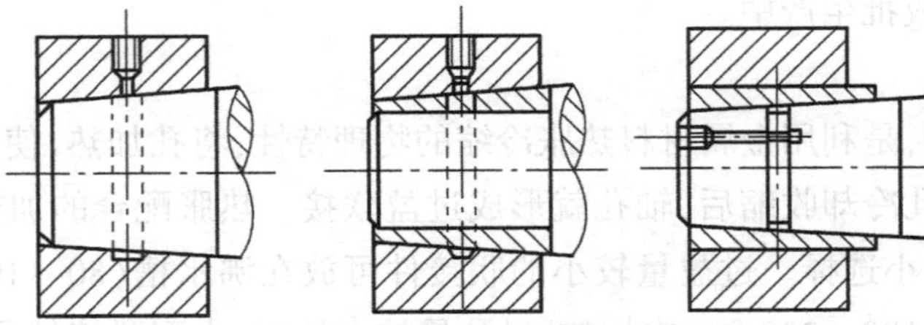

(a)　　(b)　　(c)

图 2-58　液压装拆过盈联接

项目 3

轴承和轴组的装配

任务1　滚动轴承的装配

●知识目标

1. 了解滚动轴承装配的技术要求。
2. 熟悉滚动轴承的调整与预紧。
3. 掌握滚动轴承的装拆方法。

●技能目标

1. 能够识读滚动轴承装配图。
2. 能够正确使用和选择拆装滚动轴承的工具。
3. 能够正确规范地拆装滚动轴承。

●任务引入

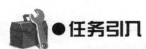

轴承在机械中是用来支承轴和轴上旋转件的重要部件。根据轴承与轴工作表面间摩擦

性质的不同，轴承可分为滚动轴承和滑动轴承两大类。轴承的装配对主机的精度、性能、寿命和可靠性起着决定性的作用。

●任务分析

滚动轴承的装配是否正确、到位，影响着滚动轴承的寿命和使用性能。因此，滚动轴承的装配必须掌握正确的装配方法和进行合理的调整和预紧。

●相关知识

滚动轴承一般由内圈、外圈、滚动体及保持架组成。内圈与轴颈采用基孔制配合，外圈与轴承座孔采用基轴制配合。工作时，滚动体在内、外圈的滚道上滚动，形成滚动摩擦。滚动轴承具有摩擦力小、轴向尺寸小、旋转精度高、润滑维修方便等优点，其缺点是承受冲击能力较差、径向尺寸较大、对安装的要求较高。

一、滚动轴承装配的技术要求

①装配前，应用煤油等清洗轴承和清除其配合表面的毛刺、锈蚀等缺陷。

②装配时，应将标记代号的端面装在可见方向，以便更换时查对。

③轴承必须紧贴在轴肩或孔肩上，不允许有间隙或歪斜现象。

④同轴的两个轴承中，必须有一个轴承在轴受热膨胀时有轴向移动的余地。

⑤装配轴承时，作用力应均匀地作用在待配合的轴承环上，不允许通过滚动体传递压力。

⑥装配过程中应保持清洁，防止异物进入轴承内。

⑦装配后的轴承应运转灵活、噪声小，温升不得超过允许值。

⑧与轴承相配零件的加工精度应与轴承精度相对应，一般轴的加工精度取轴承同级精度或高一级精度；轴承座孔则取同级精度或低一级精度。

⑨一般情况下内圈随轴一起转动，外圈固定不动，转动套圈应比固定套圈的配合紧。内圈与轴常采用过盈配合，如 n6、m6、k6 等；外圈常用较松的配合，如 K7、J7、H7、G7 等。

⑩轴承内外圈和主轴轴颈及座孔都有一定的制造误差，在装配时应作适当选配，以提高配合件的回转精度。

二、滚动轴承的装配

滚动轴承的装配应根据轴承的结构、尺寸大小和轴承部件的配合性质而定。一般滚动轴承的装配方法有锤击法、压入法、热装法及冷缩法等。

1. 装配前的准备工作

①按所要装配的轴承准备好需要的工具和量具。按图样要求检查与轴承相配零件是否有缺陷、锈蚀和毛刺等。

②用汽油或煤油清洗与轴承配合的零件,用干净的布擦净或用压缩空气吹干,然后涂上一层薄油。

③核对轴承型号是否与图样一致。

④用防锈油封存的轴承可用汽油或煤油清洗;用厚油和防锈油脂封存的可用轻质矿物油加热溶解清洗,冷却后再用汽油或煤油清洗,擦拭干净待用;对于两面带防尘盖、密封圈或涂有防锈、润滑两用油脂的轴承则不需要进行清洗。

2. 滚动轴承的装配方法

(1)圆柱孔轴承的装配

1)座圈的装配顺序

根据轴承的类型不同,轴承内、外圈有不同的装配顺序。

①不可分离型轴承(向心球轴承)的装配,常用的装配方法有锤击法和压入法。

当内圈与轴颈配合较紧,外圈与壳体配合较松时,先将轴承装在轴上。压装时,以铜棒或低碳钢作的套筒垫在轴承内圈上,如图 3-1(a)所示。然后,连同轴一起装入壳体中。当轴承外圈与壳体孔为紧配合,内圈与轴颈为较松配合时,应将轴承先压入壳体中,如图 3-1(b)所示。此时,套筒的外径应略小于壳体孔直径。当轴承内圈与轴、外圈与壳体孔都是紧配合时,应把轴承同时压在轴上和壳体孔中,如图 3-1(c)所示。这时,套筒的端面应做成能同时压紧轴承内外圈端面的圆环。总之,装配时的压力应直接加在待配合的套圈端面上,不能通过滚动体传递压力。

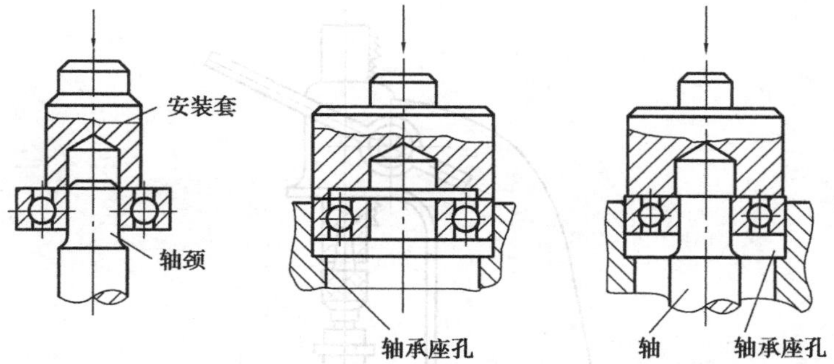

(a)先压装内圈　(b)先压装外圈　(c)内、外圈同时压装

图 3-1 轴承座圈的装配顺序

②分离型轴承(如圆锥滚子轴承)内、外圈可以自由脱开,故装配时可用锤击法、压入法或热装法将内圈和滚动体一起装在轴上,用锤击法或压入法将外圈装在壳体孔内,然后再调整它们之间的游隙。

2)座圈压装方法

座圈压装方法及所用工具的选择,主要由配合过盈量的大小确定。

①当配合过盈量较小时，可用图 3-2 所示方法压装轴承。图 3-2(a)所示为用套筒压装法；图 3-2(b)所示为用铜棒对称地垫在轴承内圈(或外圈)端面，将轴承均匀敲入。禁止直接用锤子敲打轴承座圈。

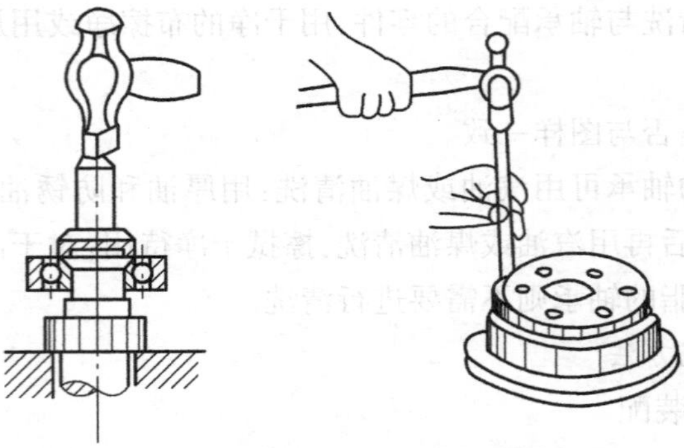

(a)用特制套压入　　(b)用铜棒敲入

图 3-2　用铜棒、套筒压装法

②当配合过盈量较大时，可用压力机机械压装，常用杠杆齿条式或螺旋式压力机，如图 3-3 所示。若压力不能满足还可以采用液压机装压轴承。

③如果轴颈尺寸较大、过盈量也较大时，为装配方便可用热装法，即将轴承放在温度为 80～100 ℃的油中加热，然后和常温状态的轴配合。内部充满润滑油脂带防尘盖或密封圈的轴承，不能采用热装法装配。

(2)圆锥孔轴承的装配

①过盈量较小时可直接装在有锥度的轴颈上，也可以装在紧定套或退卸套的锥面上，如图 3-4 所示。

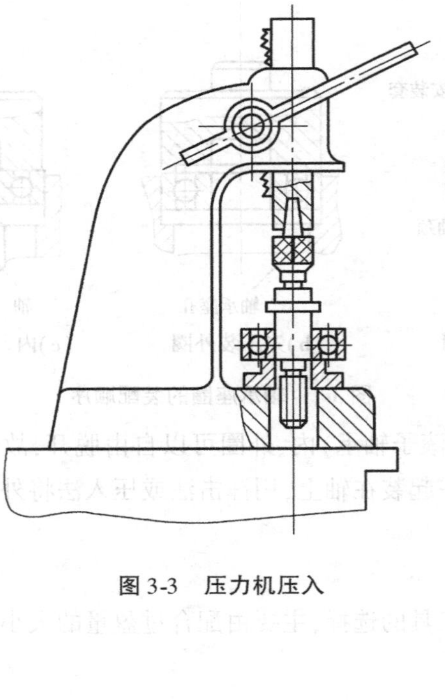

图 3-3　压力机压入

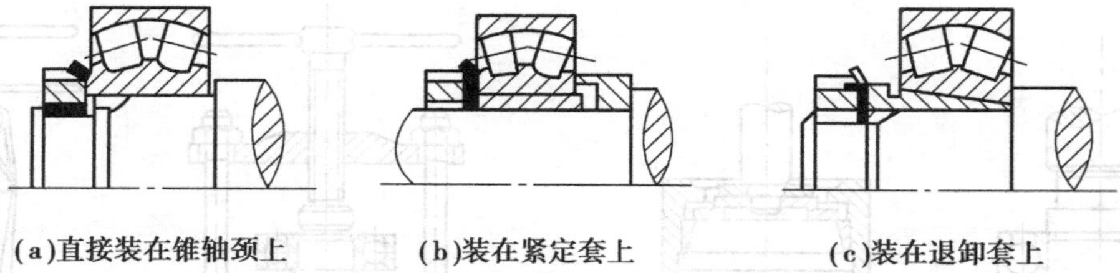

图 3-4　圆锥孔轴承的装配

②对于轴颈尺寸较大或配合过盈量较大,又需经常拆卸的圆锥孔轴承,常用液压套合法装拆,如图 3-5 所示。

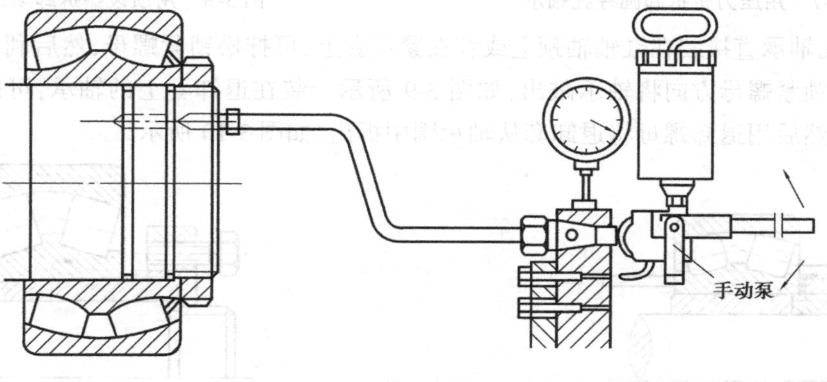

图 3-5　液压套合法装配轴承

(3)推力球轴承的装配

推力球轴承有松圈和紧圈之分,装配时应使紧圈靠在转动零件的端面上,如图 3-6 所示,松圈靠在静止零件的端面上,否则会使滚动体丧失作用,同时会加速配合零件间的磨损。

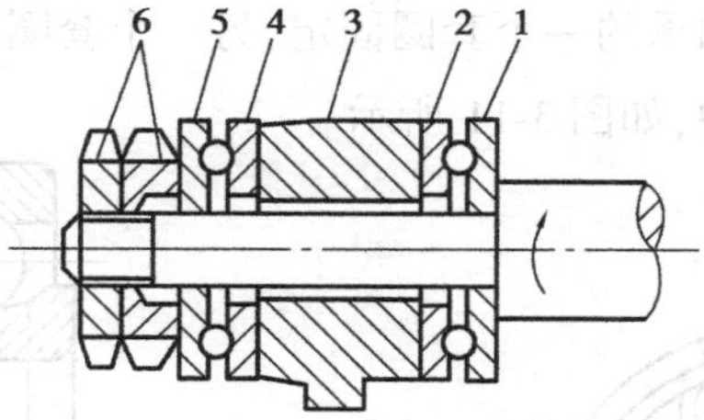

图 3-6　推力球轴承的装配

1,5—紧圈;2,4—松圈;3—箱体;6—螺母

三、滚动轴承的拆卸

如果拆卸后还要重复使用的滚动轴承,拆卸时不能损坏轴承的配合表面,不能将拆卸的作用力加在滚动体上。

圆柱孔轴承的拆卸,可以用压力机,如图 3-7 所示;也可以用顶拨器,如图 3-8 所示。

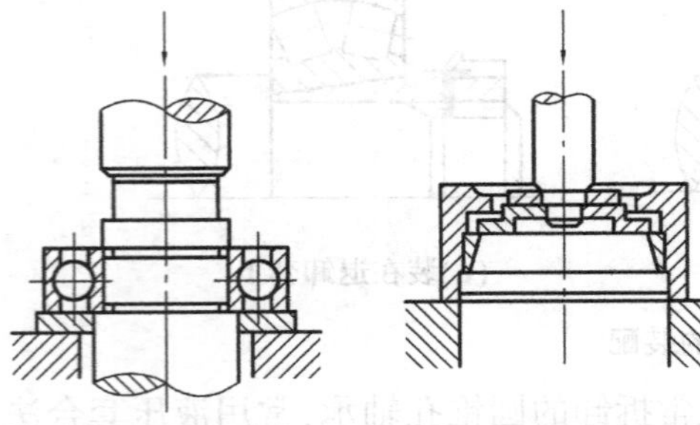

(a)从轴上拆卸轴承　(b)拆卸可分离轴承外圈

图 3-7　用压力机拆卸圆柱孔轴承

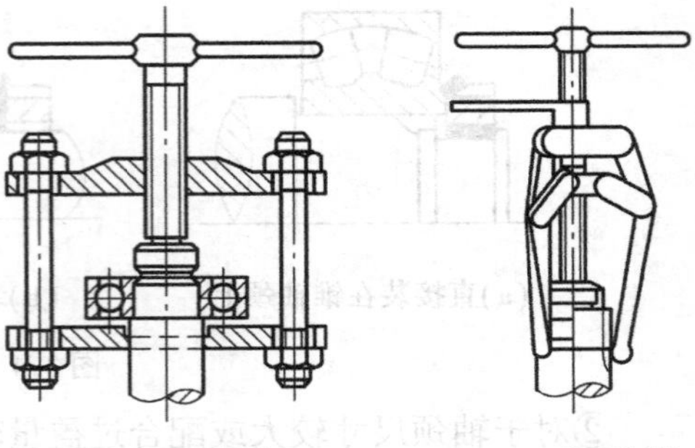

(a)两爪顶拔器　(b)三爪顶拔器

图 3-8　用顶拔器拆卸滚道轴承

圆锥孔轴承直接装在锥轴轴颈上或装在紧定套上,可拧松锁紧螺母,然后利用软金属棒和锤子,向锁紧螺母方向将轴承敲出,如图 3-9 所示。装在退卸套上的轴承,可以先将锁紧螺母卸掉,然后用退卸螺母将退卸套从轴承圈中拆出,如图 3-10 所示。

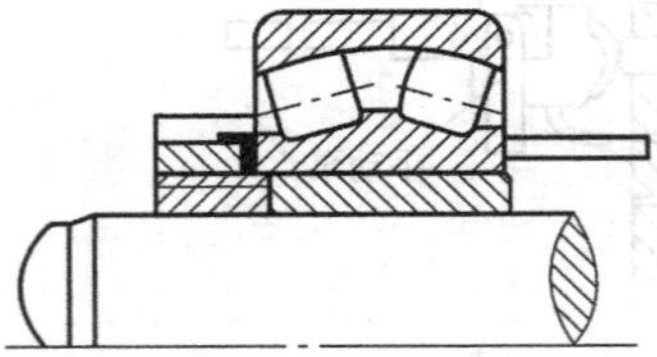

图 3-9　带紧定套轴承的拆卸

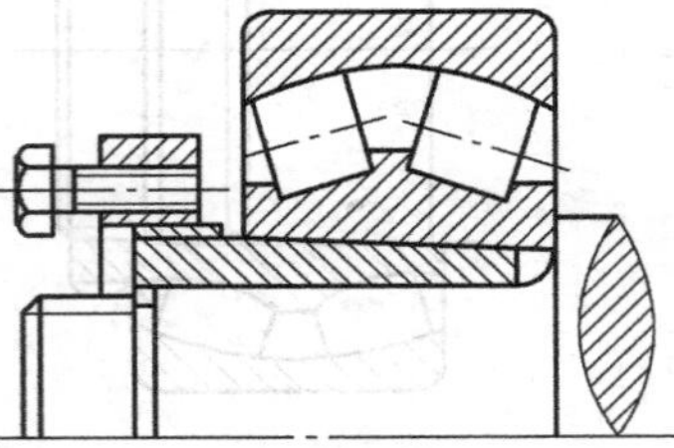

图 3-10　退卸螺母和螺钉

四、滚动轴承的调整与预紧

1. 滚动轴承游隙的调整

滚动轴承的游隙是指将轴承的一个套圈固定,另一个套圈沿径向或轴向的最大活动量。它分径向游隙和轴向游隙两种,如图 3-11 所示。

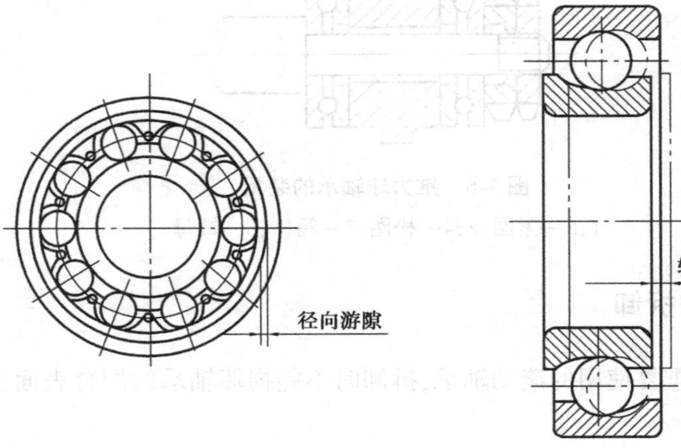

图 3-11　滚动轴承的游隙

滚动轴承的游隙不能太大,也不能太小。游隙太大,会造成同时承受载荷的滚动体的数量减少,使单个滚动体的载荷增大,从而降低轴承的寿命和旋转精度,引起振动和噪声。游隙过小,轴承发热,硬度降低,磨损加快,同样会使轴承的使用寿命减少。因此,许多轴承在装配时都要严格控制和调整游隙。其方法是使轴承的内、外圈作适当的轴向相对位移来保证游隙。

(1)螺钉调整法

如图 3-12 所示的结构中,调整的顺序是:先松开锁紧螺母 2,再调整螺钉 3,待游隙调整好后再拧紧锁紧螺母 2。

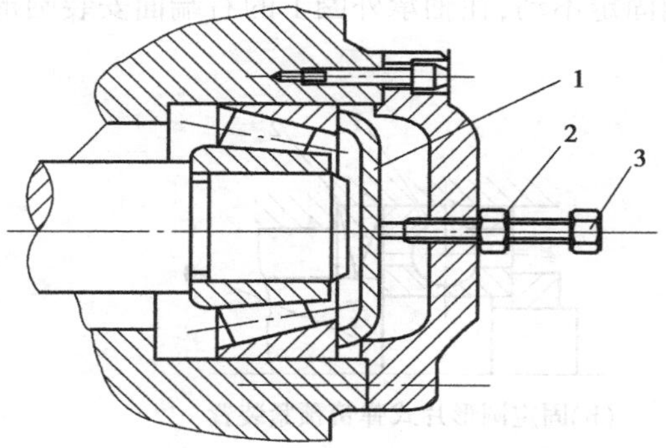

图 3-12　用螺钉调整轴承游隙

1—压盖;2—锁紧螺母;3—螺钉

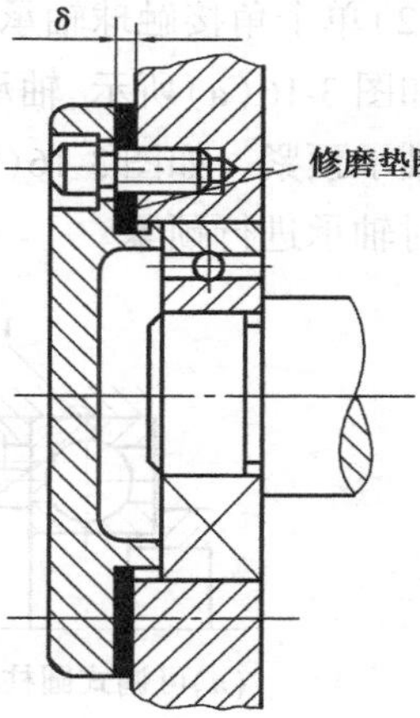

图 3-13　用垫片调整轴承游隙

(2)调整垫片法

通过调整轴承盖与壳体端面间的垫片厚度 δ,并以此来调整轴承的轴向游隙,如图 3-13 所示。

2. 滚动轴承的预紧

对于承受载荷较大,旋转精度要求较高的轴承,大都是在无游隙甚至有少量过盈的状态下工作的,这些都需要轴承在装配时进行预紧。预紧就是轴承在装配时,给轴承的内圈或外圈施加一个轴向力,以消除轴承游隙,并使滚动体与内、外圈接触处产生初变形。预紧能提高轴承在工作状态下的刚度和旋转精度。滚动轴承预紧的原理如图 3-14 所示。预紧方法分为以下 3 种。

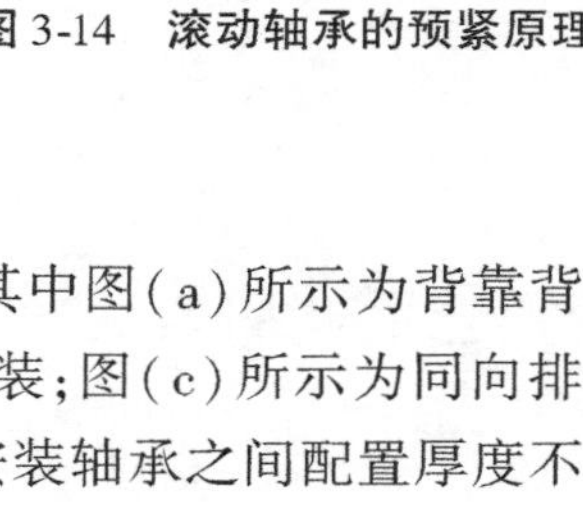

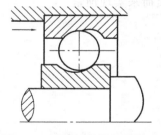

图 3-14　滚动轴承的预紧原理

(1)成对使用角接触球轴承的预紧

成对使用角接触球轴承有 3 种装配方式,如图 3-15 所示。其中图(a)所示为背靠背式(外圈宽边相对)安装;图(b)所示为面对面(外圈窄边相对)安装;图(c)所示为同向排列(外圈宽窄相对)安装。若按图示方向施加预紧力,通过在成对安装轴承之间配置厚度不同的轴承内、外圈间隔套使轴承紧靠在一起，来达到预紧的目的。

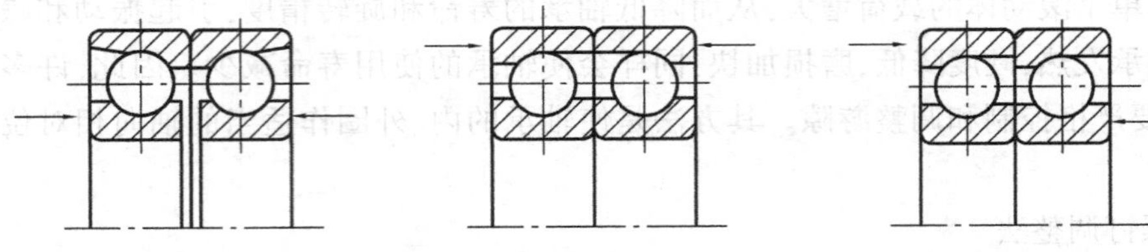

图 3-15　成对安装角接触球轴承

(2)单个角接触球轴承的预紧

如图 3-16(a)所示，轴承内圈固定不动，调整螺母 4 改变圆柱弹簧 3 的轴向弹力大小来达到轴承预紧。如图 3-16(b)所示为轴承内圈固定不动，在轴承外圈 1 的右端面安装圆形弹簧片对轴承进行预紧。

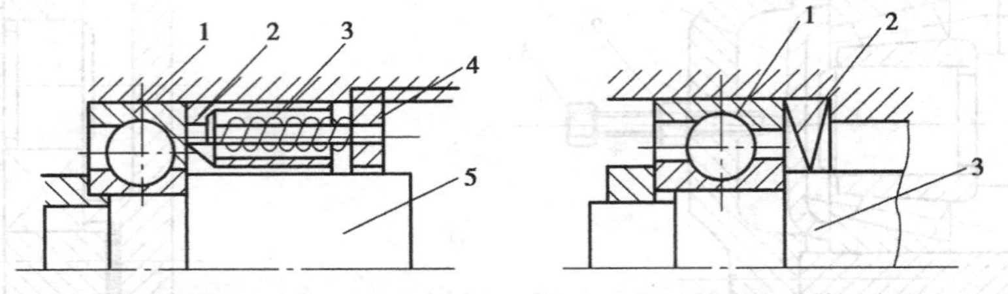

图 3-16　单个角接触轴承预紧

1—轴承外圈；2—预紧环；3—圆柱弹簧；4—螺母；5—轴

1—轴承外圈；2—圆形弹簧片；3—轴

(3)内圈为圆锥孔轴承的预紧

如图 3-17 所示，拧紧螺母 1 可以使锥形孔内圈往轴颈大端移动，使内圈直径增大形成预负荷来实现预紧。

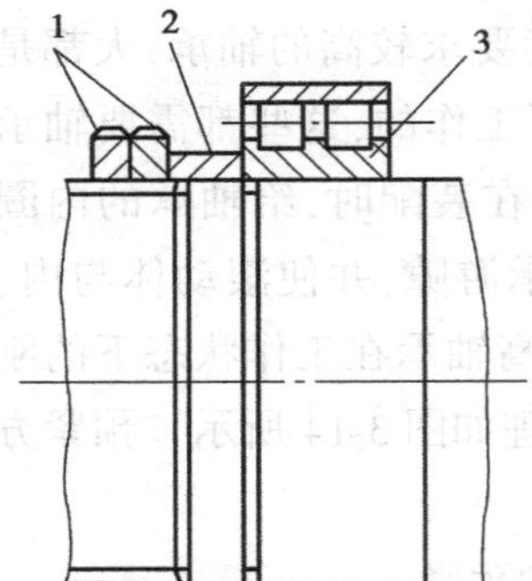

图 3-17　内圆为圆锥孔轴承的预紧

1—螺母；2—隔套；3—轴承内圈

●任务实施

圆柱孔滚动轴承的装配

一、识读装配图

圆柱孔滚动轴承装配图如图 3-18 所示。

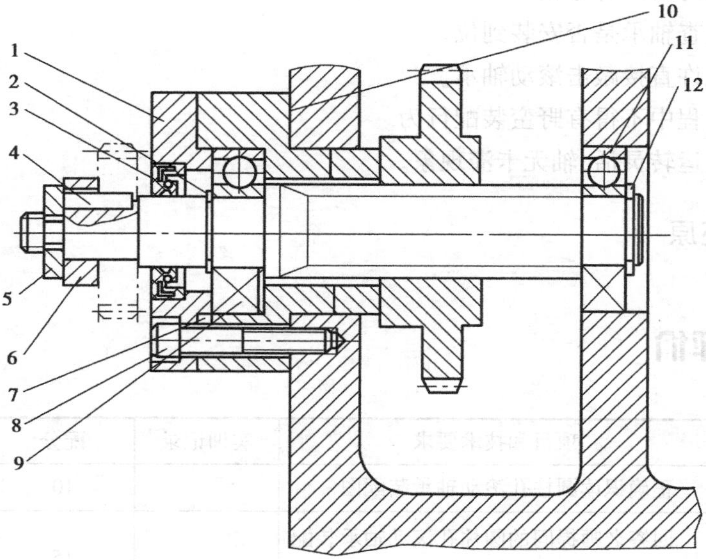

图 3-18　圆柱孔滚动轴承装配图

1—透盖;2—弹性挡圈;3—油封;4—平键;5—螺母;6—套;7—轴承座;8—螺钉

9,11—6204 深沟球轴承;10—垫片;12—弹性挡圈

二、工具与附件

内六角扳手、拉马、钢锤、冲击套筒、铜棒、弹性挡圈钳、塞尺、润滑脂、清洁布、游标卡尺、内径千分尺、外径千分尺。

三、装配要点

①实测轴与孔的实际尺寸,计算实际过盈量,确定过盈装配的方法。

②对两件 6204 滚动轴承的滚动体涂润滑脂,。

③先装垫片 10、轴承座 7,紧固螺钉 9,再把右端轴承 11 装入箱体轴承孔中。

④将左端深沟球轴承内圈压入到轴上,用 0. 03 mm 的塞尺检查其是否与轴肩接触。接

触良好则把弹性挡圈2装入轴的挡圈槽内。

⑤轴从左端装入轴承座孔，装入滑移齿轮，轴的右端轴颈装入轴承11的内孔，保证右端轴肩接触良好。

⑥装上弹性挡圈12。

⑦装透盖1及油封3，旋紧螺钉8。

⑧最后装上平键4、挂轮、套6并旋紧螺母5。

四、注意事项

①压入装配时要注意导正。

②要注意检查轴承是否安装到位。

③钢锤不允许直接敲击滚动轴承。

④在装配过程中不得有野蛮装配行为。

⑤装配后应运转灵活，轴无卡滞现象。

五、拆卸还原

●考核评价

序号	项目和技术要求	实训记录	配分	得分
1	正确识读圆柱孔滚动轴承装配图		10	
2	回答老师提问的圆柱孔滚动轴承装配工艺问题		15	
3	能正确使用拆装工具并做到动作规范		15	
4	能够正确装配圆柱孔滚动轴承，拆卸顺序正确，有团队合作精神		30	
5	装配时无零件损坏		10	
6	装配的零件按顺序摆放，整齐齐全		10	
7	装配后清理工具，打扫卫生		10	

任务2　滑动轴承的装配

●知识目标

1. 了解滑动轴承的种类和特点。
2. 熟悉内柱外锥式动压轴承及静压轴承的装配。
3. 掌握整体式和剖分式滑动轴承的装配。

●技能目标

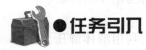

1. 能够识读滑动轴承装配图。
2. 能够正确使用和选择装配滑动轴承的工具。
3. 能够正确规范地装配滑动轴承。

●任务引入

滑动轴承是在滑动摩擦下进行工作的轴承。它装配后具有工作平稳、可靠、无噪声的优点。在液体润滑条件下，滑动表面被润滑油分开而不发生直接接触，可以减小摩擦损失和表面磨损，油膜具有一定的吸振能力。

●任务分析

在滑动轴承装配时，要根据不同的轴承结构采用不同的装配方法。装配后，要保证轴颈与轴承孔之间获得所需要的间隙和良好的接触，使轴在轴承中运转平稳。

●相关知识

一、滑动轴承的分类和特点

滑动轴承是一种滑动摩擦的轴承，如图 3-19 所示。

图 3-19　滑动轴承

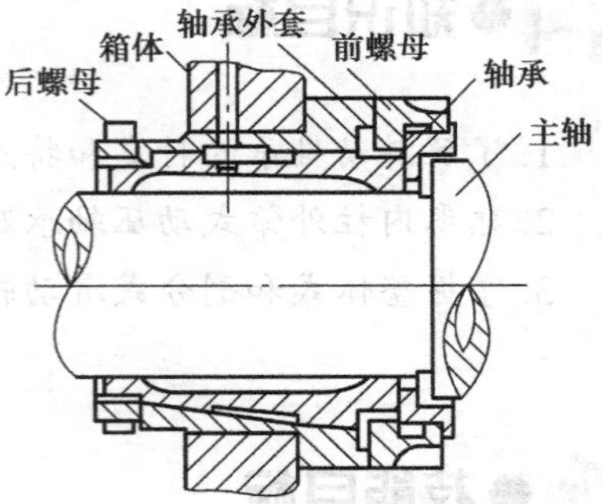

图 3-20　内柱外锥式动压轴承

1. 滑动轴承的分类

（1）按滑动轴承的摩擦状态分类

1）动压润滑轴承

动压润滑轴承如图 3-20 所示，利用润滑油的黏性和轴颈的高速旋转，把油液带进轴承楔形空间建立起压力油膜，使轴颈与轴承之间被油膜隔开，这种轴承称为动压润滑轴承。

2）静压润滑轴承

静压润滑轴承如图 3-21 所示，将压力油强制送入轴承的配合面，利用液体静压力支承载荷，使运动副表面分离，这种轴承称为静压润滑轴承。

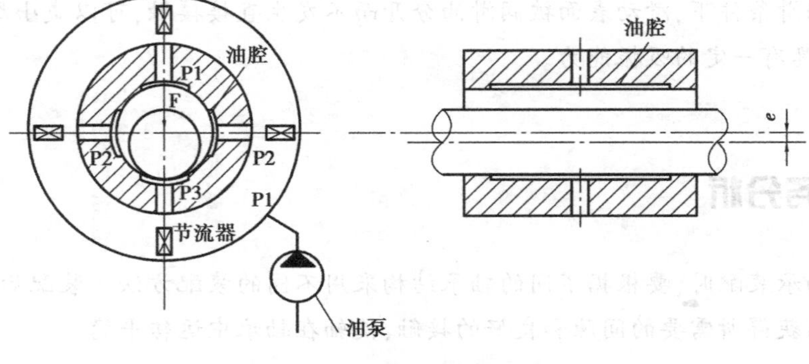

图 3-21　静压润滑轴承

（2）按滑动轴承的结构分类

1）整体式滑动轴承

整体式滑动轴承如图 3-22 所示，其结构是在轴承壳体内压入耐磨轴套，套内开有油孔、油槽，以便润滑轴承配合面。

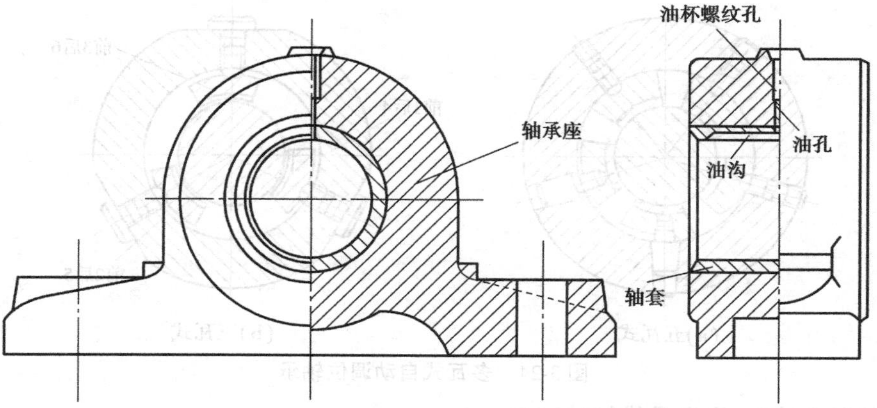

图 3-22　整体式滑动轴承

2）剖分式滑动轴承

剖分式滑动轴承如图 3-23 所示，其结构是由轴承座、轴承盖、上轴瓦（轴瓦有油孔）、下轴瓦和双头螺栓等组成，润滑油从油孔进入润滑轴承。

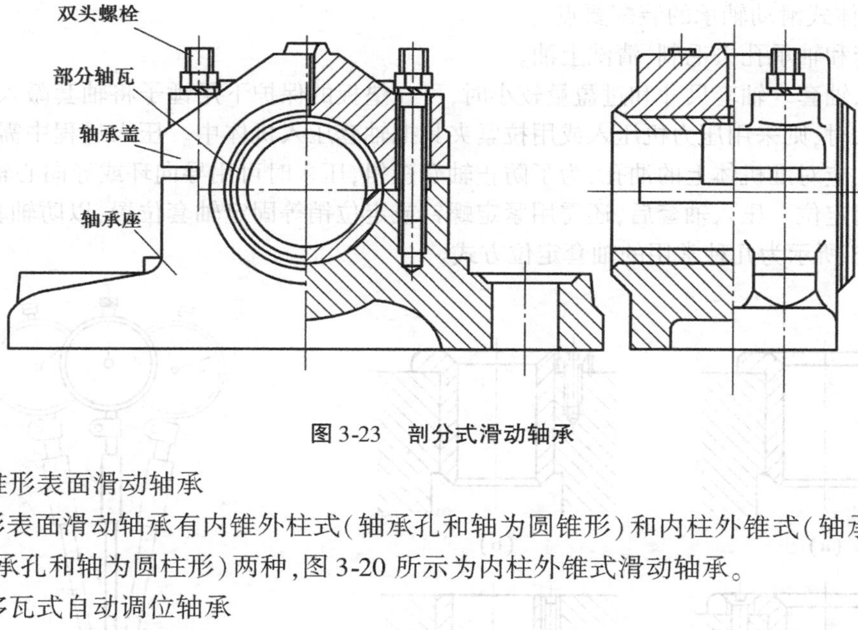

图 3-23　剖分式滑动轴承

3）锥形表面滑动轴承

锥形表面滑动轴承有内锥外柱式（轴承孔和轴为圆锥形）和内柱外锥式（轴承外圆为圆锥形，轴承孔和轴为圆柱形）两种，图 3-20 所示为内柱外锥式滑动轴承。

4）多瓦式自动调位轴承

多瓦式自动调位轴承如图 3-24 所示，有三瓦式和五瓦式两种，而轴瓦又可分为长轴瓦和短轴瓦两种。

2. 滑动轴承的特点

滑动轴承结构简单、制造方便、径向尺寸小、润滑油膜吸振能力强，能承受较大的冲击载荷，工作平稳，无噪声。在保证有液体润滑的情况下，轴可长期高速运转。适合于精密、高速及重载的转动场合。由于轴颈与轴承之间应获得所需的间隙才能正常工作，因而影响了回转精度的提高；滑动轴承即使在液体润滑状态下，润滑油的滑动阻力摩擦因数仍为 0.08 ~

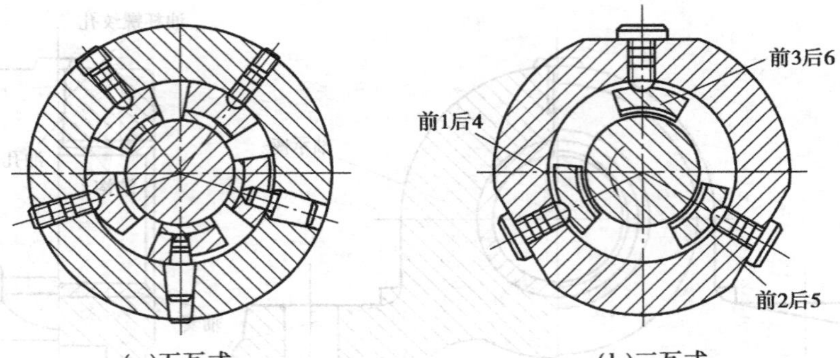

图 3-24 多瓦式自动调位轴承

0.12，故其温升较高，润滑及维护较困难。

二、滑动轴承的装配

滑动轴承装配的主要技术要求是在轴颈与轴承之间获得合理的间隙，保证轴颈与轴承的良好接触和充分润滑，使轴颈在轴承中旋转平稳可靠。

(1)整体式滑动轴承的装配要点

①轴套和轴承孔去毛刺，清洗上油。

②压入轴套。轴套尺寸和过盈量较小时，可在垫板的保护下用锤子将轴套敲入，尺寸或过盈量较大时，则采用压力机压入或用拉紧夹具把轴套压入机体中。压入过程中需注意：轴套上的油孔应对准机体上的油孔，为了防止轴套歪斜，压入时可用导向环或导向心轴导向。

③轴套定位。压入轴套后，还需用紧定螺钉或定位销等固定轴套位置，以防轴套随轴转动。图 3-25 所示为几种常用的轴套定位方式。

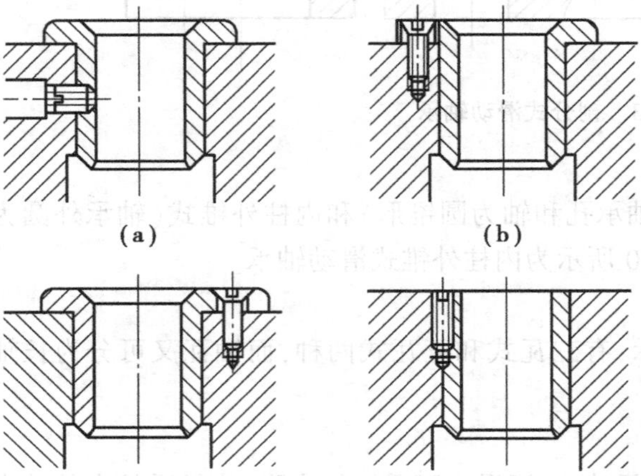

图 3-25 轴套的定位方式

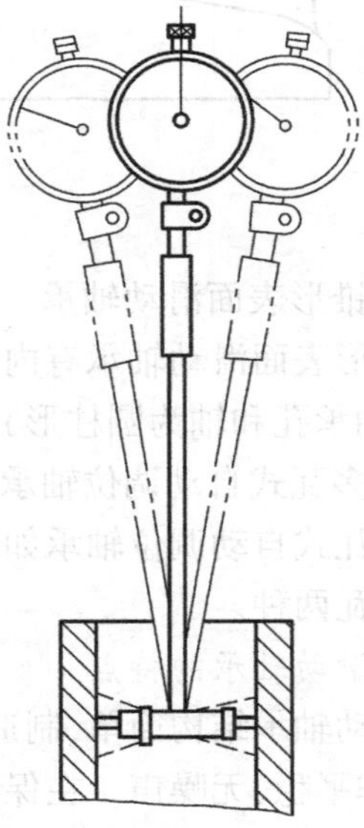

图 3-26 用内径百分表检验轴套孔

④轴承孔的修整。对于整体的薄壁轴套,压入后内孔易发生变形,如内径缩小或变成椭圆形、圆锥形等。因此,压装后可用绞削、刮削或滚压等方法,对轴套孔进行修整。

⑤轴套的检验。用内径百分表在孔的两三处作相互垂直方向上的检验,可以测定轴套的圆度、锥度误差及尺寸。可用如图 3-26 所示方法进行检验。

此外还要按图 3-27 所示,用塞规检验轴套孔的轴线对轴承端面的垂直度,此时可用涂色法或塞尺来检验其准确性。

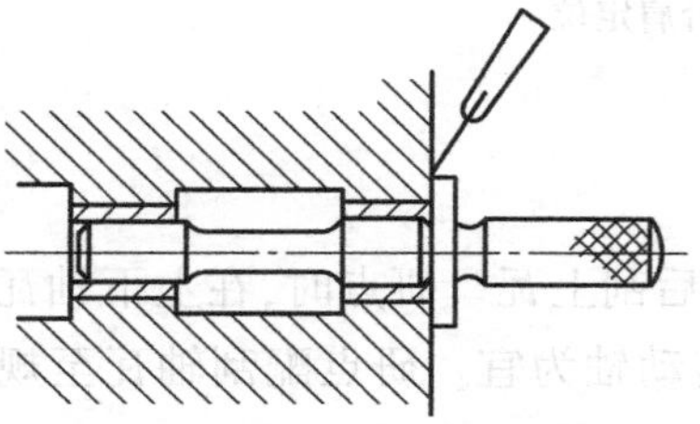

图 3-27　用塞规检验轴套装配的垂直度

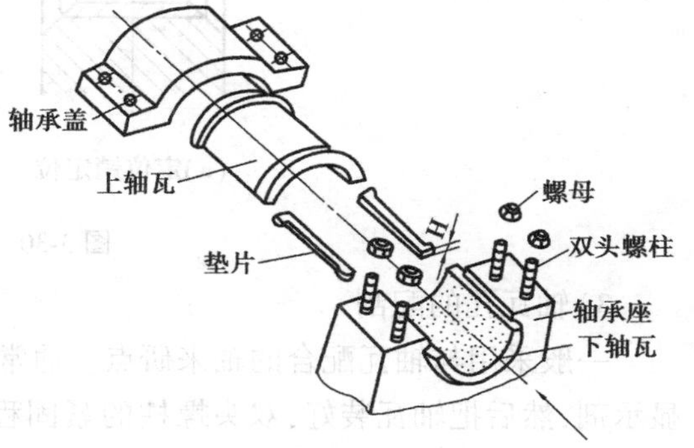

图 3-28　剖分式滑动轴承装配顺序

(2)剖分式滑动轴承装配要点

剖分式滑动轴承装配如图 3-28 所示,剖分式滑动轴承的优点是可以利用垫片调整瓦与轴的间隙,拆装轴时比较方便。

1)轴瓦与轴承座、盖的装配

轴瓦与轴承座盖装配时,应使轴瓦背与座孔接触良好。如不符合要求时,应以座孔为基准对厚壁轴瓦背部进行铲刮;对于薄壁轴瓦则不需进行修刮,而是进行选配。为了保证配合的紧密,宜采用过盈配合,故薄壁轴瓦的剖分面应比轴承座体的剖分面高出一些,如图 3-29 所示。一般 Δh 取 0.05 ~0.1 mm。同时,应注意轴瓦的台阶紧靠座孔的两端面,达到 H7/f7 配合。如果太紧,可通过刮削修配。

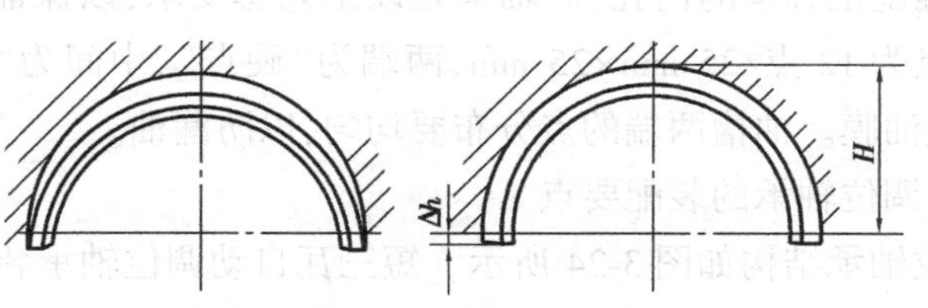

图 3-29　薄壁轴瓦的选配

2)轴瓦的定位

轴瓦安装在机体中,在圆周方向或轴向都不允许有位移,通常可用定位销和轴瓦上的凸台来止动,如图 3-30 所示。一般轴瓦装入时,应用木槌轻轻锤击,听声音判断,要确实贴实。

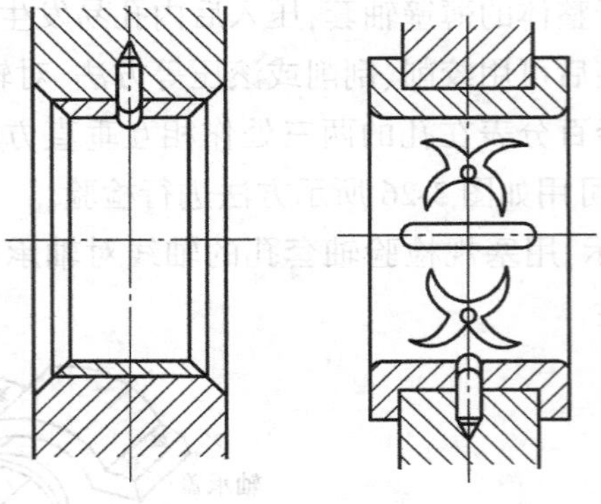

(a)定位销定位　　(b)台肩定位

图 3-30　轴瓦的定位

3)轴瓦孔的配刮

一般采用与轴瓦配合的轴来研点。通常先刮下瓦,后刮上瓦。研点时,在上下轴瓦内涂显示剂,然后把轴瓦装好,双头螺柱的紧固程度,以能转动轴为宜。研点配刮轴瓦至规定的接触点。

主轴外伸长度较大时,考虑到主轴装上工件后因质量产生的变形(如重型机床的主轴),应把下瓦在主轴外伸端处刮得低些,避免发生主轴咬死。

(3)内柱外锥式滑动轴承(图 3-20)装配要点

①将轴承外套压入箱体的孔中,其配合为 H7/r6。

②用专用心轴研点,修刮轴承外套的内锥孔,至接触点为 12～16 点/25 mm×25 mm。保证前、后轴承孔的同轴度。

③在轴承上钻进、出油孔,注意与箱体、轴承外套的油孔相对,并与自身的油槽相接。

④以轴承外套的内孔为基准,研点配刮轴承的外锥面,接触点要求同上。

⑤把轴承装入轴承外套的孔内,两端分别拧入前后螺母,并调整轴承的轴向位置。

⑥以主轴为基准配刮轴承的内孔,后轴承处以工艺套支承,以保证前、后轴承孔的同轴度。轴承内孔接触点为 12 点/25 mm×25 mm,两端为“硬点”,中间为“软点”。油槽两边的点要“软”,以便形成油膜。油槽两端的点分布要均匀,以防漏油。

(4)多瓦式自动调位轴承的装配要点

多瓦式自动调位轴承结构如图 3-24 所示。短三瓦自动调位轴承装配要点如所示。

①将前后两轴承的六块轴瓦及其球面螺钉按研配对号装入箱体孔内。注意两端油封上的回油孔要装在上部位置,以保证前后轴瓦工作时完全浸在油中,否则会因油面降低而影响润滑。

②在箱体孔两端各装一工艺套,其内径比主轴轴径大 0.04 mm,外径比箱体孔小 0.005 mm,其用途是使主轴轴线与箱体孔轴线重合。

③调节前后轴瓦的 6 个球面螺钉,要求达到:

a.用 0.02 mm 塞尺在前后两工艺套的内孔四周插入检查,要求在主轴四周塞尺都能插入,使主轴与箱体孔的轴线一致。

b. 使主轴与前后轴瓦都保持 0.005 ~0.01 mm 间隙。间隙的测量方法是:用百分表触及主轴前、后端近工艺套处,用手抬动主轴前、后端,百分表上读数即为间隙值。

c. 用手转动主轴时应轻快无阻,主轴径向圆跳动在 0.01 mm 以下即可。

三、静压轴承的装配

静压轴承装配是细致而复杂的工作,必须经过严格清洗和精心调整,才能使静压轴承达到工作精度和要求。装配要点如下所示。

①检查配合尺寸。轴承外圆与箱体孔的配合要有合适的过盈量,否则会使外圆上的油槽互通,使轴承承载能力降低,甚至不能工作。轴承孔预留 0.02 ~0.03 mm 的研磨量,保证在配研或配磨后,轴承内孔与轴颈的配合间隙要求。

②装配前,应彻底清除各零件的毛刺,并对零件、箱体孔及箱内部和管路系统仔细清洗,不允许留有切屑、磨粒、棉纱等杂物。装配后,也要用精滤过的煤油冲洗。

③静压轴承在压入轴承壳体孔(或箱体孔)时,要防止擦伤外圆表面,以免使油腔之间互通。

④静压轴承装入箱体孔后,可用研磨方法使前后轴承的同轴度达到要求,但要保证与轴的间隙符合要求。必要时,可按研磨后的孔径来配磨主轴,间隙合格后方可装配主轴。

⑤接上静压润滑供油系统,润滑油要符合要求,并经粗、精过滤后加入油箱。

⑥用手轻轻转动主轴,当轻快灵活时可启动供油系统。如转动不灵活时,要检查并排除故障后方可启动。

⑦启动后,要检查供油压力与油腔压力的比值是否正常,并检查各管道有无渗漏现象,不符合要求时要进行调整和修理。

●任务实施

剖分式滑动轴承的装配

如图 3-28 所示,剖分式滑动轴承是由上轴瓦、下轴瓦、轴承盖、轴承座、双头螺柱、螺母和垫片等组成。轴承座和轴承盖都采用了双头螺柱联接,双头螺柱与轴承座配合紧固。

剖分式滑动轴承的装配步骤如下所示。

①将上、下轴瓦作出标记,背部着色,分别与轴承盖、轴承座配研接触。接触点应在 12 ~16 点/25 mm×25 mm 以上。

②在上轴瓦上与轴承盖配钻油孔。

③在上轴瓦内壁上錾削油槽。

④在轴承座上钻下轴瓦定位孔,并装入定位销,定位销露出长度应比下轴瓦厚度小 3 mm。

⑤在定位销上端面涂红丹粉，将下轴瓦装入轴承座，使定位销的红丹粉拓印在下轴瓦瓦背上。根据拓印，在下轴瓦背面钻定位孔。

⑥将下轴瓦装入轴承座内，再将4个双头螺柱装在轴承座上，垫好调整垫片，并装好上轴瓦与轴承盖。然后利用工艺轴反复进行刮研，使接触斑点达12～16点/25 mm×25 mm，工艺轴在轴承中旋转没有阻卡现象。

⑦装上要装配的轴，调整好调整垫片，装配轴承盖，稍稍拧紧螺母，用木槌在轴承盖顶部均匀地敲打几下，使轴承盖更好地定位，拧紧所有螺母，拧紧力矩要大小一致。经过反复刮研，轴在轴瓦中应能轻捷自如地转动，无明显间隙，接触斑点为16～20点/25 mm×25 mm时为合格。

⑧调整合格后，将轴瓦拆下，清洗干净，重新装配，并装上油杯。

●考核评价

序号	项目和技术要求	实训记录	配分	得分
1	正确识读剖分式滑动轴承装配图		10	
2	回答老师提问的剖分式滑动轴承装配工艺问题		15	
3	能正确使用装配工具并做到动作规范		10	
4	能够正确装配剖分式滑动轴承，装配顺序正确，有团队合作精神		30	
5	装配时无零件损坏，刮瓦达到规定研磨点		15	
6	装配的零件按顺序摆放，整齐齐全		10	
7	装配后清理工具，打扫卫生		10	

任务3　轴组的装配

●知识目标

1. 了解主轴部件精度要求。

2. 熟悉轴承的固定方式。

3. 掌握滚动轴承的定向装配方法。

●技能目标

1. 能够识读主轴部件装配图。

2. 能够正确使用量具对主轴部件装配进行精度检测。

3. 能够正确规范地使用工具装配调整主轴部件。

●任务引入

轴是机械中重要的零件，它与轴上零件，如齿轮、带轮及两端轴承支座等的组合称为轴组。轴组的装配是将装配好的轴组组件，正确地安装在机器中，并保证其正常工作要求。

●任务分析

轴组装配主要是将轴组装入箱体(或机架)中，进行轴承固定、游隙调整、轴承预紧、轴承密封和轴承润滑装置的装配等。本任务通过对典型轴组C630型车床主轴部件的装配实训，要求能够使用量具检测装配精度，并对其进行装配调整。

●相关知识

一、轴承的固定方式

轴正常工作时，不允许有径向跳动和轴向移动存在，但又要保证不致受热膨胀卡死，所以要求轴承有合理的固定方式。轴承的径向固定是靠外圈与外壳孔的配合来解决的；轴承的轴向固定有如下所示两种基本方式。

1. 两端单向固定方式

如图3-31所示，在轴两端的支承点，用轴承盖单向固定，分别限制两个方向的轴向移动。为避免轴受热伸长而使轴承卡住，在右端轴承外圈与端盖间留有不大的间隙C(0.5～1 mm)，以便游动。

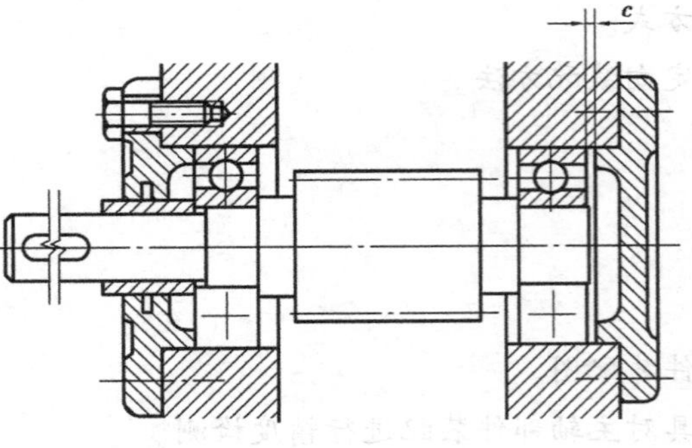

图 3-31　两端单向固定方式

2. 一端双向固定方式

如图 3-32 所示，将右端轴承双向轴向固定，左端轴承可随轴作轴向游动。这种固定方式工作时不会发生轴向窜动，受热时又能自由地向另一端伸长，轴不致被卡死。若游动端采用内、外圈可分的圆柱滚子轴承，此时，轴承内、外圈均需双向轴向固定。当轴受热伸长时，轴带着内圈相对外圈游动，如图 3-33 所示。

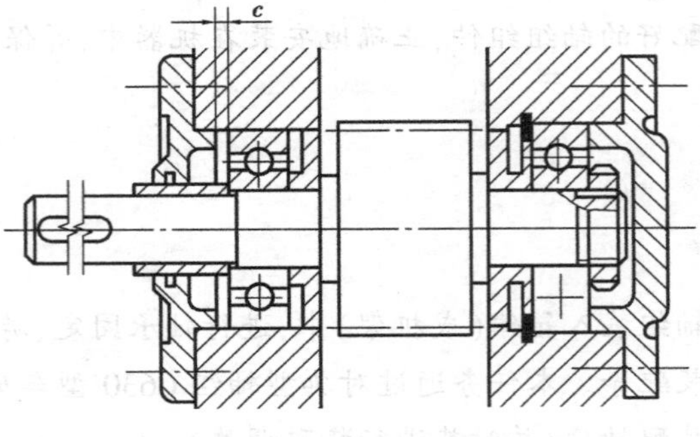

图 3-32　一端双向固定方式

图 3-33　轴承内、外圈均双向轴向固定

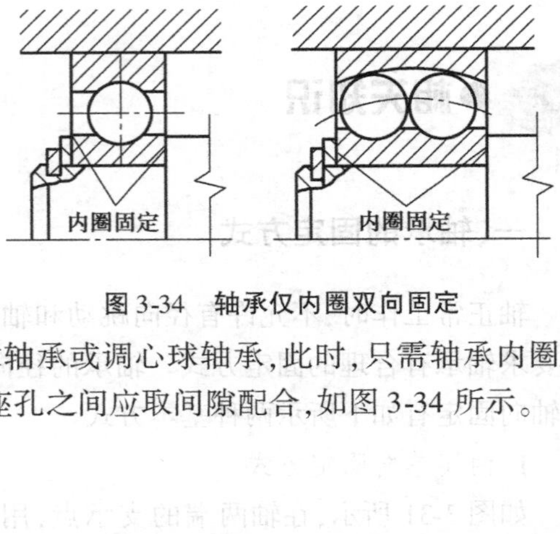

图 3-34　轴承仅内圈双向固定

如果游动端采用内、外圈不可分离型深沟球轴承或调心球轴承，此时，只需轴承内圈双向固定，外圈可在轴承座孔内游动，轴承外圈与座孔之间应取间隙配合，如图 3-34 所示。

二、滚动轴承的定向装配

对精度要求较高的主轴部件，为了提高主轴的回转精度，轴承内圈与主轴装配及轴承外圈与箱体孔装配时，常采用定向装配的方法。定向装配就是人为地控制各装配件径向跳动的方向，合理组合，采用误差相互抵消来提高装配精度的一种方法。装配前需对主轴轴端锥孔中心线偏差及轴承的内、外圈径向跳动进行测量，确定误差方向并作好标记。

1. 装配件误差的检测方法

(1)轴承外圈径向圆跳动检测

如图3-35所示，测量时，转动外圈并沿百分表方向压迫外圈，百分表的最大读数则为外圈最大径向圆跳动。

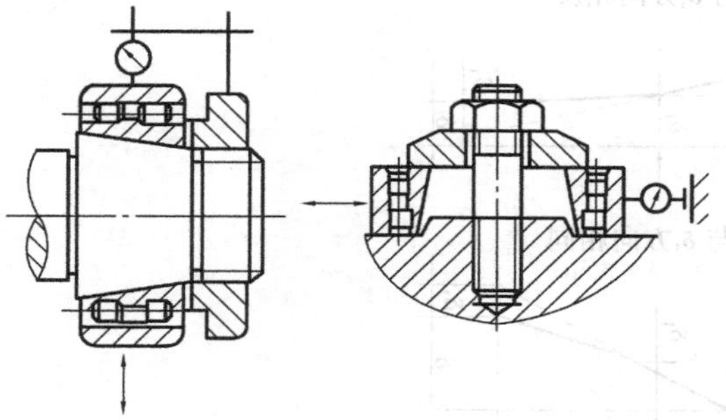

(a)在主轴上测量　(b)在工具上测量

图3-35　轴承外圈径向圆跳动检测

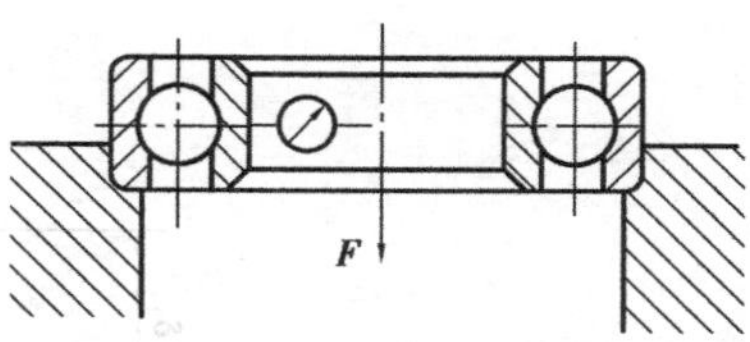

图3-36　轴承内圈径向圆跳动检测

(2)轴承内圈径向圆跳动检测

如图3-36所示，测量时外圈固定不转，内圈端面上施以均匀的测量负荷 F，F 的数值根据轴承类型及直径变化，然后使内圈旋转一周以上，便可测得轴承内圈内孔表面的径向圆跳动量及其方向。

(3)主轴锥孔中心线的检测

如图3-37所示，测量时将主轴轴颈置于V形架上，在主轴锥孔中插入测量用心轴，转动主轴一周以上，便可测得锥孔中心线的偏差数值及方向。

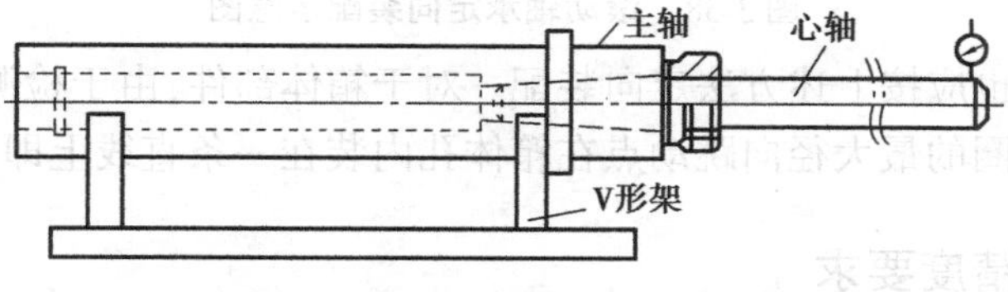

图3-37　测量主轴锥孔中心线偏差

2. 滚动轴承定向装配要点

①主轴前轴承的精度比后轴承的精度高一级。

②前后两个轴承内圈径向圆跳动量最大的方向置于同一轴向截面内，并位于旋转中心线的同一侧。

③前后两个轴承内圈径向圆跳动量最大的方向与主轴锥孔中心线的偏差方向相反。按不同方法进行装配后的主轴精度的比较如图3-38所示。

图中 δ_1、δ_2 分别为主轴前、后轴承内圈的径向圆跳动量；δ_3 为主轴锥孔中心线对主轴回转中心线的径向圆跳动量；δ 为主轴的径向圆跳动量。

如图3-38(a)所示，按定向装配要求进行装配的主轴的径向圆跳动量 δ 最小，$\delta<\delta_3<\delta_1<$

δ_2。如果前后轴承精度相同，主轴的径向圆跳动量反而增大。

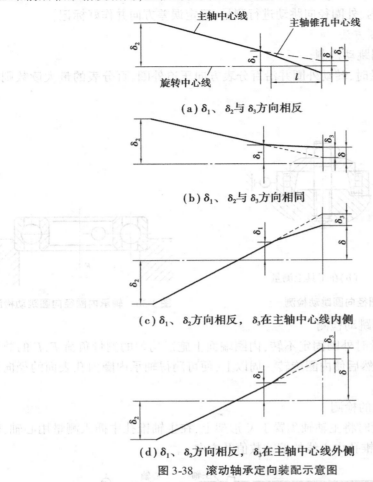

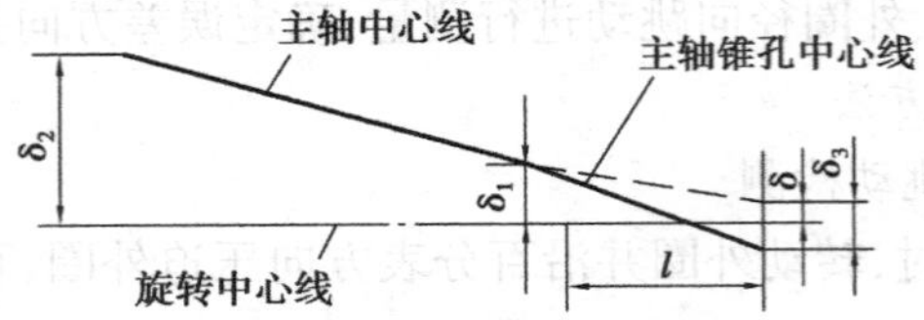

(a) δ_1、δ_2与δ_3方向相反

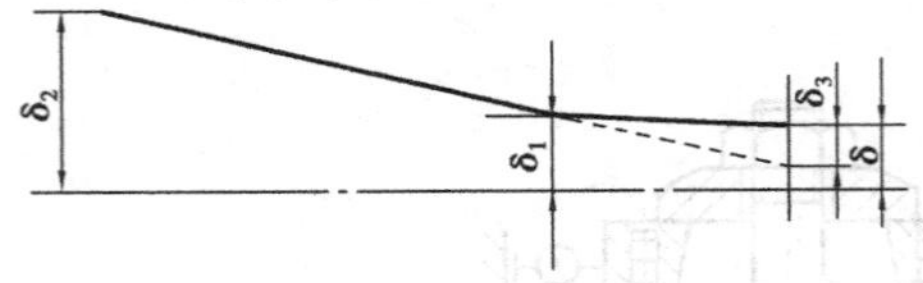

(b) δ_1、δ_2与δ_3方向相同

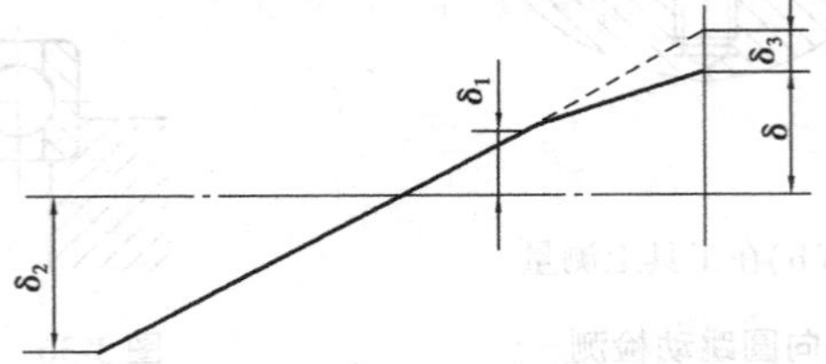

(c) δ_1、δ_2方向相反，δ_3在主轴中心线内侧

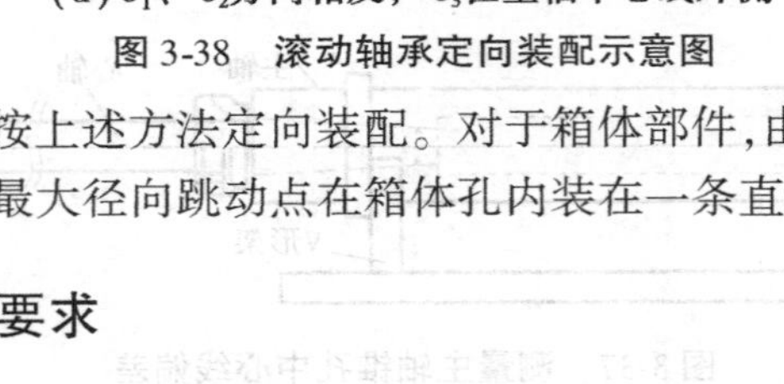

(d) δ_1、δ_2方向相反，δ_3在主轴中心线外侧

图 3-38　滚动轴承定向装配示意图

同理，轴承外圈也应按上述方法定向装配。对于箱体部件，由于检测轴承孔偏差较费时间，可将前后轴承外圈的最大径向跳动点在箱体孔内装在一条直线上即可。

三、主轴部件精度要求

主轴部件精度是指它在装配调整之后的回转精度，包括主轴的径向跳动、轴向窜动以及主轴旋转的均匀性和平稳性。主轴部件精度要求如下所示。

①主轴径向跳动（径向圆跳动）的检验如图 3-39(a) 所示。在锥孔中紧密地插入一根锥柄检验棒，将百分表固定在机床上，使百分表测头顶在检验棒表面上，旋转主轴，分别在靠近主轴端部的 a 点和距 a 点 300 mm 远的 b 点检验。a、b 的误差分别计算，主轴转一转，百分表读数的最大差值，就是主轴的径向跳动误差。为了避免检验棒锥柄配合不良的影响，拔出检验棒，相对主轴旋转 90°，重新插入主轴锥孔内，依次重复检验 4 次，4 次测量结果的平均值为主轴的径向跳动误差。主轴径向跳动量也可按图 3-39(b) 所示，直接测量主轴定位轴颈。主轴旋转一周，百分表的最大读数差值为径向跳动误差。

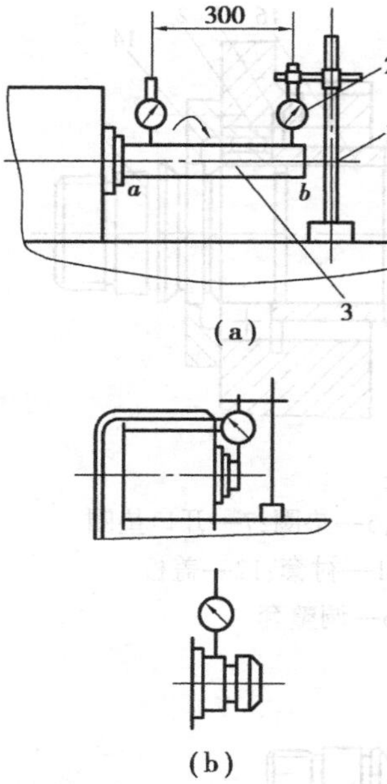

图 3-39　主轴径向跳动的测量

1—磁力表架;2—百分表;3—检验棒

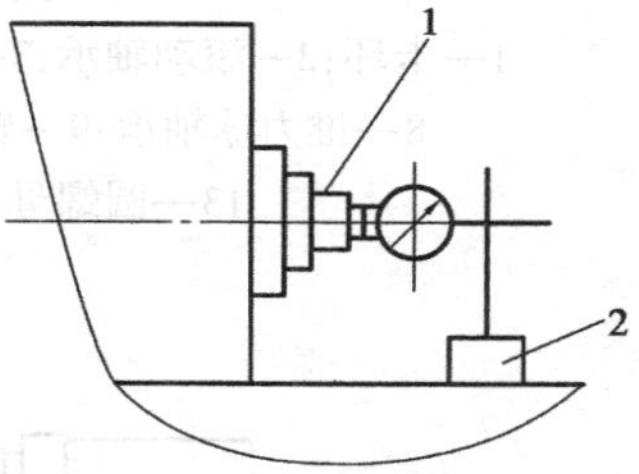

图 3-40　主轴轴向窜动的测量

1—锥柄短检验棒;2—磁力表架

②主轴轴向窜动(端面圆跳动)的检验如图 3-40 所示,在主轴锥孔中紧密地插入一根锥柄短检验棒,中心孔中装入钢球(钢球用黄油粘上),百分表固定在床身上,使百分表测头顶在钢球上。旋转主轴检查,百分表读数的最大差值,就是轴向窜动误差值。

●任务实施

一、主轴部件的装配

如图 3-41 所示,C630 型车床主轴部件的装配顺序如下所示。

①将卡环 1 和滚动轴承 2 的外圈装入主轴箱体前轴承孔中。

②将滚动轴承 2 的内圈按定向装配法从主轴的后端套上,并依次装入调整套 16 和调整螺母 15[图 3-42(a)]。适当预紧调整螺母 15,防止轴承内圈改变方向。

③将图 3-42(a)所示主轴组件从箱体前轴承孔中穿入,在此过程中,依次将键、大齿轮 4、螺母 5、垫圈 6、开口垫圈 7 和推力球轴承 8 装在主轴上,然后把主轴穿至要求的位置。

④从箱体后端,将图 3-42(b)所示的后轴承壳体分组件装入箱体,并拧紧螺钉。

⑤将圆锥滚子轴承 10 的内圈按定向装配法装在主轴上,敲击时用力不要过大,以免主轴移动。

⑥依次装入衬套 11、盖板 12、圆螺母 13 及法兰 14,并拧紧所有螺钉。

⑦对装配情况进行全面检查,防止漏装和错装。

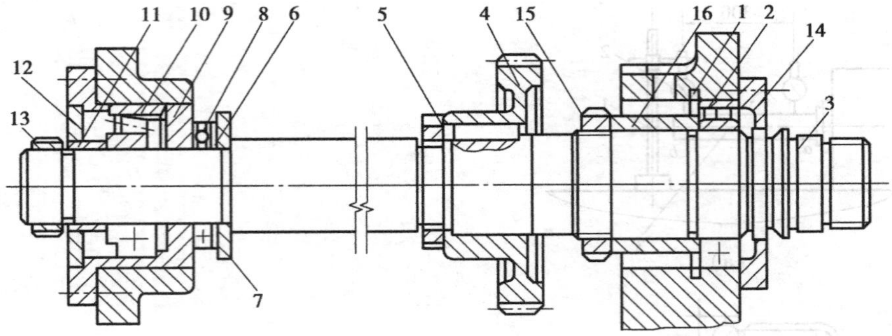

图 3-41　C630 型车床主轴部件

1—卡环；2—滚动轴承；3—主轴；4—大齿轮；5—螺母；6—垫圈；7—开口垫圈
8—推力球轴承；9—轴承座；10—圆锥滚子轴承；11—衬套；12—盖板
13—圆螺母；14—法兰；15—调整螺母；16—调整套

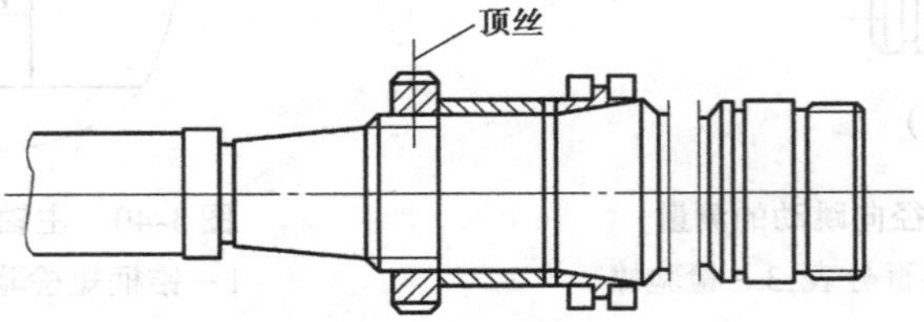

(a)主轴组件

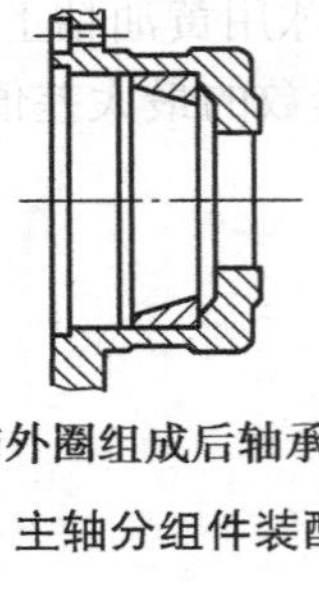

(b)后轴承套与外圈组成后轴承壳体分组件

图 3-42　主轴分组件装配

二、主轴部件的调整

主轴部件的调整分预装调整和试车调整两步进行。

1. 主轴部件预装调整

在主轴箱部件未装其他零件之前，先将主轴按如图 3-41 所示进行一次预装，其目的是一方面检查组成主轴部件的各零件是否能达到装配要求；另一方面空箱便于翻转，修刮箱体底面比较方便，易于保证底面与床身结合面的良好接触以及主轴轴线对床身导轨的平行度。主轴轴承的调整顺序，一般应先调整固定支承，再调整游动支承。对 C630 型车床而言，应先调整后轴承，再调整前轴承。

(1)后轴承的调整

先将螺母 15 松开，旋转圆螺母 13，逐渐收紧圆锥滚子轴承和推力球轴承。用百分表触及主轴前端面，用适当的力，前后推动主轴，保证轴向间隙在0.01 mm之内。同时用手转动大齿轮4，若感觉不太灵活，可能是圆锥滚子轴承内、外圈没有装正，可用大木槌（或铜棒）在主轴前后端敲击，直到手感觉主轴旋转灵活为止，最后将圆螺母13锁紧。

（2）前轴承的调整

逐渐拧紧调整螺母15，通过调整套16的移动，使轴承内圈作轴向移动，迫使内圆胀大。用百分表触及主轴前端轴颈处（图3-43），撬动杠杆使主轴受200～300 N的径向力，保证轴承径向间隙在0.005 mm之内，且用手转动大齿轮，应感觉灵活自如，最后将调整螺母15锁紧。

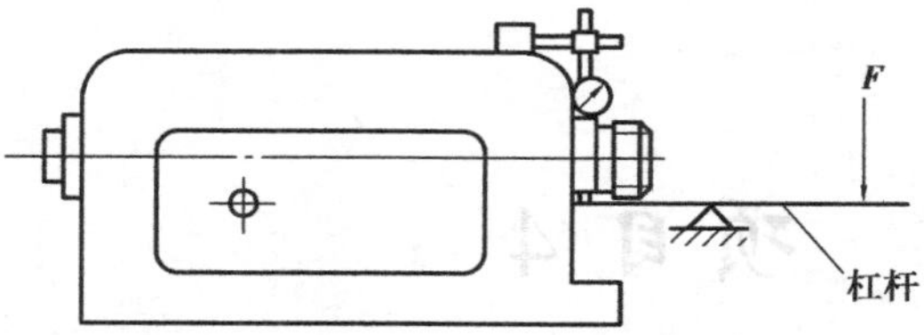

图3-43　主轴径向间隙的检查

装配轴承内圈时，应先检查其内锥面与主轴锥面的接触面积，一般应大于50%。如果锥面接触不良，收紧轴承时，会使轴承内滚道发生变形，破坏轴承精度，减少轴承使用寿命。

2. 主轴的试车调整

机床正常运转时，主轴箱内温度升高，主轴轴承间隙也会发生变化，而主轴的实际理想工作间隙，是在机床温升稳定后所调整的间隙。试车调整方法如下所示。

按要求给主轴箱加入润滑油，用划针在螺母边缘和主轴上作出标记，记住原始位置。适当拧松调整螺母15和圆螺母13，用木槌（或铜棒）在主轴前后端适当振击，使轴承回松，保持间隙为0～0.02 mm。主轴从低速到高速空转时间不超过2 h，在最高速的运转时间不少于30 min，一般油温不超过60 ℃即可。停车后锁紧调整螺母15和圆螺母13，结束调整工作。

考核评价

序号	项目和技术要求	实训记录	配分	得分
1	正确识读主轴部件装配图		10	
2	回答老师提问的主轴部件装配工艺问题		10	
3	能正确使用装配工具并做到动作规范		10	
4	能够正确装配主轴部件，装配顺序正确，有团队合作精神		25	
5	能够正确调整主轴部件，调整顺序正确		15	
6	装配8时无零件损坏，安全文明装配		10	
7	装配的零件按顺序摆放，整齐齐全		10	
8	装配调整后清理工具，打扫卫生		10	

项目 4

传动机构的装配

任务 1　带传动机构的装配

●知识目标

1. 了解带传动机构的类型和运用。
2. 熟悉带传动的张紧装置和调整方法。
3. 掌握带传动机构的装配工艺。

●技能目标

1. 能够正确拆卸带传动机构。
2. 能够正确装配带传动机构。
3. 能够进行带轮和传动带的张紧力调整。

●任务引入

本任务通过对带传动机构装配的学习，学会识读带轮装配图，规范使用拆装工具拆装带轮机构，做到拆装顺序正确，拆装无零件损坏，能进行两带轮相互位置的检测，能够对带轮和传动带进行张紧力的调整，如图4-1所示。

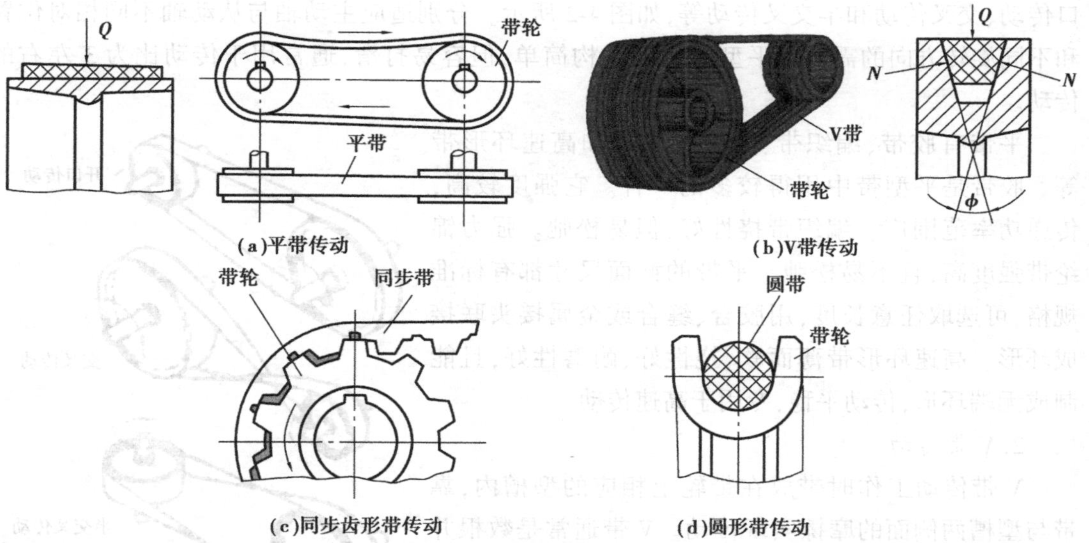

(a)平带传动　(b)V带传动

(c)同步齿形带传动　(d)圆形带传动

图4-1　带传动机构的种类

●任务分析

带传动机构如不能正确安装及检验，将导致带的使用寿命以及带传动机构的损坏，所以在带传动机构装配及检验过程中，要严格按照规定进行。

●相关知识

带传动是日常机械设备常用的机械传动，所以带传动的维护修理至关重要。

一、带传动

带传动是依靠张紧在带轮上的带(或传动带)与带轮之间的摩擦力或啮合，来传递运动和动力的。带传动的优点与齿轮传动比，带传动具有工作平稳、噪声小、结构简单，不需要润滑，缓冲吸振，制造容易以及能过载保护(过载时挠性带发生打滑而避免损坏装置)，并能适应两轴中心距较大的传动。带传动缺点，传动比不准确，传动效率低，带的寿命短。

根据带的截面形状不同分：V带传动、平带传动、圆形带传动、同步带传动、三角带传动。

其中平带传动和三角带传动应用最广，圆形带传动只用来传递很小的功率。

1. 平带传动

平带传动工作时带套在平滑的轮面上，借带与轮面间的摩擦进行传动。传动型式有开口传动、交叉传动和半交叉传动等，如图 4-2 所示。分别适应主动轴与从动轴不同相对位置和不同旋转方向的需要。平型带传动结构简单，但容易打滑，通常用于传动比为 3 左右的传动。

平带有胶带、编织带、强力锦纶带和高速环形带等。胶带是平型带中用得较多的一种。它强度较高，传递功率范围广。编织带挠性好，但易松弛。强力锦纶带强度高，且不易松弛。平带的截面尺寸都有标准规格，可选取任意长度，用胶合、缝合或金属接头联接成环形。高速环形带薄而软、挠性好、耐磨性好，且能制成无端环形，传动平稳，专用于高速传动。

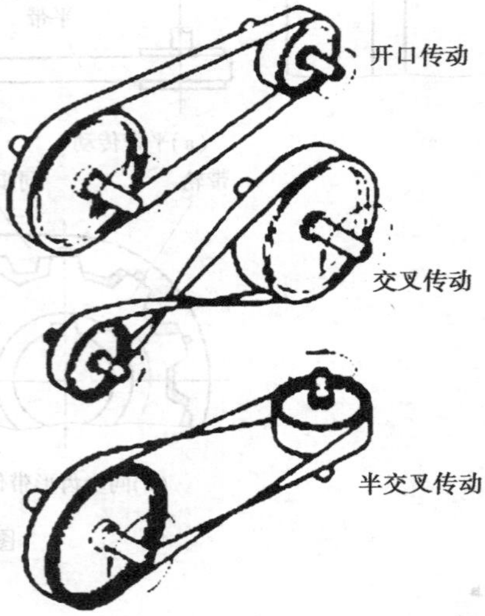

图 4-2　平带的传动形式

2. V 带传动

V 带传动工作时带放在带轮上相应的型槽内，靠带与型槽两侧面的摩擦实现传动。V 带通常是数根并用，带轮上有相应数目的型槽。用 V 带传动时，带与带轮接触良好，打滑小，传动比相对稳定，运行平稳。V 传动适用于中心距较短和较大传动比（7 左右）的场合，在垂直和倾斜的传动中也能较好工作。此外，因 V 带数根并用，其中一根破坏也不致发生事故。

V 带是带传动中用得最多的一种，它是由强力层、伸张层、压缩层和包布层制成的无端环形胶带，如图 4-3 所示。强力层主要用来承受拉力，伸张层和压缩层在弯曲时起伸张和压缩作用，包布层的作用主要是增强带的强度。V 带的截面尺寸和长度都有标准规格。截面尺寸的标准与 V 带相同，而长度规格不受限制，便于安装调紧，局部损坏可局部更换，V 带常多根并列使用，设计时可按传递的功率和小轮的转速确定带的型号、根数和带轮结构尺寸。

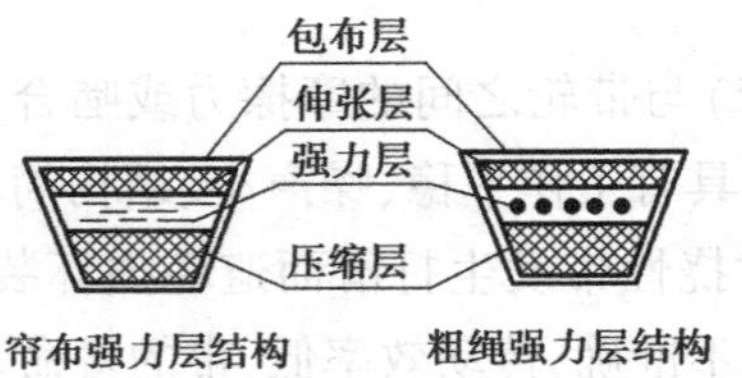

图 4-3　V 带结构

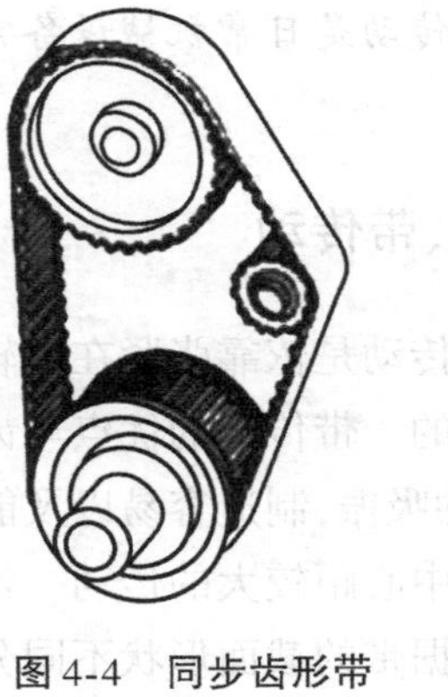

图 4-4　同步齿形带

3. 同步齿形带传动

同步齿形带传动是一种特殊的带传动。带的工作面做成齿形，带轮的轮缘表面也做成相应的齿形，带与带轮主要靠啮合进行传动，如图4-4所示。同步齿形带一般采用细钢丝绳作强力层，外面包覆聚氯脂或氯丁橡胶。强力层中线定为带的节线，带线周长为公称长度。带的基本参数是周节 ρ 和模数 m。周节 ρ 等于相邻两齿对应点间沿节线量得的尺寸，模数 $m=\rho/\pi$。中国的同步齿形带采用模数制，其规格用模数×带宽×齿数表示。与普通带传动相比，同步齿形带传动的特点是：

①钢丝绳制成的强力层受载后变形极小，齿形带的周节基本不变，带与带轮间无相对滑动，传动比恒定、准确。

②齿形带薄且轻，可用于速度较高的场合，传动时线速度可达40 m/s，传动比可达10，传动效率可达98%。

③结构紧凑，耐磨性好。

④由于预拉力小，承载能力也较小。

⑤制造和安装精度要求甚高，要求有严格的中心距，故成本较高。同步齿形带传动主要用于要求传动比准确的场合。

二、带传动机构的装配技术

1. 技术要求

(1)表面粗糙度

带轮轮槽工作面的表面粗糙度要适当，过小容易打滑，过大传动时易发热加剧磨损，表面粗糙度值 R_a 一般为3.2 μm，轮槽的棱边要倒圆或倒钝。

(2)安装精度

带轮的径向圆跳动公差和端面圆跳动公差为0.2～0.4 mm。两轮槽中间平面与带轮轴线垂直度误差±30′，两带轮轴线应相互平行，相应轮槽的中间平面应重合，误差不超过±20′。

(3)包角

带轮上的包角 α 不能太小，因为当张紧力一定时，包角越大，摩擦力也越大。对V带来说，其小带轮包角不能小于120°，否则容易打滑。

(4)张紧力

带的张紧力对其传动能力、寿命和轴向压力都有很大的影响。张紧力不足，传递载荷的能力降低，效率也低，且会使小带轮急剧发热，加快带的磨损；张紧力过大会使带的寿命降低，轴和轴承上载荷增大，轴承发热加速磨损。所以张紧力是保证带传动正常工作的重要因素。

2. 带传动机构的装配要求

①严格控制带轮的径向圆跳动和轴向窜动量。

②两带轮轮槽的中间平面应重合，其倾斜角和轴向偏移量不能过大。一般倾斜角不超过1°，否则不仅会使带容易脱落，而且还会加剧带与带轮的磨损。

③带轮工作表面的粗糙度值要大小适当。

④带与带轮的包角不能太小。

⑤带的张紧力要适当,并且要便于调整。

三、带与带轮的装配

带轮孔与轴为过渡配合,有少量过盈,同轴度较高,并且用紧固件作周向和轴向固定。带轮在轴上的固定形式如图 4-5 所示。

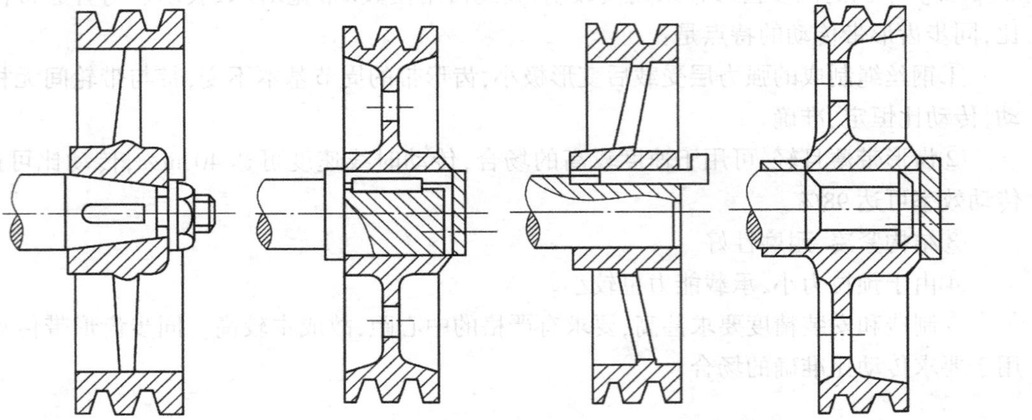

图 4-5　带轮与轴的连接

1. 带轮的装配

带轮孔和轴为过渡配合$\frac{H7}{K6}$,这种配合有少量过盈,对同轴度要求较高,为传递较大的扭矩,需用键和紧固件等进行周向固定和轴向固定。

(1)安装带轮前

V 带带轮分主动带轮(一般是小带轮)和从动带轮(大带轮)。带轮在 v_c >5 m/s 时应进行静平衡,带轮在 v_c >25 m/s 时应进行动平衡。必须按轴和轮毂孔的键槽来修配键(修配以轴槽为基准,锉修平键的两侧面使其与轴槽的配合有一定过盈,将平键压入轴槽,使键底面与轴槽底面可靠贴合,再按平键宽度修配轮毂槽宽到规定的配合要求,具体情况见键联接)。然后,清理安装面并涂上润滑油。

(2)安装方法

通常采用木槌锤击,螺旋压力机或油压机压装。用锤击法装配时,应避免锤击轮缘,锤击点尽量靠近轴心。

(3)装配过程

由于带轮的拆卸比装入难些,故应注意测量带轮在轴上安装位置的正确性,即用划线盘或百分表检查带轮的径向和端面的圆跳动量,如图 4-6 所示。并且还要经常用平尺或拉线法,测量两带轮相互位置的正确性,如图 4-7 所示。

2. V 带的装配

首先将两带轮的中心距调小,先将其套在小带轮槽中,再将 V 带旋入大带轮(先套在大

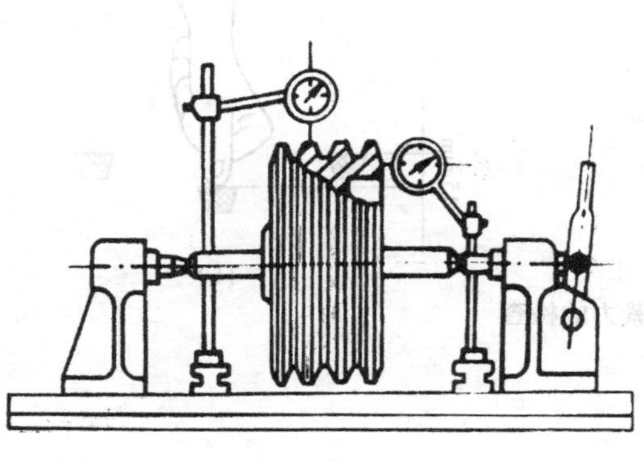

图 4-6　带轮跳动的检查

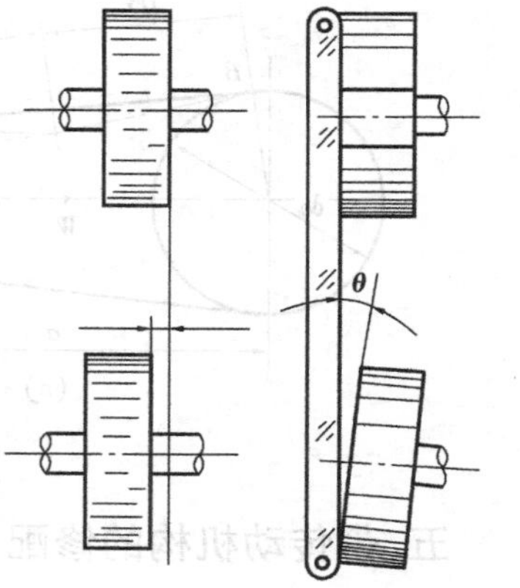

图 4-7　带轮相互位置正确性的检查

带轮上，边转动边用螺钉旋具或铜棒将带拨入带轮槽中，不能用带有刃口锋利的金属工具。）V 带不宜在阳光下曝晒，应装安全护罩，防止绞伤人。特别要防止矿物质，酸碱与带接触，以免变质。

靠摩擦传动的带传动在工作前必须有一定的正压力。当主动轮开始转动时，带与轮面之间便产生摩擦力，将动力和运动由主动轮传到从动轮。这时，带的一边拉力增大为 F_1，称为紧边；另一边拉力减小为 F_2，称为松边。紧边与松边拉力的差（F_1-F_2）称为有效拉力 F_t，它等于沿带轮的接触弧上摩擦力的总和，即所能传递的圆周力，表示带传动的承载能力。

一般来说，增大预拉力可以增大摩擦力，使紧边和松边的拉力差增大，提高带所能传递的圆周力。

在一定的预拉力条件下，紧边和松边的拉力差有一极限值，超过此值时带就在轮上打滑，传动失效。故在同样的预拉力条件下，V 带能比平型带产生较大的摩擦力，即能传递更大的圆周力。因此，传递同样的功率 V 带传动结构较为紧凑。带传动除因打滑失效外，在工作中还会受变应力而产生疲劳破坏，所以带传动的装配应以不出现打滑和疲劳破坏为限界。

四、张紧力的控制与调整

在带传动机构中，都有调整张紧力的拉紧装置。拉紧装置的形式很多，其基本原理都是改变两轴中心距以调整拉力的大小。

1. 张紧力的检查

在传动带与两带轮 *AB* 切边的中点处加一个垂直于带边的载荷 *W*（一般可用弹簧秤挂上重物），通过测量带产生下垂度（挠度）*y* 来判断实际的张紧力是否符合要求，如图 4-8 所示。传动带工作一段时间后，会产生永久性变形，从而使张紧力不断降低。为此，在安装新带时，最初的张紧力应为正常张紧力的 1.5 倍，这样才能保证传递所要求的功率。

2. 张紧力调整方法

改变两带轮的中心距或用张紧轮张紧（中心距不能改变时，可截短带或更换带，太紧时，可在工作面涂带蜡）。

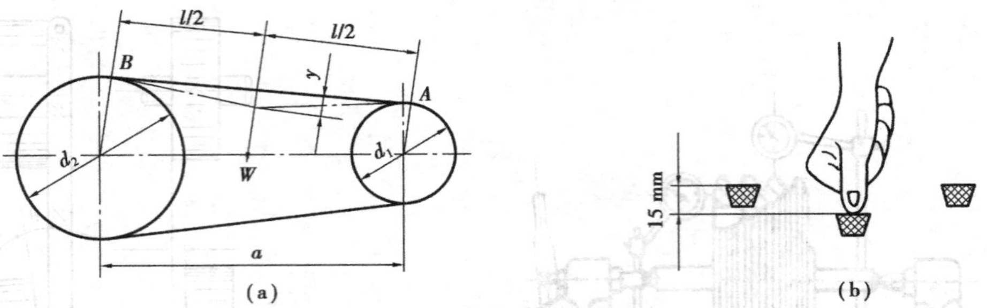

图 4-8　张紧力的检查

五、带传动机构的修配

带传动机构常见的损坏形式有轴颈弯曲、带轮孔与轴配合松动、带轮槽磨损、带拉长或断裂、带轮崩裂等。

①轴颈弯曲

用划针盘或百分表检查弯曲程度，采用矫直或更换方法修复。

②带轮孔与轴配合松动

当带轮孔和轴颈磨损量不大时，可将轮孔用车床修圆修光，轴颈用镀铬、堆焊或喷镀法加大直径，然后磨削至配合尺寸。当轮孔磨损严重时，可将轮孔镗大后压装衬套，用骑缝螺钉固定，加工出新的键槽。

③带轮槽磨损

带轮槽磨损可适当车深轮槽，并修整轮缘。

④V 带拉长

V 带拉长在正常范围内时，可通过调整中心距张紧。若超过正常的拉伸量，则应更换新带。更换新 V 带时，应将一组 V 带一起更换。

⑤带轮崩碎

带轮崩碎应更换新带轮。

●任务实施

带轮的装配

带轮与轴连接固定形式如图 4-5 所示，装配步骤如下所示。

①清除带轮孔、轮缘、轮槽表面上的污物和毛刺。

②检验带轮孔径的径向圆跳动和端面跳动误差，其具体方法如图 4-6 所示。

a. 将检验棒插入带轮孔中，用两顶尖支顶检验棒。

b. 将百分表测头置于带轮圆柱面和带轮端面靠近轮缘处。

c. 旋转带轮一周，百分表在圆柱面上的最大读数差，即为带轮径向圆跳动误差；百分表在断面上的最大读数差为带轮端面的圆跳动误差。

③锉配平键，保证键联接的各项技术要求。

④把带轮孔、轴颈清洗干净，涂上润滑油。

⑤装配带轮时，使带轮键槽与轴颈上的键对准，当孔与轴的轴线同轴后，用铜棒敲击带轮靠近孔端面处，将带轮装配到轴颈上。也可用专用工具将带轮压入轴上，如图4-9所示。

⑥检查两带轮的相互位置精度。

当两带轮的中心距较小时，可用较长的钢直尺紧贴一个带轮的端面，观察另一个带轮端面是否与该带轮端面平行或在同一平面内，如图4-10(a)所示。若检验结果不符合技术要求，可通过调整电动机的位置来解决。

当两带轮的中心距较大无法用钢直尺来检验时，可用拉线法检查。使拉线紧贴一个带轮的端面，以此为射线延长至另一个带轮端面，观察两带轮端面是否平行或在同一平面内，如图4-10(b)所示。

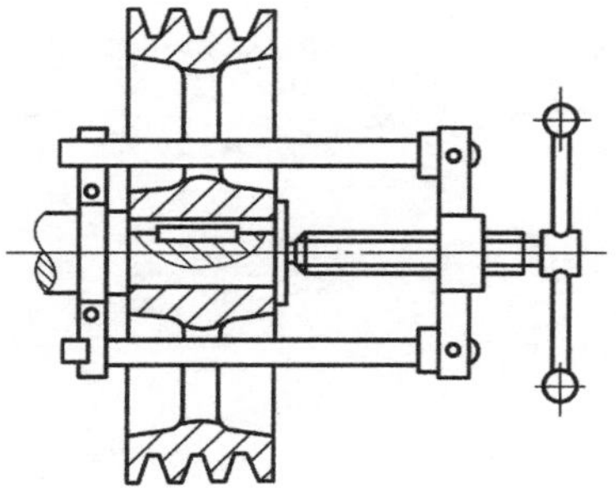

图4-9　用螺旋压力机压入带轮

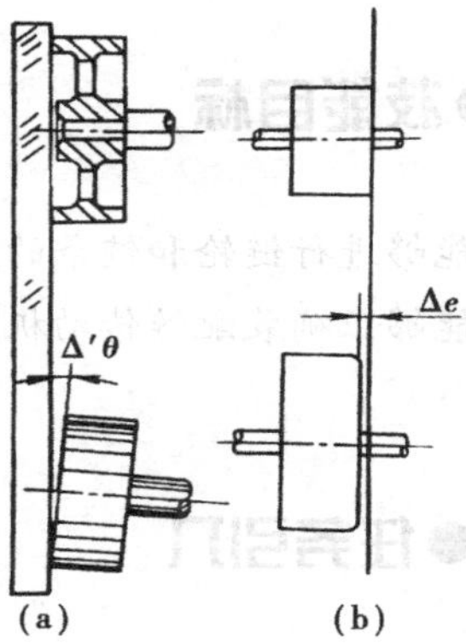

图4-10　带轮相互位置的检查

考核评价

序号	项目和技术要求	实训记录	配分	得分
1	正确识读带轮装配图		10	
2	回答老师提问的带传动问题		20	
3	能正确使用拆装工具并做到动作规范		15	
4	能够正确拆装带轮机构，拆装顺序正确，有团队合作精神		25	
5	拆装时无零件损坏		10	
6	拆卸后的零件按顺序摆放，保管齐全		10	
7	拆装后清理工具，打扫卫生		10	

任务 2　链传动机构的装配

●知识目标

1. 了解链传动的种类和传动特点。
2. 熟悉链传动机构的装配技术要求。
3. 掌握链传动的张紧及装配工艺。

●技能目标

1. 能够进行链轮和链条的拆卸。
2. 能够正确装配链传动机构。

●任务引入

本任务通过对链传动机构装配的学习，要求熟悉链传动机构的装配技术要求，掌握链传动的张紧及装配工艺，学会对链轮和链条进行拆卸，能够正确装配链传动机构，链传动机构的装配如图 4-11 所示。

图 4-11　链传动

●任务分析

本任务应能正确使用相关工具拆装链传动机构，并对机构进行维护修理保养及更换。

●相关知识

链传动是以链条为中间挠性件的啮合传动，是通过链条将具有特殊齿形的主动链轮的运动和动力传递到具有特殊齿形的从动链轮的一种传动方式。

一、链传动机构的装配技术要求

①链轮的两轴线必须平行。不平行将加剧链条和链轮的磨损，降低传动平稳性和使噪声增加。两轴线的平行度可用量具检查，如图 4-12 所示，通过测量 A、B 两尺寸来检查其误差。

②两链轮之间的轴向偏移必须在要求范围内偏移量 a 根据中心距大小而定。中心距 <500 mm，$a \leqslant 1$ mm；中心距>500 mm，$a \leqslant 2$ mm，检查方法如图 4-12 所示。

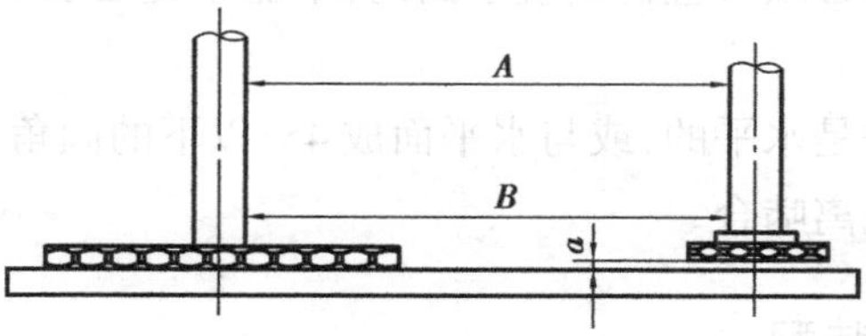

图 4-12　两链轮轴线平行度及轴向偏移量的测量

③跳动量要求。链轮在轴上固定之后，跳动量必须符合表 4-1 所列数值要求。

表 4-1　链轮的允许跳动量　(mm)

链轮直径	链轮的允许跳动量	
	径向	端面
100 以下	0.25	0.3
100～200	0.5	0.5
200～300	0.75	0.8
300～400	1.0	1.0
400 以上	1.2	1.5

链轮跳动量可用划线盘或百分表检查，如图 4-13 所示。

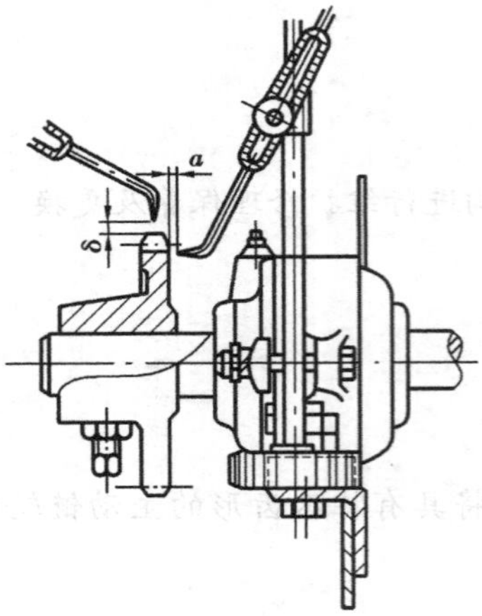

图 4-13　链轮跳动量的检查

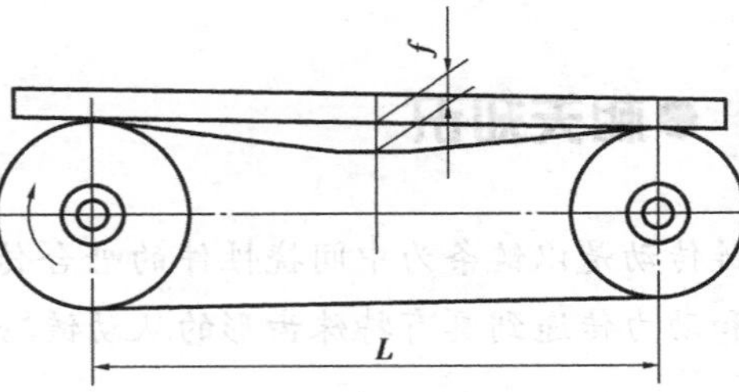

图 4-14　链条下垂度的检查

④链条的下垂度要适当。链条的松紧应适当，过紧会加剧磨损，过松容易振动、脱链。

要求：水平或45°以下的链传动，下垂度 $f \leqslant 2\% L$，其中 L 为链轮的中心距；垂直传动的链传动，下垂度 $f \leqslant 0.2\% L$，检查方法如图 4-14 所示。

⑤链轮在轴上必须保证周向和轴向的固定。

⑥链轮的齿数和链条的节数不宜奇偶相同，一般链轮的齿数采用奇数，链条的节数为偶数。目的是使轮齿磨损均匀。

⑦两链轮的回转平面必须布置在垂直平面内，不能布置在水平或倾斜平面内，否则会加剧磨损和易使链条脱落。

⑧两链轮中心线最好是水平的，或与水平面成45°以下的倾角，尽量避免垂直传动，以免与下方链轮啮合不良或脱离啮合。

二、链传动机构的装配

1. 链轮在轴上的固定方法

链轮在轴上的固定方法如图 4-15 所示，装配方法与带轮的装配基本相同。

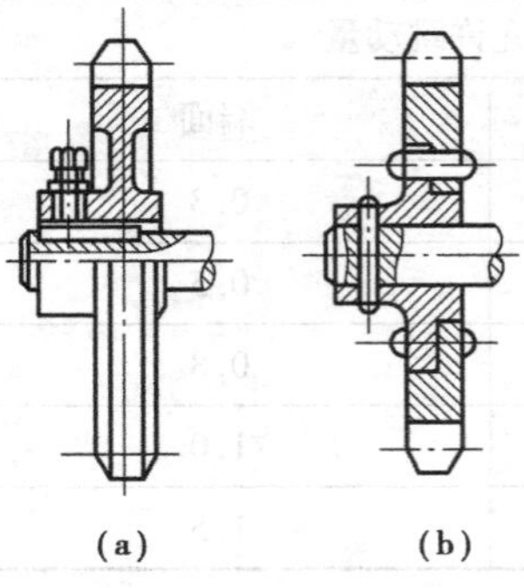

图 4-15　链轮的固定方法

(a)键连接、紧固螺钉固定；(b)圆锥销固定

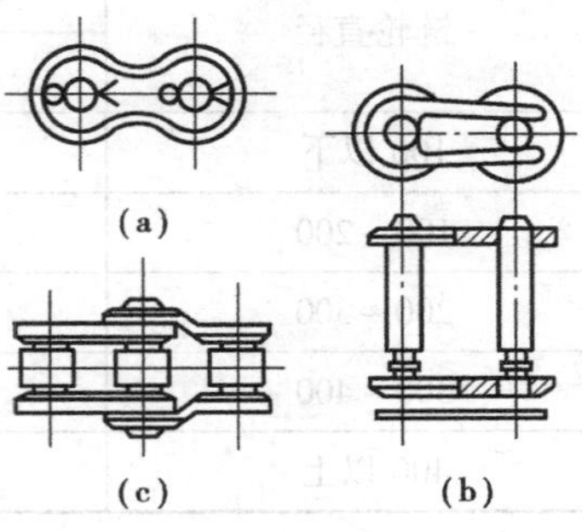

图 4-16　套筒滚子的接头形式

2. 套筒滚子的接头形式

链条除接头链节外,各链节都是不可分离的。

链条的长度用链节数表示,为了使链条连成环形时正好是外链板与内链板相连接,所以链节数最好是偶数。

(1)当链节数为偶数时

采用连接链节,其形状与外链节一样,只是链节一侧的外链板与销轴为间隙配合,接头处可用弹簧锁片或开口销等止锁件固定。如图4-16(a)所示为用于大节距;如图4-16(b)所示为用于小节距,注意弹簧卡片必须使开口端方向与链条速度方向相反。

(2)当链节数为奇数时

采用过渡链节,如图4-16(c)所示。

过渡链节的链板受拉力时有附加弯矩作用,强度仅为通常链节的80%左右,故应尽量避免使用奇数链节,但这种过渡链节有缓冲、吸收振动的作用。

3. 链条两端接合方法

两轴中心距可调节,且链轮在轴端时,链条的接头可预先进行连接。否则,则必须在套到链轮上以后再进行连接,此时需用专用拉紧工具,如图4-17(a)所示,也可采用铅丝扎紧收缩的方法安装。

齿形链条必须先套在链轮上,再用拉紧工具拉紧后进行连接,如图4-17(b)所示。

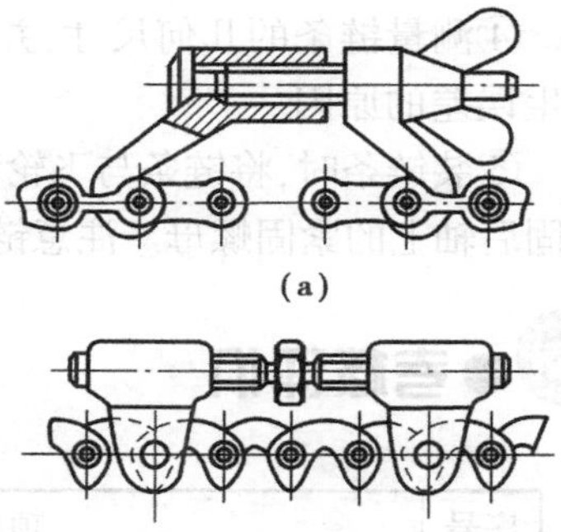

(a) (b)

图4-17 用拉紧工具拉紧链条

三、链传动机构的修配

链传动机构常见的损坏形式有:链条拉长、链或链轮磨损、链轮轮齿个别折断和链节断裂等。

①链条拉长。链条经长时间使用后会被拉长而下垂,产生抖动和掉链,链节拉长后使链和链轮磨损加剧。当链轮中心距可以调整时,可通过调整中心距使链条拉紧;若中心距不能调节时,可使用张紧轮张紧,也可以卸掉一个或几个链节来调整。

②链和链轮磨损。链轮牙齿磨损后,节距增加,使磨损加快。当磨损严重时,应更换新的链轮。

③链轮轮齿个别折断,可采用堆焊后修锉修复,或更换新链轮。

④链节断裂,可采用更换断裂链节的方法修复。

●任务实施

链传动的拆装

一、装配技术要求

①保持链轮面和飞轮面对称中心面平行,并在一个平面上。

②链条应松紧适宜，运转灵活。

③链传动系统在运行时，无啮齿、脱落，无与其他零部件的擦碰、异响、噪声。

④链罩应定位良好，不得有松动，不得与链条、链轮、曲柄相碰擦。

二、操作步骤

①把摩托车的大支架支起，卸下链罩。

②旋松后轴的紧固螺母，调整后轴上的调链螺钉，使链条松弛。

③转动后轮，找到链条接头处，拆下弹簧卡片、接片和接头，卸下链条。

④测量链条的几何尺寸，并对照滚子链的主要尺寸和极限拉伸载荷的列表中标准，阐述产生误差的原因。

⑤装链条时，将链条与飞轮和链轮搭连，使链条转动，调节调链螺钉，使链条松紧适度后，紧固后轴上的紧固螺母。注意链条的弹簧卡片应装在外侧，开口端应与链条驱动方向相反。

●考核评价

序号	项目和技术要求	实训记录	配分	得分
1	拆装、测量工具的正确使用		10	
2	对照技术图样，能叙述摩托链传动机构的结构和各主要零部件的功用		10	
3	拆卸顺序正确、规范，无零件损伤		20	
4	会用多种方法与手段查阅关于链传动的相关资料		15	
5	测量出链条的几何参数并记录		15	
6	链条的张紧适度，运转灵活		10	
7	链罩无擦伤，表面无刮痕		10	
8	学习态度、团队合作情况		10	

任务3　齿轮传动的装配

●知识目标

1. 了解齿轮传动的传动特点。
2. 熟悉齿轮传动的主要参数及其计算方法。
3. 掌握齿轮传动机构装配的技术要求和检测方法。

●技能目标

1. 能够正确进行圆柱及圆锥齿轮传动机构的拆装。
2. 能够对圆柱及圆锥齿轮机构进行检测和调整。

●任务引入

本任务通过对齿轮传动装配的学习，要求熟悉齿轮传动的主要参数及其计算方法，掌握齿轮传动机构装配的技术要求和检测方法。在减速机拆装过程中，能够测绘相互啮合的圆柱齿轮零件，正确拆卸圆柱及圆锥齿轮传动机构并清洗零件，对圆柱及圆锥齿轮机构进行检测和调整，制订装配方案规范装配减速机，如图4-18所示。

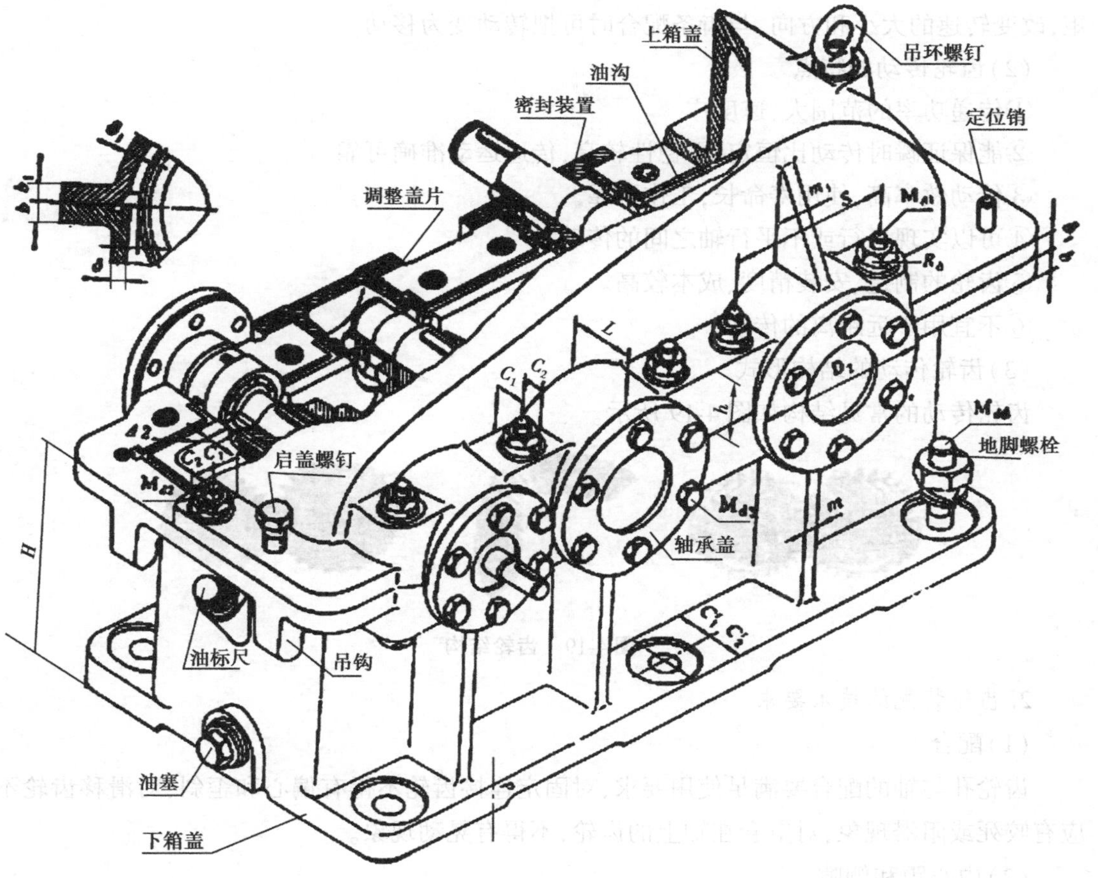

图4-18　减速箱

●任务分析

本任务重点把握传动齿轮的测绘及对圆柱和圆锥齿轮机构的拆装练习，学会检测和调整减速箱，保证装配质量。

●相关知识

一、齿轮传动的装配技术要求

1. 齿轮传动概述

(1)齿轮机构与齿轮传动

齿轮机构是由齿轮副组成的传递运动和动力的装置。齿轮传动可用来传递运动和转矩，改变转速的大小和方向，与齿条配合时可把转动变为移动。

(2)齿轮传动的特点

①传递功率的范围大，速度广。

②能保证瞬时传动比恒定，平稳性较高，传递运动准确可靠。

③传动效率高，使用寿命长，工作可靠。

④可以实现平行或不平行轴之间的传动。

⑤齿轮的制造、安装精度、成本较高。

⑥不宜用于远距离的传动。

(3)齿轮传动的结构形式

齿轮传动的常见结构如图 4-19 所示。

图 4-19 齿轮结构

2. 齿轮装配的技术要求

(1)配合

齿轮孔与轴的配合要满足使用要求，对固定连接齿轮不得有偏心和歪斜；对滑移齿轮不应有咬死或阻滞现象；对空套在轴上的齿轮，不得有晃动现象。

(2)中心距和侧隙

保证齿轮有准确的安装中心距和适当的侧隙。侧隙过小，齿轮传动不灵活，热胀时会卡齿,从而加剧齿面磨损:侧隙过大,换向时空行程大,易产生冲击和振动。

(3)齿面接触精度

保证齿面有正确的接触位置和足够的接触面积,两者互相联系。

(4)齿轮定位

齿轮定位要准确,错位量不得超过规定值。

(5)平衡

转速高的大齿轮,一般应在装配到轴上后再作动平衡检查,以免振动过大。

二、圆柱齿轮传动机构的装配

圆柱齿轮装配一般分为两步进行:先把齿轮装在轴上,再把齿轮轴部件装入箱体。

1. 齿轮与轴的装配

齿轮在轴上可以空转、滑移以及与轴固定联接。常见的几种结合形式如下所示。

①在轴上空套或滑移的齿轮,一般为间隙配合,装配后的精度取决于零件的加工精度,装配比较方便,装配后,齿轮在轴上不得有晃动现象。

②在轴上固定的齿轮,多数为过渡配合(有少量的过盈),过盈量不大时,可用手工工具敲击压装;过盈量较大时,可用压力机压装。过盈量很大时,则需采用温差法或液压套合法压装。压装齿轮时,要尽量避免齿轮偏心、歪斜和端面未贴紧轴肩等安装误差,如图4-20所示。

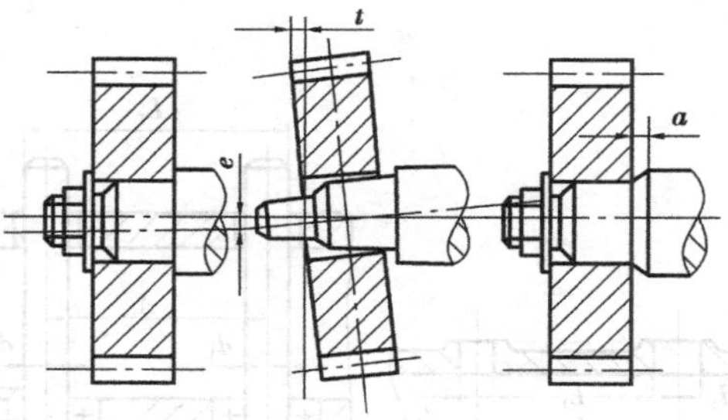

(a)齿轮偏心 (b)齿轮歪斜 (c)齿轮端面未紧贴轴肩

图4-20 齿轮在轴上的安装误差

③对精度要求高的齿轮传动机构,压装后应检查径向跳动量和端面跳动量。检查径向圆跳动的方法如图4-21所示,将齿轮轴支持在V形架或两顶尖上,使轴与平板平行,把圆柱规放在齿轮的轮齿间,将百分表测量头抵在圆柱规上,从百分表上读出一个读数。然后转动齿轮,每隔3~4个轮齿再重复进行一次测量,百分表最大读数与最小读数之差,就是齿轮分度圆上的径向圆跳动误差。

齿轮端面圆跳动的检查如图4-22所示,用顶尖将轴顶在中间,使百分表测量头抵在齿轮端面上,在齿轮轴旋转一周范围内,百分表的最大读数与最小读数为齿轮端面圆跳动误差。

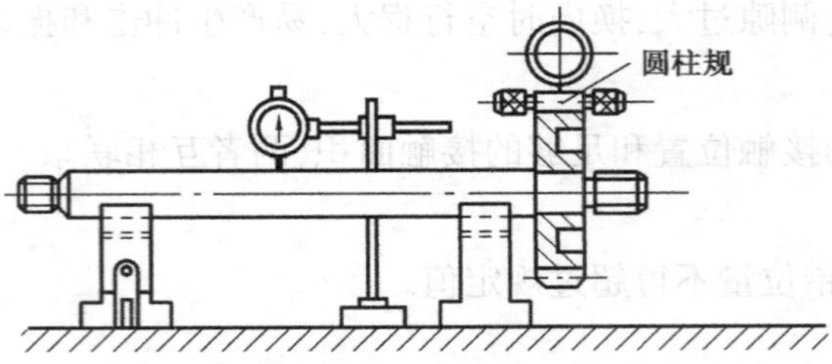

图 4-21　齿轮径向圆跳动误差的检查

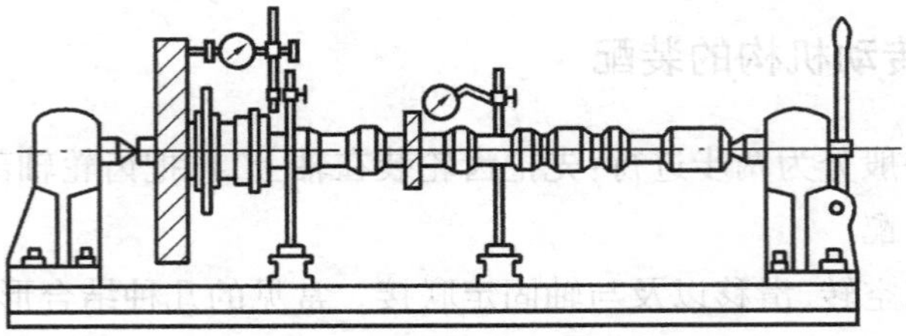

图 4-22　齿轮端面圆跳动误差的检查

2. 将齿轮轴部件装入箱体

为了保证质量,装配前应检验箱体的主要部位是否达到规定的技术要求。

(1) 装配前对箱体的检查

1) 孔距的检验

孔距检查方法如图 4-23(a)所示。图 4-23(a)所示为用千分尺或游标卡尺测得 L_1, L_2, d_1, d_2。

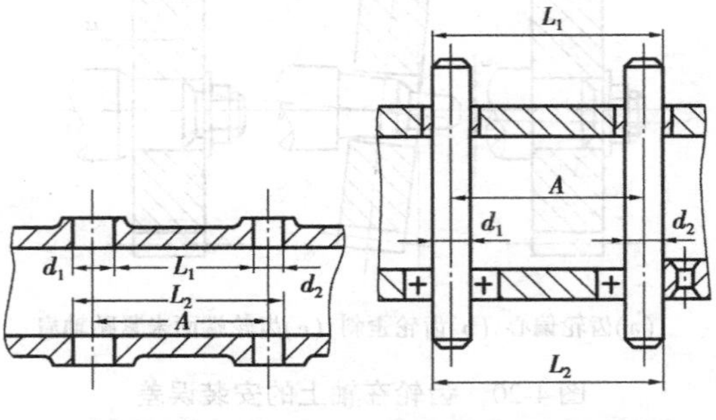

图 4-23　箱体孔距误差的检验

则中心距 $A = L_1 + \left(\dfrac{d_1}{2} + \dfrac{d_2}{2}\right)$ 或 $A = L_2 - \left(\dfrac{d_1}{2} + \dfrac{d_2}{2}\right)$

图 4-23(b)所示为用游标卡尺和芯棒测量孔距:

$$A = \frac{L_1 + L_2}{2} - \frac{d_1 - d_2}{2}$$

2) 孔系(轴系)平行度检验

检验方法如图 4-23(b)所示。分别测量心棒两端尺寸 L_1 和 L_2, $L_1 - L_2$ 为两孔轴线平行度的误差值。

3)孔轴线与基面距离尺寸精度和平行度检验

4)孔中心线与孔端面垂直度误差的检验

5)孔中心线同轴度的检验

使用滑动轴承时,箱体等零件的有关加工误差用刮研轴瓦孔来补偿。使用滚动轴承时,必须严格控制箱体加工精度,有时也可用加偏心套调整或加配衬板法来提高齿轮的接触精度。

(2)装配质量的检验与调整

1)齿侧间隙的检验

如图4-24所示为用压铅丝法检验齿轮啮合的齿侧间隙。在齿面沿齿长两端并垂直于齿长方向,平行放置(用油脂粘)两条铅丝(宽齿放3~4条)。铅丝的直径不宜大于齿轮副规定的最小极限侧隙4倍(一般为侧隙1.25~1.5倍)。经滚动齿轮挤压后,测量铅丝最薄处的厚度,即为齿轮啮合的齿侧间隙。

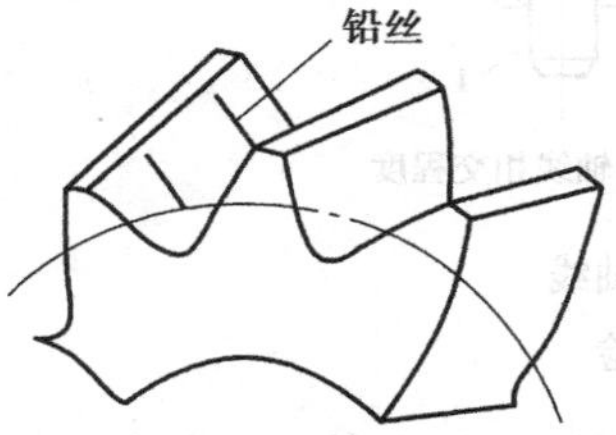

图4-24　用铅丝检验齿侧间隙

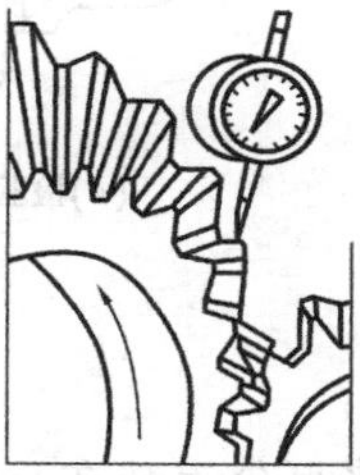

图4-25　用百分表检验齿侧间隙

如图4-25所示为用百分表检验齿轮啮合的齿侧间隙。测量时将百分表触头直接抵在一个齿轮的齿面上,另一个轮固定。将接触百分表触头的齿从一侧啮合迅速转到另一侧啮合,百分表上的读数差值即为齿轮啮合的齿侧间隙。

齿轮副侧隙能否符合要求,在剔除齿轮加工因素外,与中心距误差密切相关。侧隙还会同时影响接触精度,因此,一般要与接触精度结合起来调整中心距。

2)接触精度的检验

用涂色法,将红丹粉涂于主动齿轮齿面上,转动主动齿轮并使从动齿轮轻微制动后,即可检查其接触斑点。对双向工作的齿轮,正反两个方向都应检查。

对于一般要求的传动齿轮,接触斑点的位置应趋近于齿面节圆上、下对称分布,齿顶和齿宽两端棱处不接触。接触面积在高度方向上不少于30%~50%,在宽度方向上不少于40%~70%,即9~6级精度等级。

为了提高接触精度,通常是以轴承为调整环节,通过刮削轴瓦或微量调节轴承支座的位置,对轴线平行度误差进行调整,使接触精度达到规定要求。当接触斑点的位置正确但面积太小时,可在齿面上加研磨剂使两轮转动进行研磨,以达到足够的接触斑点百分比要求。齿形正确,而安装由误差造成接触不良的原因及调整方法见表4-2。

三、圆锥齿轮传动机构的装配

装配圆锥齿轮传动机构的顺序和装配圆柱齿轮传动机构的顺序相似。圆锥齿轮传动机构装配的关键是正确确定圆锥齿轮的两轴夹角、轴向位置和啮合质量的检测与调整。

1. 箱体检验

圆锥齿轮一般是传递互相垂直的两条轴之间的运动,装配之前需检验两孔轴线的垂直度误差,可分两种情况:

①轴线在同一平面内垂直相交的两孔垂直度误差,可按图 4-26(a)所示方法检验。

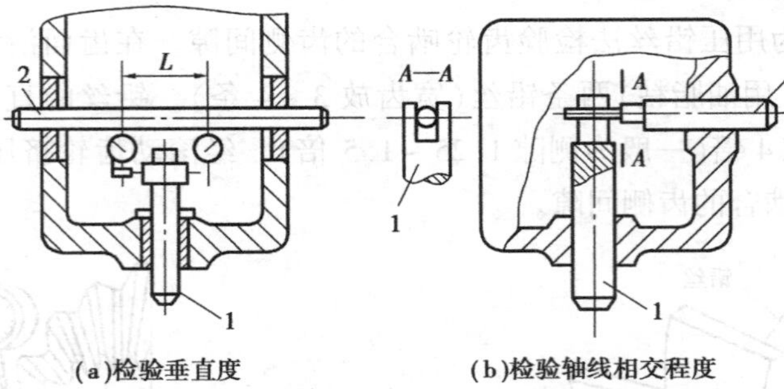

图 4-26　同一平面内两孔轴线垂直度和相交程度的检验

第一步:将百分表装在心棒 1 上,同时在心棒 1 上装有定位套筒,以防止心棒 1 的轴向窜动。旋转心棒 1,用百分表在心棒上相隔 L 长度的两点读数差值,即为两孔在 L 长度内的垂直度误差。

第二步:轴线在同一平面内垂直相交的两孔相交程度可按图 4-26(b)所示方法检验。心棒 1 的测量端做成叉性槽,心棒 2 的测量端为台阶形,即为通端和止端。检验时,若通端能通过叉性槽,而止端不能通过,则相交程度合格,否则即为超差。

②轴线不在同一平面内相互垂直但不相交的两孔垂直度误差可按图 4-27 方法检验。箱体用千斤顶支承在平板上,用直角尺将心棒 2 调至垂直位置。此时,测量心棒 1 对平板的平行度误差,即为两孔轴线垂直度误差。

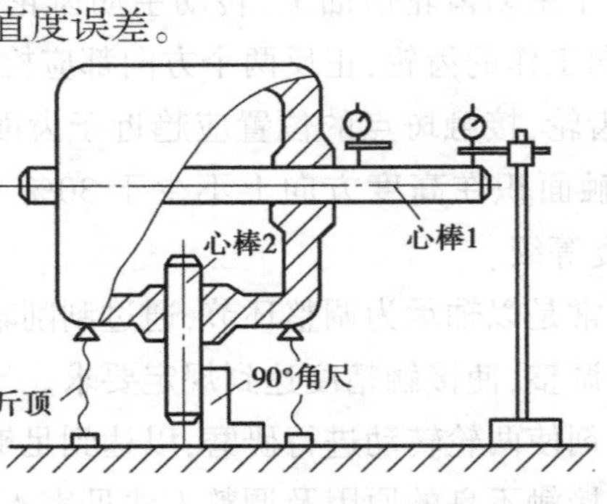

图 4-27　不在同一平面内两垂直孔轴线的垂直度的检验

2. 圆锥齿传动机构装配

一对标准的圆锥齿轮传动时，必须使两齿轮分度圆锥相切，两锥顶(圆锥的顶点)重合。小圆锥齿轮轴向定位安装距离的确定如图4-28所示。

表4-2 渐开线圆柱齿轮由安装误差造成接触不良的原因及调整方法

接触斑点	原因分析	调整方法
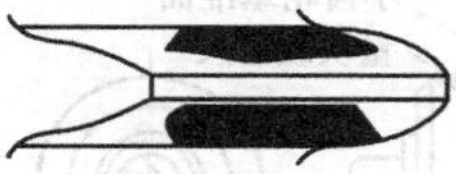 正常接触	—	—
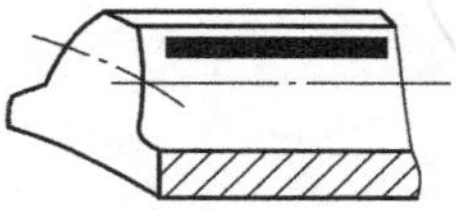	中心距太大	—
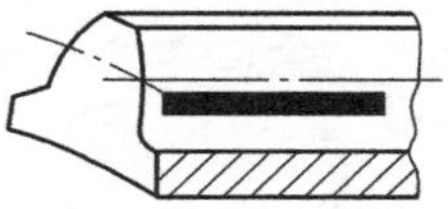	中心距太小	可在中心距允差范围内，刮削轴瓦或调整轴承座
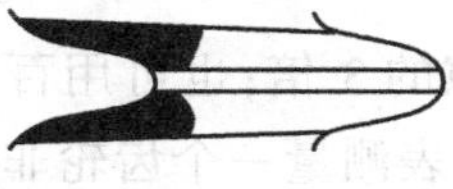 同向偏接触	两齿轮轴线不平行	
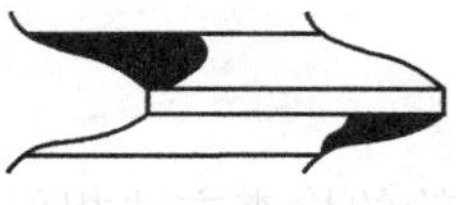 异向偏接触	两齿轮轴线歪斜	
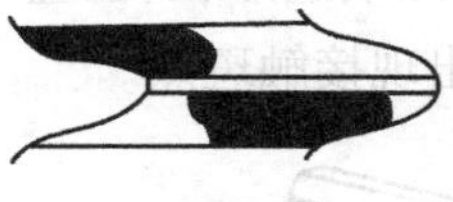 单面偏接触	两齿轮轴线不平行同时歪斜	检查并校正齿轮端面与回转中心线的垂直度
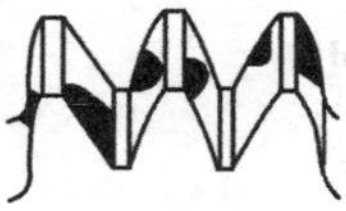 游离接触 在整个齿圈上接触区由一边逐渐移至另一边	齿轮端面与回转中心线不垂直	
不规则接触(有时齿面一个点接触，有时在墙面边线上接触)	齿面有毛刺或有碰伤隆起	去除毛刺，修整

锥齿轮装配时，两齿轮的轴线位置，均用调整垫圈的方法进行调整，一般先不装调整垫圈，而是将两齿轮啮合并使背锥面对成平齐，用塞尺测量出安装垫圈处的间隙，再按该尺寸配磨垫圈厚度。装配后，再检查两齿轮的轴向窜动量和侧隙，要求齿轮传动灵活，正反向转动时，无明显间隙的感觉。

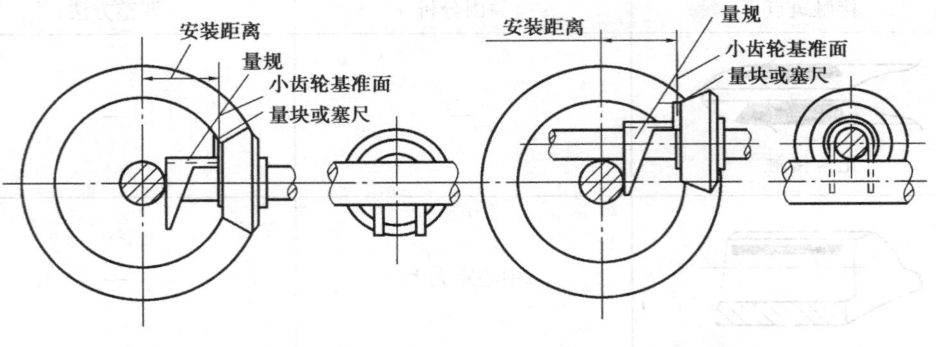

(a)正交锥齿轮　　(b)偏置锥齿轮

图 4-28　小锥齿轮轴向定位

3. 圆锥齿轮啮合质量的检查与调整

1)侧隙的检验

可用压软金属丝的方法检查，金属丝直径不宜超过最小侧隙的 3 倍；也可用百分表测定，测定时，齿轮副按规定的位置装好，固定其中一个齿轮，用百分表测量一个齿轮非工作面间的最短距离。

上述两种方法都与圆柱齿轮的检验相似。

2)接触斑点的检验

如图 4-29 所示，用涂色法检查锥齿面接触斑点时，与圆柱齿轮的检查方法相似。即是将显示剂涂在主动齿轮上，来回转动齿轮，从被动齿轮齿面上的斑点痕迹形状、位置、大小来判断啮合质量。一般要求在齿面大端、小端、齿顶边缘处，不允许出现接触斑点。

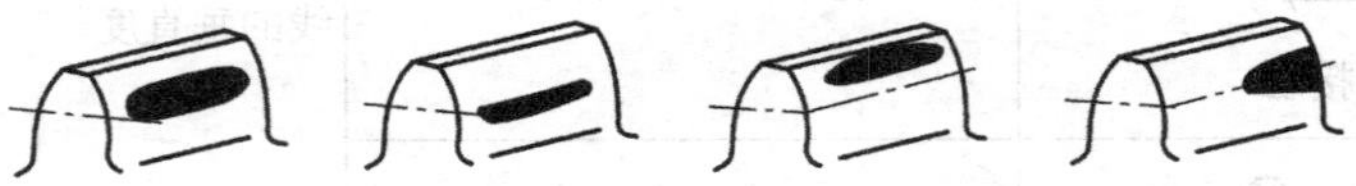

(a)　(b)　(c)　(d)

图 4-29　齿面斑点涂色法

对于工作载荷较大的锥齿轮副，其接触斑点应满足：轻载荷时，斑点应略偏向小端，而受重载时，接触斑点应从小端移向大端，且斑点的长度和高度均增大，以免大端区应力集中。

直齿圆锥齿轮接触斑点状况分析及调整方法见表 4-3。

表 4-3 直齿圆锥齿轮接触斑点状况分析及调整方法

接触斑点	接触状况及原因	调整方法
 正常接触(中部偏小端接触)	在轻微负荷下,接触区在齿宽中部,略宽于齿宽的一半,稍近于小端,在小齿轮齿面上较高,大齿轮齿面上较低,但都不到齿顶	
 高低接触	小齿轮接触区太高,大齿轮太低(见左图)。由小齿轮轴向定位误差所致	小齿轮沿轴向移出;如侧隙过大,可将大齿轮沿轴向移进
	小齿轮接触太低,大齿轮太高。原因同上,但误差方法相反	小齿轮沿轴向移进;如侧隙过小,则将大齿轮沿轴向移出
	在同一齿的一侧接触区高,另一侧低。如小齿轮定位正确且侧隙正常,则为加工不良所致	装配无法调整,需调换零件。若只作单向传动,可按以上两款调整
 同向偏接触	两齿轮的齿两侧同在小端接触(见左图)。由轴线交角太大所致	不能用一般方法调整,必要时修刮轴瓦
	同在大端接触。由轴线交角太小所致	
 异向偏接触	大小齿轮在齿的一侧接触于大端,另一侧接触于小端(见左图)。由两端心线偏移所致	应检查零件加工误差,必要时修刮轴瓦

四、齿轮传动机构的修配

齿轮传动机构工作一段时间后,会产生磨损、润滑不良或过载,使磨损加剧。齿面出现点蚀、胶合和塑性变形,齿侧间隙增大,噪声增加,传动精度降低,严重时甚至发生轮齿断裂。

①齿轮磨损严重或轮齿断裂时,应更换新的齿轮。

②如果是小齿轮与大齿轮啮合,一般小齿轮比大齿轮磨损严重,应及时更换小齿轮,以免加速大齿轮磨损。

③大模数、低转速的齿轮，个别轮齿断裂时，可用镶齿法修复。

④大型齿轮轮齿磨损严重时，可采用更换轮缘法修复，因其具有较好的经济性。

⑤锥齿轮因轮齿磨损或调整垫圈磨损而造成侧隙增大时，应进行调整。调整时，将 2 个锥齿轮沿轴向移近，使侧隙减小，再选配调整垫圈厚度来固定两齿轮的位置。

●任务实施

一、减速器的结构与原理

减速器是由封闭在箱体内的齿轮或涡轮蜗杆传动所组成的独立部件，常安装在机械的原动机与工作机之间，用以降低输入转速并相应地增大输出转矩。该减速器中的齿轮传动采用油池浸油润滑，大轮齿的轮齿浸入油池中，靠它把润滑油带到啮合处进行润滑。

二、减速器拆装实验步骤

①观察外部附件。

②拆卸观察孔盖。

③拆卸箱盖。

④观察减速器内部各零部件的结构和布置。

⑤从箱体中取出各传动轴部件。

⑥装配。

●考核评价

序号	考核内容	考核标准	实训记录	配分	得分
1	拆卸	制订拆卸工艺路线图，拆卸工艺路线正确		10	
2		按拆卸工艺路线图拆卸，工具使用正确，零件摆放正确		15	
3	清洗	达到所规定的清洗效果。不合格的扣 1 分/处		30	
4	装配	正确反应轴与齿轮、轴与轴承、轴与联轴器、主动轴与从动轴的配合关系。错或漏扣 1 分/处		15	
5		按照装配工艺方案正确实施了装配过程，工、量具使用方法正确，零件摆放正确，机械故障处理正确。错或漏扣 2 分/处		20	
6	行为规范	资料收集、工具使用、工艺文件、动作规范、场地规范；不足酌情扣分		5	
7	职业素养	团队精神、安全意识、责任心、职业行为习惯；不足酌情扣分		5	

任务4　蜗杆传动机构的装配

●知识目标

1. 了解蜗杆传动机构的结构特点。
2. 熟悉蜗杆传动机构的装配技术要求。
3. 掌握蜗杆传动机构的装配工艺。
4. 了解蜗杆传动机构的修复方法。

●技能目标

1. 能够进行蜗杆传动机构的拆卸和装配。
2. 能够进行蜗杆传动机构的检测和调整。

●任务引入

本任务通过对蜗杆传动机构装配的学习，要求熟悉蜗杆传动机构的装配技术要求，掌握蜗杆传动机构的装配工艺。在涡轮蜗杆减速机的拆装过程中，能够按拆卸工艺正确进行拆卸，按装配步骤规范进行装配，学会对蜗杆传动机构进行检测和调整，如图4-30所示。

图4-30　蜗杆涡轮减速机

●任务分析

1. 涡轮蜗杆减速机组成部件。
2. 涡轮蜗杆减速机组成结构图。
3. 涡轮蜗杆减速机检修方法与质量标准。

●相关知识

涡轮蜗杆减速机是一种动力传达机构,利用齿轮的速度转换器,将电机(马达)的回转数减速到所要的回转数,并得到较大转矩的机构。在目前用于传递动力与运动的机构中,减速机的应用范围相当广泛。

一、蜗杆传动机构的技术要求

蜗杆传动由蜗杆和涡轮组成,用于传递空间交错的两轴间的运动和动力,一般交错角为90°。通常蜗杆为主动件,涡轮为从动件。蜗杆传动广泛用于各种机械和仪表中,常用作减速。仅少数机械,如离心机、内燃机、增压器等,涡轮为主动件,用于增速。涡轮与蜗杆在其中间平面内相当于齿轮与齿条,蜗杆又与螺杆形状相似。

1. 蜗杆传动的特点

①传动比大,结构紧凑。用于传递动力时,$i=8\sim80$,用于传递运动时,i 可达1 000。

②传动平稳,无噪声。因为蜗杆与涡轮齿的啮合是连续的,相当于螺旋传动,同时啮合的齿数较多所以平稳性好。

③当蜗杆的螺旋角小于轮齿间的当量摩擦角时,蜗杆传动能自锁,即只能由蜗杆带动涡轮,而不能由涡轮带动蜗杆,可起安全保护作用。

④传动效率低。因为在传动中摩擦损失大,其效率一般为 $\eta=0.7\sim0.8$,具有自锁性。传动时效率 $\eta=0.4\sim0.5$。故不适用于传递大功率和长期连续工作。

⑤为了减少摩擦,涡轮常用贵重的减摩材料(如青铜)制造,成本高。

2. 蜗杆传动回转方向的确定

(1)螺旋方向的判定

螺旋方向的判定如图4-31所示。

蜗杆传动与斜齿轮传动一样,也有左旋与右旋之分。蜗杆、涡轮的螺旋方向可用右手法则判定:手心对着自己,四指顺着蜗杆(涡轮)的轴线方向摆肩。若啮合与右手拇指指向一致,该蜗杆(涡轮)为右旋,反之为左旋。

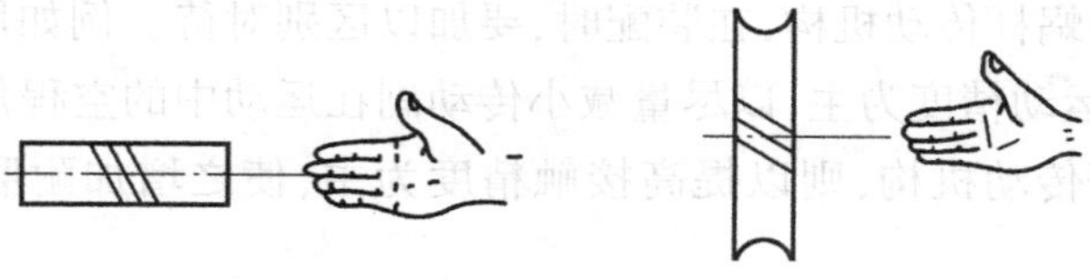

图4-31　蜗杆涡轮旋向判定

(2)涡轮回转方向的判定

涡轮回转方向的判定如图4-32所示。

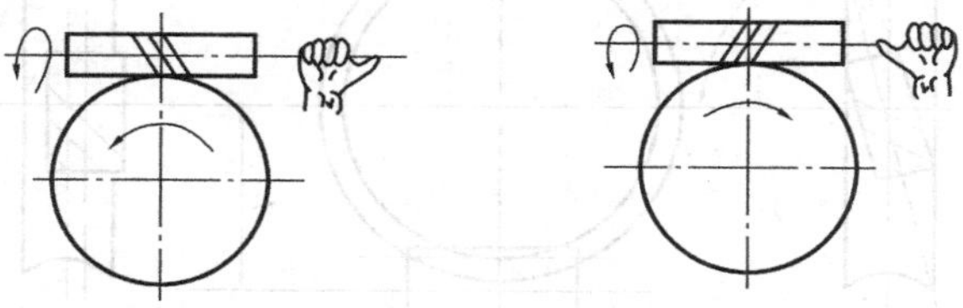

图4-32　涡轮回转方向判定

涡轮的回转方向不仅与蜗杆的回转方向有关,还与蜗杆的旋向有关。涡轮回转方向的判定方法如下:当蜗杆是左旋(或右旋)时,伸出右手(或左手)半握拳,用四指顺着蜗杆的旋转方向,大拇指指向的相反方向就是涡轮的旋转方向。

3.蜗杆传动的主要参数

在蜗杆传动的设计计算中,均以主平面(通过蜗杆轴线并与涡轮轴线垂直的平面)的参数和几何关系为基准。模数、压力角、螺旋升角 λ 与涡轮的分度圆螺旋角 β,为了保证轮齿的正确啮合,蜗杆的轴向模数 m_{x1} 应等于涡轮的端面模数 m_{t2},蜗杆的轴向压力角 α_{x1} 应等于涡轮的端面压力角 α_{t2},蜗杆分度圆上的螺旋线升角 λ 应等于涡轮分度圆上的螺旋角 β,且两者螺旋方向相同。蜗杆的轴向压力角 α_x(涡轮的端面压力角 α_t)为标准压力角20°。

即:$m_{x1}=m_{t2}=\mathrm{m}$　　$\alpha_{x1}=\alpha_{t2}=\alpha$　　$\lambda=\beta$。

通常取蜗杆的头数 $Z_1=1\sim4$。当 $Z=1$ 时,导程角小,效率低,一般用于分度传动或自锁传动中,$Z=2\sim4$ 常用于动力传动和有较高效率。若头数多,导程角大,制造困难。涡轮齿数根据传动比和蜗杆的头数决定:$Z_2=iZ_1$,通常取 $Z_2=20\sim28$,Z_2 不应少于28齿,以免根切和降低传动的平稳性。

4.蜗杆传动机构的装配技术要求

①蜗杆轴心线应与涡轮轴心线垂直。

②蜗杆的轴心线应在涡轮轮齿的对称中心面内(涡轮蜗杆相互垂直和在对称平面内主要靠调整各相关零件,使之无轴向窜动来保证)。

③蜗杆、涡轮的中心距要准确(主要靠机械加工保证)。

④要有适当的齿侧间隙和有正确的接触斑点(靠钳工的调试技能保证)。

⑤有适当的齿侧间隙,转动灵活。

对于不同用途的蜗杆传动机构,在装配时,要加以区别对待。例如用于分度机构中的蜗杆传动,应以提高其运动精度为主,以尽量减小传动副在运动中的空程角度(即减小侧隙,而用于传递动力的蜗杆传动机构,则以提高接触精度为主,使之增加耐磨性能和传递较大的转矩。

如图 4-33 所示,在装配蜗杆传动过程中,可能产生的 3 种误差为蜗杆轴线与涡轮轴线的角误差;中心距误差;涡轮对称中间平面与蜗杆轴线的偏移。

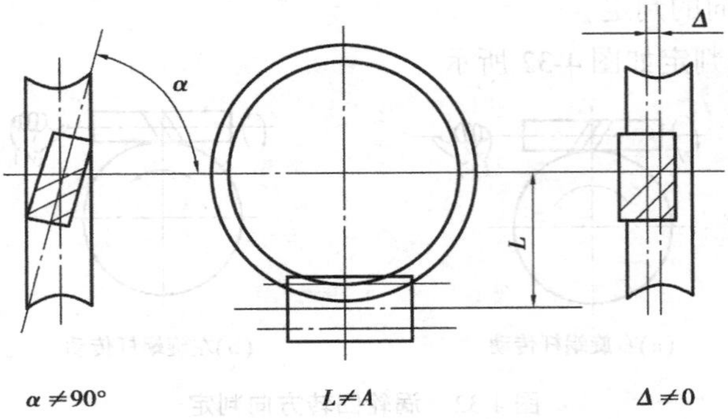

图 4-33　蜗杆传动装配的几种不正确情况

二、蜗杆传动机构箱体的装前检查

为了确保蜗杆传动机构的装配技术要求,在新装或大修理时,应对蜗杆箱体进行装前检查。一般修理时不做检查。

1. 蜗杆孔轴线与涡轮孔轴线的垂直度检验

检验方法如图 4-34 所示。测量时,将心轴 1 和 2 分别插入箱体上涡轮和蜗杆的安装孔内,在心轴 1 上的一端套上装有百分表的支架 3,用螺钉 4 拧紧,百分表触头抵住心轴 2,旋转心轴 1,百分表的度数差即为两轴线在 L 长度内的垂直度误差值。

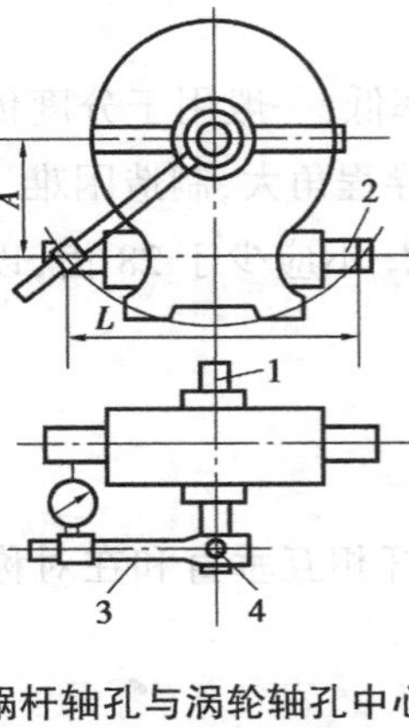

图 4-34　蜗杆轴孔与涡轮轴孔中心距的检验

1—涡轮孔心轴;2—蜗杆孔心轴;

3—支架;4—螺钉

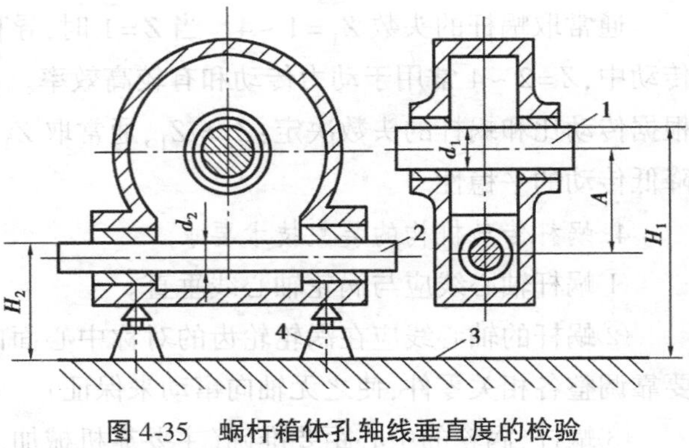

图 4-35　蜗杆箱体孔轴线垂直度的检验

1—涡轮孔心轴;2—蜗杆孔心轴;

3—平板;4—千斤顶

2. 检验箱体上蜗杆孔与涡轮孔两轴线间中心距

检验方法如图4-35所示，测量时，将心轴1、2分别插入箱体涡轮和蜗杆轴孔中，用3只千斤顶将箱体支承在平板3上，调整千斤顶，使其中一个心轴与平板平行后，再分别测量心轴至平板的距离，即可计算中心距：$A=\left(H_1-\frac{d_1}{2}\right)-\left(H_2-\frac{d_2}{2}\right)$

三、蜗杆传动机构的装配过程

①将涡轮齿圈压装在轮毂上，组合式涡轮应先将齿圈压装在轮毂上，方法与过盈配合相同，并用螺钉加以紧固。

②将涡轮装在轴上，其安装及检验方法与圆柱齿轮相同。

③把涡轮轴装入箱体，然后再装入蜗杆。因为蜗杆轴的位置已由箱体孔决定，要使蜗杆轴线位于涡轮轮齿的对称中心面内，只能通过改变调整垫片厚度的方法，调整涡轮的轴向位置。将涡轮、蜗杆装入蜗杆箱后，首先要用涂色法来检验蜗杆与涡轮的相互位置以及啮合的接触斑点。

四、蜗杆传动机构啮合质量的检验

1. 涡轮的轴向位置及接触斑点

用涂色法检验，先将红丹粉涂在蜗杆的螺旋面上，并转动蜗杆，可在涡轮轮齿上获得接触斑点，如图4-36所示。图4-36(a)所示为正确接触，其接触斑点应在涡轮中部稍偏于蜗杆旋出方向。图4-36(b)、(c)所示为涡轮轴向位置不对，应配磨垫片来调整涡轮的轴向位置。接触斑点的长度，轻载时为齿宽的25%～50%，满载时为齿宽的90%左右。

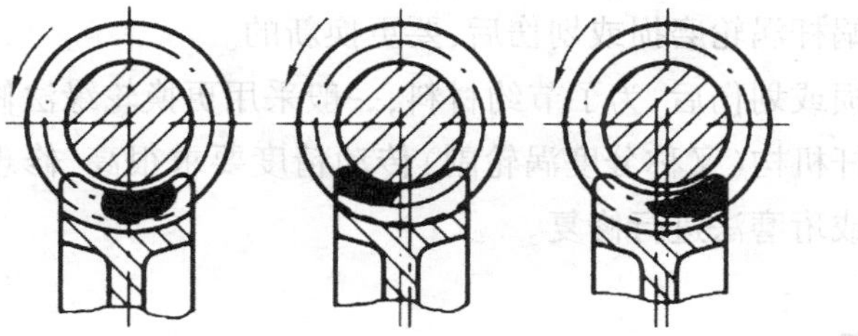

(a)正确　　(b)涡轮偏右　　(c)涡轮偏左

图4-36　用涂色法检验涡轮齿面接触斑点

2. 齿侧间隙的检验

由于蜗杆传动的结构特点，其齿侧间隙用塞尺或压铅丝的方法测量是有困难的。对不太重要的蜗杆传动机构，有经验的钳工是用手转动蜗杆，根据蜗杆的空行程量判断齿侧间隙的大小。要求高的传动机构，要用百分表进行测量，如图4-37(a)所示。在蜗杆轴上固定一带量角器的刻度盘，百分表测头抵在涡轮齿面上，用手转动蜗杆，在百分表指针不动的条件下，用刻度盘相对固定指针的最大转角判断侧隙的大小。如用百分表直接与与涡轮齿面接触有困难时,可在涡轮轴上装一测量杆,如图 4-37(b)所示。

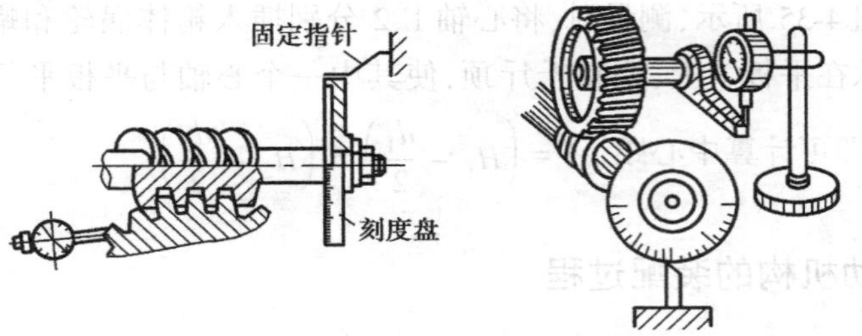

(a)直接测量法　　(b)测量杆测量法

图 4-37　蜗杆传动齿侧间隙的检验

侧隙与空程转角的近似关系:

$$\alpha = C_n \frac{360° \times 60}{1000\pi z_1 m} = 6.9 \frac{C_n}{z_1 m}$$

式中 C_n——侧隙,mm;

z_1——蜗杆头数;

m——模数,mm;

α——空程角,(°)。

3. 转动灵活性的检验

涡轮在任何位置上,用手轻而缓慢地旋转蜗杆时,所需的转矩均应相同,转动灵活,而且没有忽松忽紧和咬住现象。

五、蜗杆传动机构的修复

①一般传动的蜗杆涡轮磨损或划伤后,要更换新的。

②大型涡轮磨损或划伤后,为了节约材料,一般采用更换轮缘法修复。

③分度用的蜗杆机构(又称分度涡轮副)传动精度要求很高,修理工作复杂、精细,一般采用精滚齿后剃齿或珩磨法进行修复。

●任务实施

①蜗杆和轴的修复方法

蜗杆和传动轴轴颈磨损后可采用喷涂、涂镀和电镀的方法修复。

②蜗杆和轴的质量要求

蜗杆轴颈和传动轴的技术要求应达到图样要求或下述质检标准。

a. 轴颈不应有划痕、碰伤、毛刺等缺陷。

b. 轴颈的圆柱度为 0.02 mm。

c. 蜗杆的直线度为 0.04 mm/m。

d. 安装轴承处的轴颈粗糙度 R_a 为0.8。

③键槽磨损后，在结构及强度允许的情况下，可在原键槽120°位置另铣键槽；

④轴严重磨损或有裂纹则不能继续使用；蜗杆齿的技术要求同涡轮。

●考核评价

序号	考核内容	考核标准	实训记录	配分	得分
1	拆卸	制订拆卸工艺路线图，拆卸工艺路线正确		10	
2		按拆卸工艺路线图拆卸，工具使用正确，零件摆放正确		15	
3	清洗	达到所规定的清洗效果。不合格的扣1分/处		30	
4	装配	正确反应轴与涡轮、蜗杆与轴承、蜗杆与涡轮、主动轴与从动轴的配合关系。错或漏扣1分/处		15	
5		按照装配工艺方案正确实施了装配过程，工、量具使用方法正确，零件摆放正确，机械故障处理正确。错或漏扣2分/处		20	
6	行为规范	资料收集、工具使用、工艺文件、动作规范、场地规范；不足酌情扣分		5	
7	职业素养	团队精神、安全意识、责任心、职业行为习惯；不足酌情扣分		5	

任务5　螺旋机构的装配

●知识目标

1. 了解螺旋机构的工作原理、特点、功用及应用场合。
2. 熟悉螺旋机构的装配要求。
3. 掌握螺旋机构的装配要点。

●技能目标

1. 能够进行螺旋传动机构的装配。
2. 能够进行螺旋机构间隙的测量和调整。

●任务引入

本任务通过对螺旋机构装配的学习，对照如图 4-38 所示 CA6140 型卧式车床的外形结构图，要求熟悉螺旋机构的装配要求，掌握螺旋机构的装配要点。在对车床丝杠机构的拆装过程中，能正确使用拆装工具进行拆装，学会测量丝杠间隙，调整丝杠回转精度，装配的丝杠机构符合装配要求。

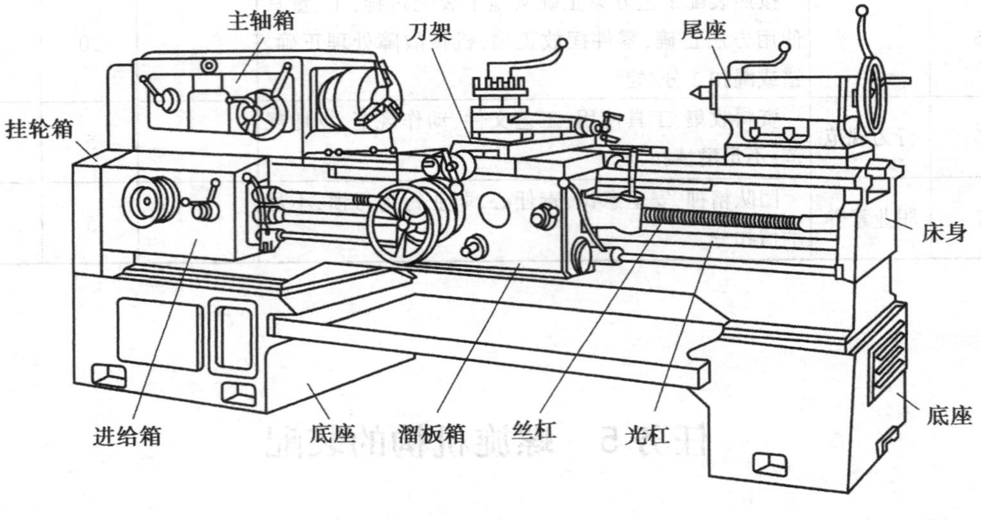

图 4-38　CA6140 型卧式车床

●任务分析

螺旋机构中，应重点掌握螺纹的旋向、螺杆的转向和螺母沿轴线的位移三者关系，能够对螺旋机构进行拆装机测量。

●相关知识

螺旋机构可将旋转运动变换为直线运动，其特点是：传动精度高、工作平稳、无噪声、易于自锁、能传递较大的扭矩。在机床中螺旋机构应用广泛，如车床的纵向和横向进给丝杠螺旋副等。

一、螺旋机构的装配要求

为了保证丝杠的传动精度和定位精度，螺旋机构装配后，一般应满足以下要求。

①丝杠螺母副应有较高的配合精度，有准确的配合间隙。

②丝杠与螺母轴线的同轴度及丝杠轴心线与基准面的平行度应符合规定要求。

③丝杠和螺母相互转动应灵活。

④丝杠的回转精度应在规定的范围内。

二、螺旋机构的装配要点

1. 丝杠螺母配合间隙的测量和调整

丝杠螺母的配合间隙是保证其传动精度的主要因素，可分为径向间隙和轴向间隙两种。

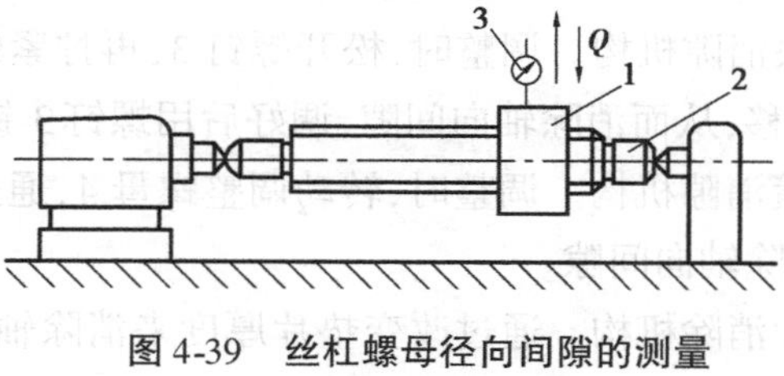

图4-39　丝杠螺母径向间隙的测量

1—螺母；2—丝杠；3—百分表

(1)径向间隙的测量

径向间隙直接反映丝杠螺母的配合精度，一般由加工来保证，装配前应进行监测。测量方法如图4-39所示，将百分表测头抵在螺母1上，用稍大于螺母质量的力 Q 压下或抬起螺母，百分表指针的摆动量即为径向间隙值。

(2)轴向间隙的清除与调整

丝杠螺母的轴向间隙直接影响其传动的准确性。进给丝杠应有轴向间隙消除机构，简称消隙机构。

1)单螺母消隙机构

丝杠螺母传动机构只有一个螺母时，常采用如图4-40所示的消隙机构，使螺母和丝杠始终保持单向接触，消隙机构消隙力的方向应和切削力 F_x 方向一致，以防止进给时产生爬行,影响进给精度。

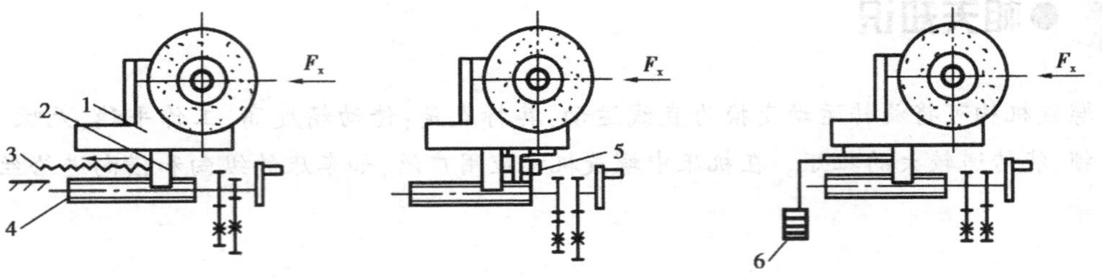

(a)弹簧拉力消隙　　(b)油缸压力消隙　　(c)重锤消隙

图 4-40　单螺母消隙机构

1—砂轮架;2—螺母;3—弹簧;4—丝杠;5—油缸;6—重锤

2)双螺母消隙机构

双向运动的丝杠螺母应用两个螺母来消除双向轴向间隙,其结构如图 4-41 所示。

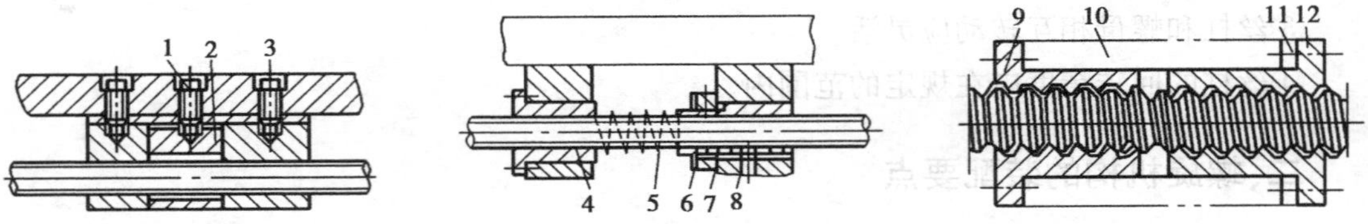

(a)楔块消隙　　(b)弹簧消隙　　(c)垫片消隙

图 4-41　双螺母消隙机构

1,3—螺钉;2—楔块;4,8,9,12—螺母;5—压缩弹簧;6—垫圈;7—调整螺母;10—工作台;11—垫片

图 4-41(a)所示为楔块消隙机构。调整时,松开螺钉 3,再拧紧螺钉 1,使楔块 2 向上移动,以推动带斜面的螺母右移,从而消除轴向间隙,调好后用螺钉 3 锁紧。

图 4-41(b)所示为弹簧消隙机构。调整时,转动调整螺母 4,通过垫圈 6 及压缩弹簧 5,使螺母 8 轴向移动,从而消除轴向间隙。

图 4-41(c)所示为垫片消隙机构。通过改变垫片厚度来消除轴向间隙。丝杠螺母磨损后,通过修磨垫片 11 来消除轴向间隙。

2. 校正丝杠螺母的同轴度及丝杠轴心线与基面的平行度

为了能准确而顺利地将旋转运动转换为直线运动,丝杠和螺母必须同轴,丝杠轴心线必须和基准面平行。安装丝杠螺母时应按下列顺序进行。

①先正确安装丝杠两轴承支座,用专用检验心棒和百分表校正,使两轴承孔轴心线在同一直线上,且与螺母移动时的基准导轨平行,如图 4-42 所示。校正时,可以根据误差情况修刮轴承座结合面,并调整前、后轴承的水平位置,使其达到要求。其中,心轴上素线 a 校正垂直平面,侧素线 b 校正水平平面。

②再以平行于基准导轨面的丝杠两轴承孔的中心连线为基准,校正螺母孔轴线的同轴度,如图 4-43 所示。校正时,将检验棒 4 装在螺母座 6 的孔中,移动工作台 2,如检验棒 4 能顺利插入前、后轴承座孔中,即符合要求,否则应按 h 尺寸修磨垫片 3 的厚度。

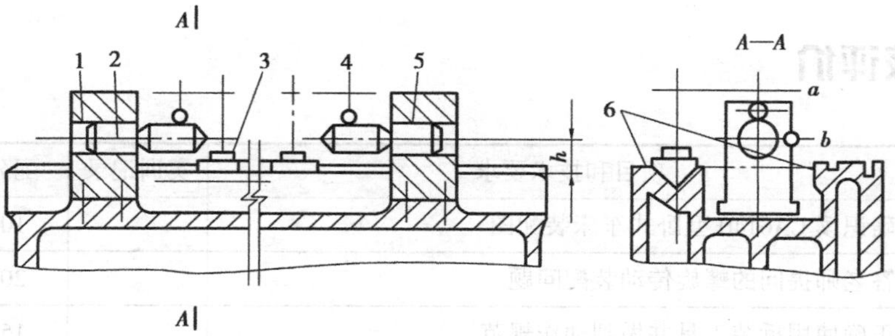

图 4-42 安装丝杠两轴承座

1,5—前后轴承座;2—心轴;3—磁力表座滑板;4—百分表;6—螺母移动基准导轨

也可以用丝杠直接校正两轴承孔与螺母孔的同轴度,如图 4-44 所示。校正时,修刮螺母座 4 的底面,同时调整其在水平面上的位置,使丝杠上素线 a 和侧素线 b 均与导轨面平行。再修磨垫片 2、7,在水平方向上调整前、后轴承座 1、6,使丝杠两端轴颈能顺利地插入轴承孔,丝杠转动灵活。

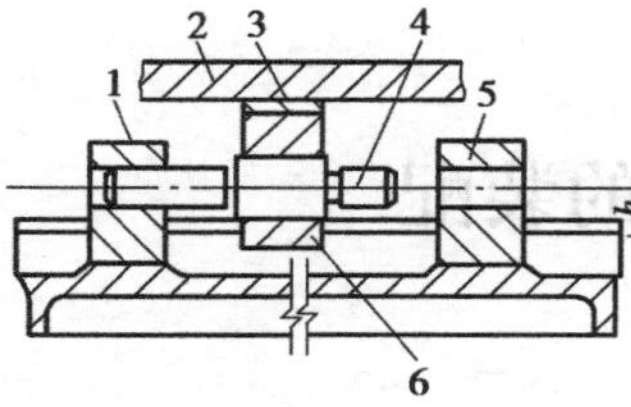

图 4-43 校正螺母与丝杠轴承孔的同轴度

1,5—前后轴承座;2—工作台;

3—垫片;4—检验棒;6—螺母座

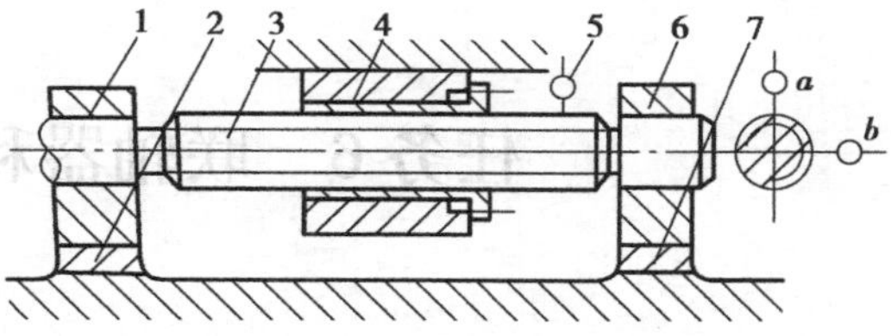

图 4-44 用丝杠直接校正两轴承孔与螺母孔同轴度

1,6—前后轴承座;2,7—垫片;

3—丝杠;4—螺母座;5—百分表

3. 调整丝杠的回转精度

丝杠的回转精度是指丝杠的径向圆跳动和轴向窜动量的大小,主要通过正确安装丝杠两端的轴承支座来保证。

●任务实施

①拆装丝杠机构,测量丝杠螺母的径向间隙。

②保证丝杠螺母副规定的配合间隙。

③保证丝杠与螺母的同轴度,丝杠轴心线与基准面的平行度符合要求。

④丝杠的回转精度应符合要求。

●考核评价

序号	项目和技术要求	实训记录	配分	得分
1	正确识读 CA6140 型卧式车床装配图		10	
2	回答老师提问的螺旋传动装配问题		20	
3	能正确使用拆装工具并做到动作规范		15	
4	能够正确调整丝杠回转精度,拆装顺序正确		25	
5	拆装时无零件损坏		10	
6	拆卸后的零件按顺序摆放,保管齐全		10	
7	拆装后清理工具,打扫卫生		10	

任务 6　联轴器和离合器的装配

●知识目标

1. 了解常用联轴器和离合器的类型和特点。
2. 熟悉常用联轴器和离合器的装配技术要求。
3. 掌握常用联轴器和离合器的装配方法。

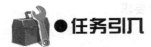

●技能目标

能够进行联轴器和离合器的拆装和调整。

●任务引入

本任务通过对联轴器和离合器装配的学习,要求熟悉常用联轴器和离合器的装配技术要求,掌握常用联轴器和离合器的装配方法。在联轴器的安装和离合器的拆装过程中,能够正确拆装常用联轴器和离合器,使用工量具进行测量和调整,满足拆装规范。

●任务分析

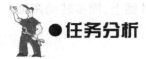

本任务通过对联轴器和离合器的装配学习，重点把握联轴器和离合器装配图的识读，能够根据装配图分析拆装的步骤并实施。

●相关知识

一、联轴器的装配

联轴器是零件之间传递动力的中间连接装置，可以使轴与轴或轴与其他零件（如带轮、齿轮等）相互连接，用于传递扭矩。联轴器将两轴牢固地联系在一起，在机器运转过程中，两轴不能分开，只有在机器停止后经过拆卸才能把两轴分开。

1. 凸缘式联轴器的装配

固定式联轴器中应用最广泛的是凸缘式联轴器，它是把两个带有凸缘的半联轴器用键分别与两根轴连接，然后用螺栓把两个半联轴器连接成一体，以传递运动，如图4-45所示。

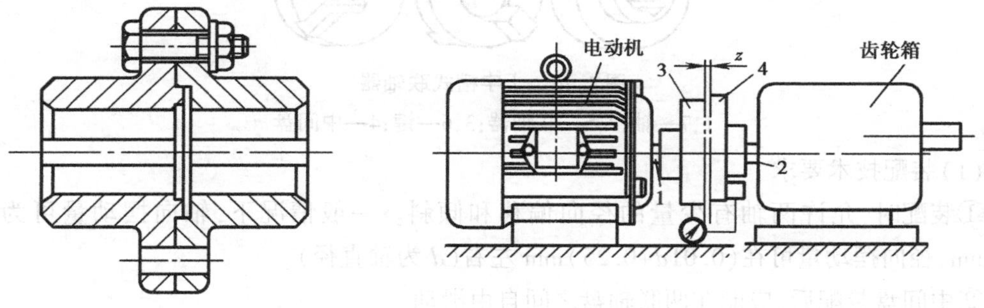

(a)凸缘式联轴器的结构　　(b)凸缘式联轴器的使用情况

图4-45　凸缘式联轴器及装配

1—电动机轴；2—齿轮轴；3，4—凸缘盘

（1）装配技术要求

①装配中应严格保证两轴的同轴度，否则两轴不能正常工作。严重时会使联轴器或轴变形和损坏。

②保证各联接件（螺母、螺栓、键、圆锥销等）联接可靠，受力均匀，不允许在发生自动松脱时临时想办法处理。

（2）装配方法

①装配时应先在轴1、2上装好平键和凸缘盘3、4，并固定齿轮。

②将百分表固定在凸缘盘 4 上,使百分表测头顶在凸缘盘 3 的外圆上,同步转动两轴,根据百分表的度数来保证两凸缘盘的同轴度要求。

③移动电动机,使凸缘盘 3 的凸台少许插进凸缘盘 4 的凹孔内。

④移动齿轮轴 2,测量两凸缘盘的间隙 z。如果间隙均匀,则移动电动机使两凸缘盘端面靠近,固定电动机后用螺栓紧固两凸缘盘。

2. 十字槽式联轴器(十字滑块式联轴器)的装配

十字槽式联轴器是可移动式刚性联轴器中一种常见的结构形式,如图 4-46 所示。它是由两个带槽的联轴器和中间盘组成。中间盘的两面各有一条矩形凸块,两面凸块的中心线互相垂直并通过联轴器的端面都与中间盘对应的距离的中心,两个形凹槽,中间盘的凸块同时嵌入两联轴器的凹槽中,将两轴连接为一体。当主动轴旋转时,通过中间盘带动另一联轴盘转动,同时凸块可以在凹槽中滑动,以适应两轴之间存在的一定径向偏移和少量的轴向移动。

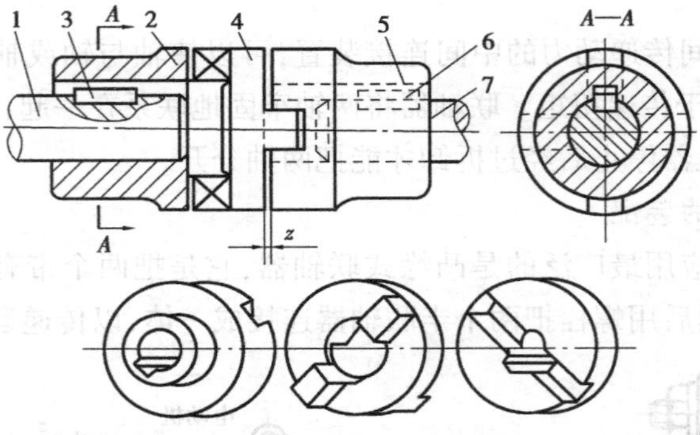

图 4-46 十字槽式联轴器

1,7—轴;2,5—联轴器;3,6—键;4—中间盘

(1)装配技术要求

①装配时,允许两轴有少量的径向偏移和倾斜。一般情况下,轴向摆动量可为 1 ~ 2.5 mm,径向摆动量可在($0.01d+0.25$)mm 左右(d 为轴直径)。

②中间盘装配后,应能在两联轴盘之间自由滑动。

(2)装配方法

分别在轴 1 和轴 7 上装配键 3 和键 6,安装联轴盘 2、5,用直尺找正后,安装中间盘 4 并移动联动轴,使联轴盘和中间盘留有少量间隙 z,以满足中间盘在联轴盘 2 和 5 的槽内自由滑动要求。

二、离合器的装配

离合器是在机器的运转过程中,可将传动系统中的主动件和从动件随时分离和接合的一种装置。离合器的种类很多,常用的有牙嵌式和摩擦式两种。

离合器的装配工艺要求是:在结合与分开时动作要灵敏;能够传递足够的扭矩;工作平稳可靠。

1. 牙嵌式离合器的装配

牙嵌式离合器靠啮合的牙面来传递扭矩，结构简单，但有冲击，如图4-47所示。它由两个端面制有凸齿的结合子组成，其中结合子1固定在主动轴2上，结合子3用导向键或花键与被动轴5连接。通过操纵手柄控制的拨叉可带动结合子3轴向移动，使结合子1和3结合或分离。导向环4用螺钉固定在主动轴结合子上，以保证结合子3移动的导向和定心。

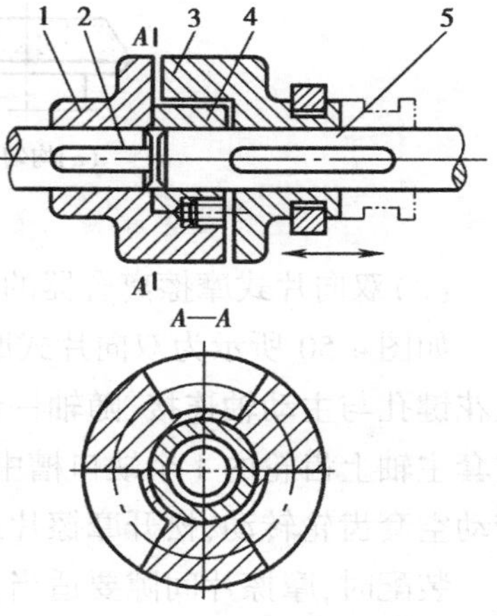

图4-47　牙嵌式离合器

1,3—结合子；2—主动轴；4—导向环；5—被动环

(1)装配技术要求

①结合和分开时，动作要灵活，能传递设计的扭矩工作平稳可靠。

②结合子齿形啮合间隙要尽量小些，以防旋转时产生冲击。

(2)装配方法

①将结合子1、3分别装在轴上，结合子3与从动轴5和键之间能轻快滑动，结合子1要固定在主动轴2上。

②将导向环4安装在结合子1的孔内，用螺钉紧固。

③把从动轴5装入导向环4的孔内，再装拨叉。

2. 摩擦离合器的装配

摩擦离合器靠接触面的摩擦力传递扭矩，结合平稳，且可起安全作用，但结构复杂，需要经常调整，根据摩擦表面的形状可分为圆盘式、圆锥式和多片式等类型。

(1)圆锥式摩擦离合器的装配

如图4-48所示为圆锥式摩擦离合器，它利用内外锥面的紧密结合，把主动齿轮的运动传给从动齿轮。装配时，要用涂色法检查圆锥面，其接触斑点应均匀分布在整个圆锥面上，如图4-49(a)所示。图4-49(b)、(c)接触位置不正确，可通过刮削或磨削方法来休整。要保证结合时有足够的压力把两锥体压紧，断开时应完全脱开。开合装置必须调整到把手柄1扳到如图4-48所示位置时，两个锥面才能产生足够的摩擦力。扳下手柄1时，运动能完全断开。摩擦力的大小，可通过调节螺母来控制。

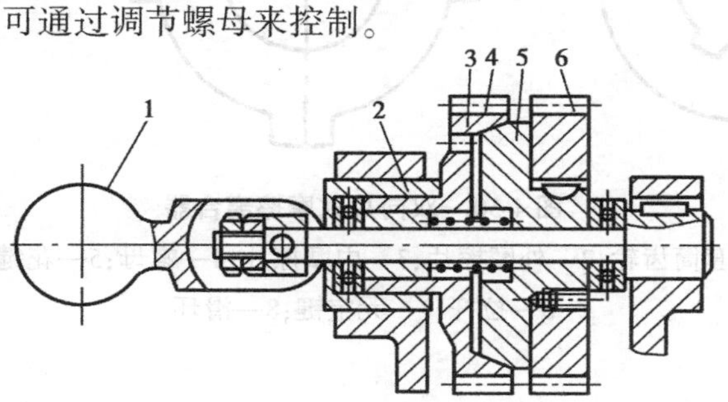

图4-48　圆锥式摩擦离合器

1—手柄；2—螺母；3,4—锥面；5—可调节轴

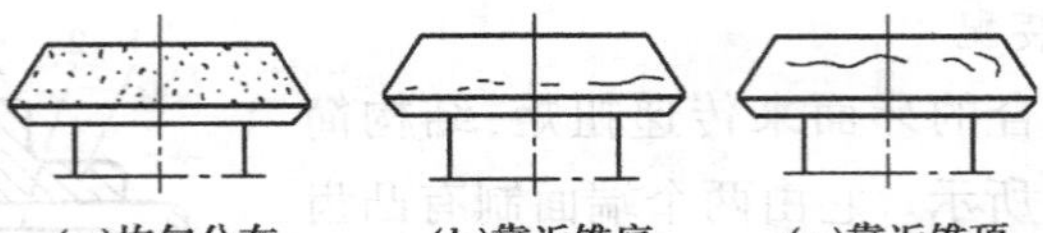

图 4-49　锥体涂色检查

(2)双向片式摩擦离合器的装配

如图 4-50 所示为双向片式摩擦离合器,离合器由多片内、外摩擦片相间排叠,内摩擦片经花键孔与主动轴连接,随轴一起转动。外摩擦片空套在主轴上,其外圆有 4 个凸缘,卡在空套主轴上齿轮的 4 个缺口槽中,压紧内、外摩擦片时,主动轴通过内、外摩擦片间的摩擦力带动空套齿轮转动,松开摩擦片式,套筒齿轮停止转动。

装配时,摩擦片间隙要适当,如果间隙过大,操纵时压紧力不够,内、外摩擦片会打滑,传递扭矩小,摩擦片也容易发热、磨损;如果间隙太小,操纵压紧费力,且失去保险作用,停车时,摩擦片不易脱开,严重时可导致摩擦片烧坏,所以必须调整适当。

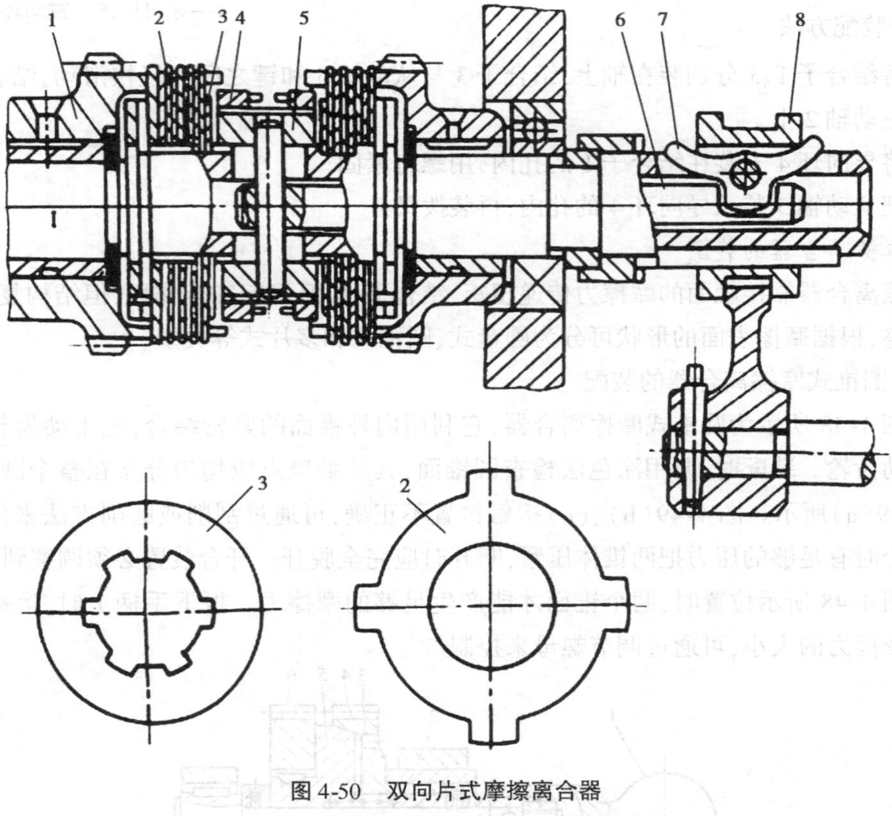

图 4-50　双向片式摩擦离合器

1—套筒齿轮;2—外摩擦片;3—内摩擦片;4—螺母;5—花键轴;6—拉杆;7—元宝键;8—滑环

●任务实施

一、联轴器的装配

联轴器装配前应先把零部件清洗干净，清洗后的零部件，需把沾在上面的洗油擦干。在短时间内准备运行的联轴器，擦干后可在零部件表面涂些透平油或机油，以防止生锈。对于需要过较长时间投用的联轴器，应涂以防锈油保养。

二、离合器拆装

根据图4-50双向片式摩擦离合器装配图对离合器实施拆装，要求拆装顺序正确。

●考核评价

序号	项目和技术要求	实训记录	配分	得分
1	正确识读离合器、联轴器装配图		10	
2	回答老师提问的联轴器及离合器拆装问题		20	
3	能正确使用拆装工具并做到动作规范		15	
4	能够正确拆装离合器，拆装顺序正确，有团队合作精神		25	
5	拆装时无零件损坏		10	
6	拆卸后的零件按顺序摆放，保管齐全		10	
7	拆装后清理工具，打扫卫生		10	

项目 5

机械的润滑与密封

任务 1　机械的润滑

知识目标

1. 了解常用润滑剂、润滑脂的种类及特性。
2. 熟悉常用润滑方式和润滑装置的特点。
3. 掌握常用典型机械零件的润滑。

技能目标

1. 能够认识和选择常用润滑油和润滑脂。
2. 能够使用常用润滑剂和润滑脂对机械设备进行润滑。

任务引入

在机器运行时，由于相对运动构件间的摩擦，造成运动副接触表面会产生磨损，消耗大量能量。其后果是破坏零件的配合尺寸和强度，当磨损量超过允许极限时会导致失效，直接影响机械的使用寿命。当然有些机械是利用摩擦进行工作的，但绝大部分机械都产生着无用的摩擦损耗。据估计，世界上总能源的1/3～1/2消耗在摩擦损耗上，并且有80%的零件报废是由于磨损所致。

●任务分析

为了防止机械设备事故的发生，润滑系统必须正常，则合理选择润滑剂及润滑装置相当重要，对机械装置实施润滑，以提高设备生产效率和加工精度，减少摩擦阻力和机件磨损，延长设备使用寿命。所以，为了减少摩擦磨损，对各种机械产品，在运动副处采用合理的润滑，具有重要意义。

●相关知识

机械的润滑

一、机械润滑技术的内容

机械润滑技术主要包括正确选用润滑剂，合理采用润滑方式和润滑装置，以及保持润滑剂的使用质量等。

二、润滑的作用

(1)减少摩擦，减轻磨损

加入润滑剂后，在摩擦表面形成一层油膜，可防止金属直接接触，从而大大减少摩擦磨损和机械功率的损耗。

(2)降温冷却

摩擦表面经润滑后其摩擦因数大为降低，使摩擦发热量减少；当采用液体润滑剂循环润滑时，润滑油流过摩擦表面带走部分摩擦热量，起散热降温作用，保证运动副的温度不会升得过高。

(3)清洗作用

润滑油流过摩擦表面时，能够带走磨损落下的金属磨屑和污物。

(4)防止腐蚀

润滑剂中都含有防腐、防锈添加剂，吸附于零件表面的油膜，可避免或减少由腐蚀引起的损坏。

(5)缓冲减振作用

润滑剂都有在金属表面附着的能力,且本身的剪切阻力小,所以在运动副表面受到冲击载荷时,具有吸振的能力。

(6)密封作用

润滑脂具有自封作用,一方面可以防止润滑剂流失,另一方面可以防止水分和杂质的侵入。

三、润滑剂及其选用

合理选择和使用润滑剂,是保证机器正常运行的重要技术措施。常用的润滑剂按物态形式分为液体润滑剂、半固体润滑剂、固体润滑剂和气体润滑剂,其中应用最多的是润滑油和润滑脂。良好的润滑可以达到节省能源、延长零件使用寿命、保证机器正常运转的目的。因此,对润滑剂就要有一定的基本要求,首先应具有一定的黏性、较好的化学稳定性和机械稳定性;其次有较高的耐热、耐寒及导热能力;最后要有可靠的防锈性、密封性和良好的清洗作用。

1. 润滑油

润滑油是应用较为广泛的液体润滑剂。

(1)润滑油的类型

润滑油分为矿物润滑油(石油制品)和合成润滑油两类。矿物润滑油就是石油在提取燃油之后,将重油经减压蒸馏精制而获得所需要的不同黏度的润滑油,如机械油、齿轮油等。从润滑油的牌号可知道油的黏度,油号越大黏度越高。生产这类润滑油原料充足,价格便宜,因此应用广泛。

合成润滑油一般不是石油产品,是有机溶液、树脂工业聚合物处理过程中的衍生物。它具有特殊的使用性能,可以胜任一般矿物润滑油不能胜任的地方,如高温、低温、防燃、抗氧化以及需与橡胶、塑料接触的场合。合成润滑油具有良好的润滑性能,承载能力高,但价格昂贵,不少润滑油存在一些毒性,因此使用受到限制。

(2)润滑油的特点

润滑油具有流动性好、内摩擦系数小、冷却作用较好、更换方便等优点,可用于高速机械的润滑。但润滑油容易流失,故使用中常需采用结构比较复杂的密封装置,且需经常添加或更换。

(3)润滑油的性能指标

1)黏度

润滑油在外力作用下流动,由于液体分子间的引力,流层间产生剪切力,阻碍彼此相对运动,使各层的速度不相等,这种性质称为黏性。润滑油的黏性是非常重要的特性,其大小用黏度来反映,分为动力黏度、运动黏度和相对黏度。

2)黏温特性

润滑油的黏度和温度有较大关系。反映这种变化关系的性质称为“黏温特性”。温度升高，黏度下降；温度降低，黏度增大。用黏度指数来反映这一特性，如果黏度指数越大，表示黏度随温度变化越小，即黏温特性越好。

3）油性

油性指油吸附在金属表面上形成油膜的能力。油性好，吸附能力强。

4）凝点、倾点

凝点是指在规定的冷却条件下，润滑油停止流动的最高温度。润滑油的使用温度应比凝点高5～7 ℃。倾点是指润滑油在规定的条件下冷却到能继续流动的最低温度。润滑油的使用温度应比倾点高3 ℃以上。

5）闪点

闪点是表示润滑油安全性的指标。是指在测定条件下，加热后油蒸气与火接触产生短时闪火达5 s时的温度。油蒸发性越大，其闪点越低。润滑油的使用温度应低于闪点20～30 ℃。

除此以外，润滑油还有它的极压性和氧化稳定性等，这里不再一一介绍。

（4）润滑油的选用原则

①对于载荷大或受交变载荷、冲击载荷作用、表面粗糙或未经跑合的表面，应选黏度较高的润滑油。

②当转速较高，或采用循环润滑、芯捻润滑等润滑方式时，为减少润滑油内部的摩擦损耗，宜选用黏度较低，流动性较好的润滑油。

③工作温度较高时，宜选用黏度较高的润滑油。

2. 润滑脂

（1）润滑脂的特点

润滑脂具有油膜强度高，黏附性好，不易流失，密封简单，使用时间长，受温度的影响小，对载荷性质、运动速度的变化有较好的适应性等优点。润滑脂的缺点是内摩擦阻力较大，启动阻力大，流动性和散热性差，更换、清洗不方便。

（2）润滑脂的使用范围

不允许润滑油滴落或漏出而引起污染的机械，如纺织机械、食品机械等；加油、换油不方便的润滑位置；不清洁而又不易密封的润滑位置；低速、重载机械或间歇、摇摆运动机械的润滑。

（3）润滑脂的性能指标

1）锥入度

锥入度也称针入度，表示润滑脂软硬、稠密和流动性。锥入度越小表示润滑脂越硬，流动性越差，内部阻力越大。

2）滴点

滴点是指润滑脂受热后开始滴落时的温度，表征了润滑脂的耐热能力。润滑脂的工作温度一般应低于滴点15～25 ℃。

3)耐水性

耐水性是指润滑脂遇水时保持原有性能的能力。耐水性好的润滑脂可用于潮湿的工作环境。

(4)润滑脂的组成和分类

润滑脂习惯上称为黄油,是在润滑油(基础油)中加入稠化剂制成的,它易保持于摩擦表面,使用周期长。基础油多用矿物油,有时也用合成油。大多数稠化剂是金属皂,金属皂是钙、钠、锂、铝等碱金属与脂肪和脂肪酸作用的产物。按所用皂类的不同,润滑脂分为钙基、锂基、钠基润滑脂。

(5)润滑脂的选择

与润滑油相比,润滑脂的特点是:黏性大,不易流失,黏性随温度变化的影响较小,黏附能力强,密封性好,但流动性差,摩擦阻力大,不利于散热。因此润滑脂适用于温度、速度、载荷变化较大或有反转、间隙运动以及冲击振动的机器,也适用于人工间歇供油、密封条件差、不允许润滑剂污染产品以及灰尘屑末很多的场合。但润滑脂不适用于高速场合,也不宜用作循环润滑剂。

在选择润滑脂时还应注意,所选润滑脂的滴点必须高于工作温度 15 ~20 ℃(一般为 20 ~30 ℃);载荷越大和冲击振动严重时,所选润滑脂的针入度应越小,以提高油膜承载能力;速度越高,所选润滑脂的锥入度应越大,以减少内摩擦,提高效率;当润滑脂用于集中润滑时,锥入度一般应在 300 以上。

四、润滑方式和润滑装置

1. 常用的油润滑方式及装置

(1)间歇供油

间歇供油是指隔一定时间向供油点供给润滑油。一般可采用油壶或油枪直接向油孔供油。

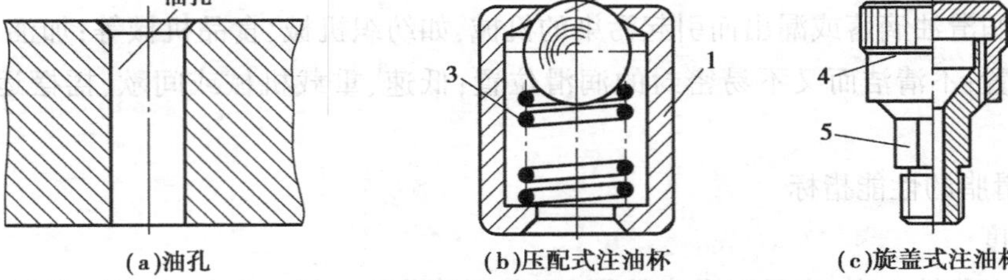

(a)油孔　(b)压配式注油杯　(c)旋盖式注油杯

图 5-1　油孔及油杯

1—油杯体;2—钢球;3—弹簧;4—旋盖;5—杯体

图 5-1(a)所示为在油杯中注油,这种供油方法不太可靠,可用于低速、轻载和不重要的场合。

常用的润滑方法和装置有:压配式注油杯,如图 5-1(b)所示,旋盖式注油杯,如图 5-1(c)所示。

(2)连续供油

连续供油是指连续不断地向供油点供给润滑油。这种方法润滑可靠,较重要的场合都要用连续供油方式。

1)滴油润滑

针阀式注油杯可用于滴油润滑,如图5-2所示。针阀式油杯由杯体1、手柄2、调节螺母3、针阀4和联接螺纹5等组成。靠改变手柄的位置来控制润滑。将手柄提至垂直位置,针阀上升,下端油孔打开,润滑油流入润滑点;将手柄平放,针阀下降堵住油孔,停止供油。其油量大小可通过调节螺母进行调节。

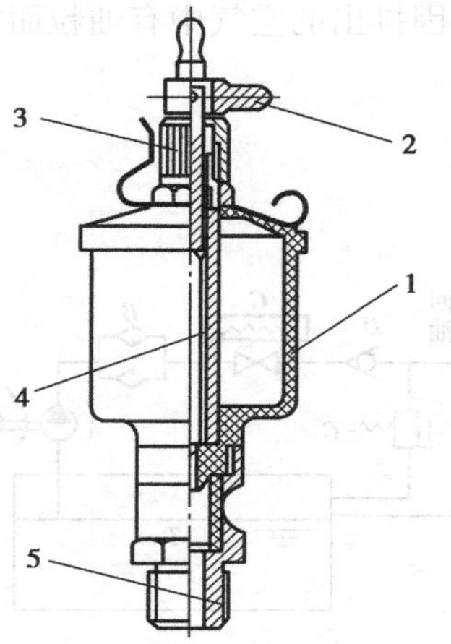

图5-2　针阀式油杯

1—杯体;2—手柄;3—螺母;4—针阀;5—联接螺纹

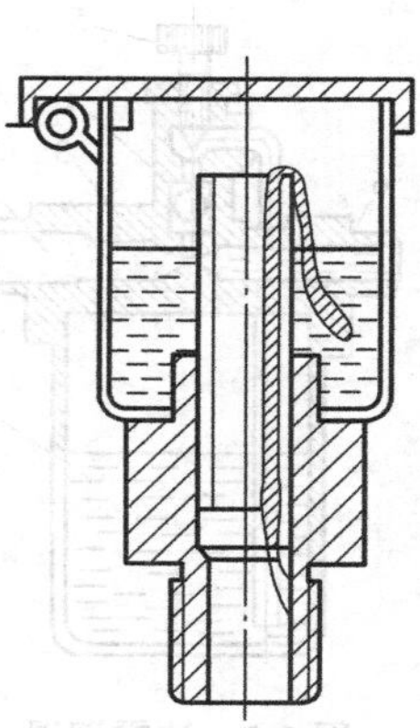

图5-3　滴油润滑

如图5-3所示的芯捻(油绳)润滑也是一种滴油润滑。用毛线或棉线做成芯捻(油绳),浸入油槽中,利用毛细管虹吸作用把油引到润滑点。由于芯捻本身可起过滤作用,因此可使润滑油保持清洁。其缺点是油量不可调节。

2)油环润滑

如图5-4所示,油环1自由套在轴颈2上,并部分浸入油中,工作时油环随轴一起转动,并将油从油池带起,再流到润滑点上。这种润滑方式适合转速不低于50~60 r/min的场合。

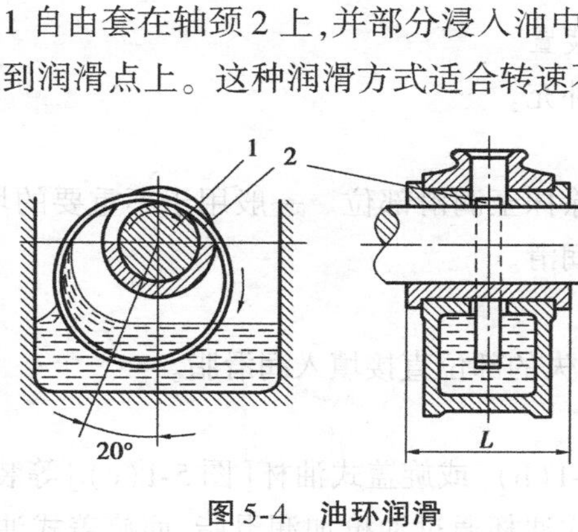

图5-4　油环润滑

1—油环;2—轴颈

3)浸油润滑

浸油润滑也称油浴润滑,是指零件部分或全部浸入油池中进行润滑。润滑自动可靠,但搅油功耗大,易引起发热,适合封闭箱体中转速较低的场合。

4)飞溅润滑

飞溅润滑是利用回转类零件工作时的转动将油池中的油带起并甩到箱壁上,然后通过油槽把油引入润滑点。是闭式齿轮传动装置中轴承常用的润滑方法。

5)油雾润滑

油雾润滑是用压缩空气将润滑油雾化后引入或喷入润滑点的方法,如图 5-5 所示。这种方法润滑效果较好,且能起到冷却和清洗的作用,但因排出的空气中有油粒而污染环境。

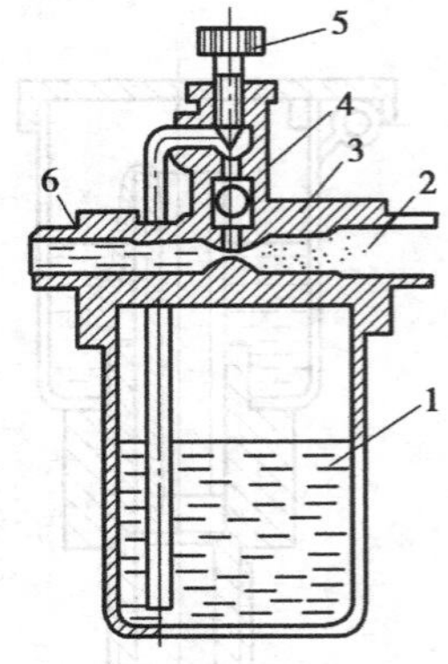

图 5-5　油雾润滑

1—润滑油;2—油雾;3—文式管;

4—观察窗;5—调节螺钉;6—压缩空气

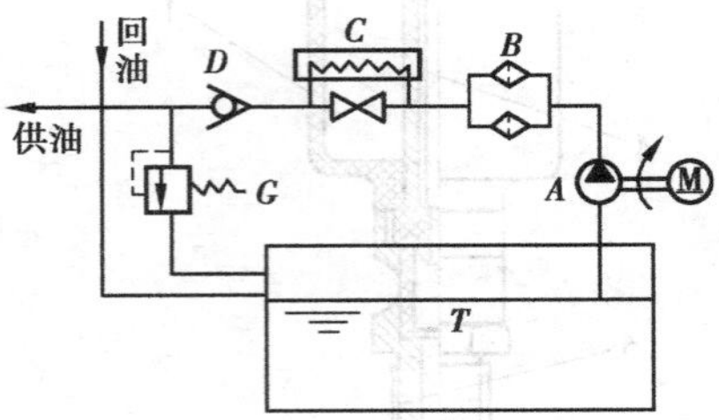

图 5-6　压力循环润滑

6)压力循环润滑

如图 5-6 所示,利用油泵将润滑油输送到润滑部位。既可个别润滑,又可多点润滑,且给油充分,油量控制方便,因此润滑可靠,冷却效果好。广泛应用于大型、重载、高速、精密等重要场合。

2. 常用的脂润滑方式及装置

润滑脂只能间歇地进行补充。

1)手工涂抹

利用手工将润滑脂直接涂抹至润滑部位。一般用于不重要的场合,如用于开式齿轮传动、链条、滚动轴承等零件的润滑。

2)装配填充润滑

装配或检修时,在不宜流失的部位直接填入润滑脂。

3)油杯润滑

利用压配式注油杯[图 5-1(b)]或旋盖式油杯[图 5-1(c)]等装置向润滑点输送润滑脂进行润滑的方法。一般压注式油杯通过油枪加润滑脂,而旋盖式油杯,通过旋转杯盖,将润滑脂挤入。

3. 润滑方式的选择

选择润滑方式主要应考虑机器零部件的工作状况、采用的润滑剂及所需的供油量。为了保证良好的润滑效果，润滑方式应满足：供油可靠并根据工作情况的变化能进行调节；使用、维护简单和安全可靠；防止泄漏沾污，保证机器的清洁等。

通常低速、轻载或不连续运转的机械需要油量少，可采用简单的手工定期加油、加脂或采用滴油、油垫等较简单的连续润滑方式。各种油嘴、油杯及油枪都有国家标准，可按标准选用。

中速、中载和较重要的机械，要求连续供油并起一定冷却作用，常用浸油（油浴）、油杯、飞溅润滑或压力供油润滑。

高速、轻载齿轮及轴承发热量大，用喷雾润滑效果好。高速、重载、供油量要求大的重要部件应采用压力循环供油润滑。

当机械设备中有大量润滑点或建立车间自动化润滑系统时，可使用集中润滑装置，由润滑站通过泵、分配阀和管道将润滑剂定时定量输送至各润滑部位。

五、常用典型机构的润滑

1. 齿轮传动的润滑

(1) 润滑方式

对于闭式齿轮传动，一般根据齿轮圆周速度大小确定润滑方式，分为浸油润滑和喷油润滑，如图5-7所示。当齿轮的圆周速度 $v<12$ m/s 时，通常将大齿轮浸入油池中进行润滑，如图5-7(a)所示，浸入油中深度约为一个齿高，但不应小于10 mm，浸入过深会增大齿轮运动阻力并使油温升高。在多级齿轮传动中，可采用带油轮将油带到未浸入油池内的齿轮齿面上，并且丢到齿轮箱壁上的油，能散热使油温下降。当齿轮圆周速度 $v>12$ m/s 时，由于圆周速度大，齿轮搅油剧烈，且离心力大，会使黏附在齿面上的油被丢掉，不宜采用浸油润滑，可采用喷油润滑，如图5-7(b)所示，即用油泵将具有一定压力的油经喷油嘴喷到啮合齿面上。

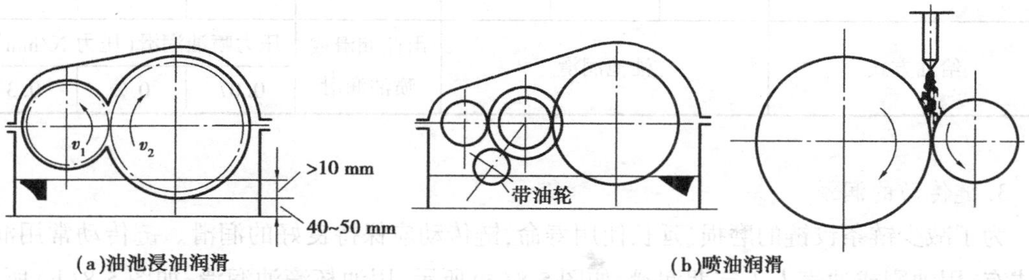

图5-7 闭式齿轮传动的润滑方式

对于开式齿轮传动的润滑，由于速度较低，通常采用人工定期加油润滑。

(2) 润滑剂的选择

齿轮传动用的润滑油，首先根据齿轮材料和圆周速度查表（表5-1）确定运动黏度值，再根据运动黏度值确定润滑油的牌号。

表 5-1　齿轮传动润滑油黏度荐用值

齿轮材料	强度极限 σ_b/(N·mm^{-2})	速度 v/(m·s^{-1})						
		<0.5	0.5～1	1～2.5	2.5～5	5～12.5	12.5～25	>25
		运动黏度(cSt)γ_{50}℃(γ_{100}℃)						
塑料、青铜、铸铁	—	180(23)	120(15)	85	60	45	34	—
钢	450～1 000	270(34)	180(23)	120(15)	85	60	45	34
	1 000～1 250	270(34)	270(34)	180(23)	120(15)	85	60	45
渗碳或表面淬火钢	1 250～1 580	450(53)	270(34)	270(34)	180(23)	120(15)	85	60

注：①多级齿轮传动按各级所选润滑油黏度平均值来确定。

②对于 σ_b>800 N/mm^2 的镍铬钢制齿轮(不渗碳的)，润滑油黏度取高一档的值。

2. 蜗杆传动的润滑

蜗杆传动的润滑不仅能避免轮齿的胶合、减少磨损，而且能有效地提高传动效率。

闭式蜗杆传动的润滑黏度和给油方式，一般根据相对滑动速度、载荷类型等参考表 5-2 选择，压力喷油润滑还是改善蜗杆传动散热条件的方法之一，以保证蜗杆传动的工作温度不超过许可温度。为提高蜗杆传动抗粘合性能，以选用黏度较高的润滑油。对于青铜涡轮，不允许采用抗胶合能力强的活性润滑油，以免腐蚀青铜齿面。

表 5-2　蜗杆传动的润滑油黏度及给油方式

滑动速度 v_s/(m·s^{-1})	<1	<2.5	<5	<5～10	<10～15	<15～25	>25
工作条件	重载	重载	中载	—	—	—	—
运动黏度(cSt) γ_{50}℃(γ_{100}℃)	450(55)	300(35)	180(20)	120(12)	80	60	45
给油方式	油池润滑			由此润滑或喷油润滑	压力喷油润滑(压力 N/mm^2)		
					0.07	0.2	0.3

3. 链传动的润滑

为了减少链条铰链的磨损、延长使用寿命，链传动应保持良好的润滑。链传动常用润滑方式有：用油刷或油壶人工定期润滑，如图 5-8(a)所示，用油杯滴油润滑，如图 5-8(b)所示，将油滴入松边链条元件各摩擦面之间，链条浸入油池中油浴润滑，如图 5-8(c)所示，用丢油轮将油丢起来进行飞溅润滑，如图 5-8(d)所示，经油泵加压，润滑油通过油管喷在链条上进行压力润滑，如图 5-8(e)所示，循环的润滑油还可以起冷却作用。润滑油可采用 N32、N46、N68 机械油。

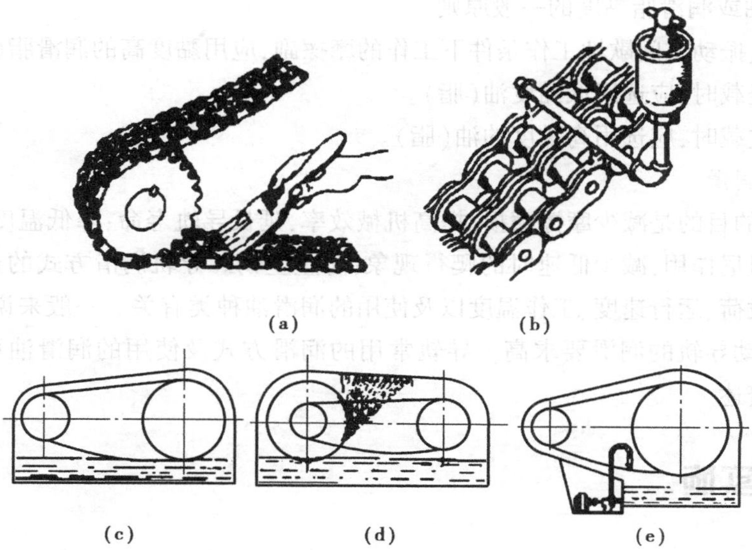

图 5-8　链传动润滑方式

4. 滑动轴承的润滑

(1)润滑方式的选择

重要或精密机床主轴滑动轴承,一般采用连续润滑(滴油、油浴或压力润滑)方式,以保证其在充分润滑的条件下工作;小型、低速或间歇运动的轴承,可用油壶或油杯人工定期供油。

(2)润滑剂的选用

润滑油是滑动轴承中最常用的润滑剂,其中以矿物油应用最广。选择润滑油型号时,应考虑轴承压力、轴颈速度及摩擦表面状态等情况。滑动轴承可选用 N15、N22、N32 号机械油。

(3)选择润滑油黏度的一般原则

润滑油黏度的大小由轴颈转速、轴承间隙及轴承所承受的负荷来决定。一般具有在轴承工作温度下,形成油膜的最低黏度。

5. 滚动轴承的润滑

(1)润滑方式的选择

滚动轴承的润滑方式需要根据轴承具体的工况来确定。如间歇运动机构的轴承可采用间歇润滑方式;低速轴承可采用油浴润滑等。

(2)润滑剂的选用

滚动轴承可选用润滑油或润滑脂。选用润滑油或润滑脂主要考虑到摩擦副的运动性质及速度,摩擦副的工作条件、环境温度、摩擦表面的状态、润滑方式及机床的特殊要求。在高温条件下工作的润滑剂,热稳定性和化学稳定性要好。

(3)润滑油或润滑脂黏度的一般原则

①在冲击、振动或间歇性工作条件下工作的摩擦副,应用黏度高的润滑脂(脂)。

②高速、轻载时,应选用低黏度油(脂)。

③低速、重载时,应选用高黏度的油(脂)。

6. 导轨的润滑

导轨润滑的目的是减少摩擦磨损,提高机械效率,延长导轨寿命;降低温度,改善工作条件;对振动起阻尼作用,减少低速时的爬行现象;防止生锈。导轨润滑方式的选择与导轨的类型、承受的载荷、运行速度、工作温度以及使用的润滑油种类有关。一般来说,滑动导轨的润滑要求比滚动导轨的润滑要求高。导轨常用的润滑方式及使用的润滑油可参考有关手册,这里不再赘述。

●任务实施

CA6140 型车床主油箱润滑系统

一、结构图

CA6140 型车床主油箱润滑系统如图 5-9 所示。

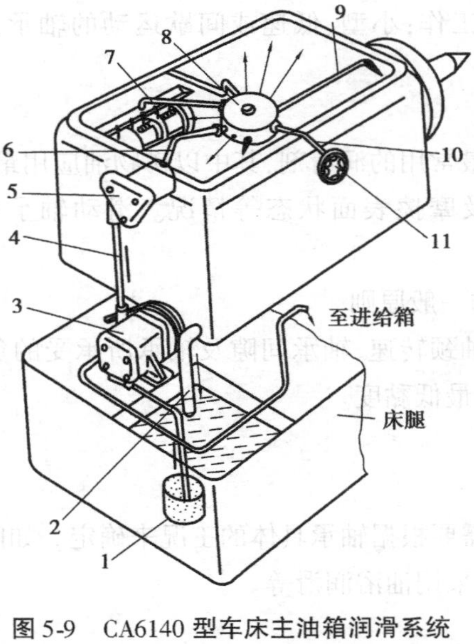

图 5-9 CA6140 型车床主油箱润滑系统

1—滤油器;2—回油管;3—油泵;4—油管;5—滤油器;6,7—油管;8—分油器;9,10—油管;11—油标

二、读图

如图5-9所示，油泵3装在左床脚上，由主动电机经V带带动其旋转。润滑油装在左床脚中的油池里，由油泵经网式滤油器1吸入后，经油管4、滤油器5和油管6输送到分油器8。分油器上装有3根输油管，油管9和7分别对主轴前轴承Ⅰ上的摩擦式离合器进行单独供油，以保证其充分润滑和冷却。油管10则通向油标11，以便于操作者观察润滑油系统工作情况。分油管上还钻有很多径向油孔，具有一定压力的润滑油从油孔向外喷射时，被高速旋转的齿轮溅至各处，对主轴箱的其他传动件及操作机构进行润滑，从各处流回的润滑油集中在主油箱底部，经回油管流入左床脚的油池中。

三、工作准备

准备设备、工具和材料清单见表5-3。

表5-3　准备设备、工具和材料清单

序号	名称及说明	数量
1	N46号的机械润滑油	各1
2	干净煤油	各1
3	内六角旋具	各1
4	盛油盘	各1
5	过滤器	各1

四、实施步骤

1. 泄放废油

将盛油盘放在床脚放油口前适当位置使用内六角旋具开放油螺塞，泄放油池内废油，尽量将废油泄放干净，以排除污物。所排放出的废油要妥善回收处理，不得随意倾倒。

2. 清洗系统

待废油泄尽后使用纯净煤油彻底清洗润滑系统，除清洗储油池外，进油过滤器，精过滤器及润滑油线也要用煤油清洗干净。

3. 加注新油

系统清洗完毕，待煤油充分挥发干净后，旋装放油螺塞，加注新油，注入的新油应用滤网过滤，加注至油标加注线（加油时要平缓，尽力减少气泡的产生，加注后等待一段时间，待气泡析出后以油标中心线为标准适度补充油液）。

4. 试车检验

换油结束后要进行试车检验，开机后从主油箱观察窗观察润滑系统是否出油，一般启动主电动机后 1 min 左右主轴箱内即可形成油雾，各润滑点即可得到充分润滑，试车结束后复检油标油位，如欠缺应适度补充。

●考核评价

装拆双头螺柱连接训练记录与成绩评定

序号	项目和技术要求	实训记录	配分	得分
1	换油工具准备		10	
2	废油泄放		10	
3	废油处理		10	
4	系统清洗		20	
5	加注新油		20	
6	试车检验		20	
7	安全文明操作		10	

任务 2　机械的密封

●知识目标

1. 了解机械密封的作用与类型。
2. 熟悉常用机械密封方式与密封装置。
3. 掌握常用典型机械的密封。

●技能目标

能够使用常用密封元件对机械进行密封装配。

●任务引入

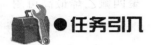

密封的功能一是防止机器内部的液体或者气体从两个零件的结合面间泄漏出去;二是防止外部的杂质、灰尘侵入,保持机械零件正常工作的必要环境。起密封作用的零、部件称为密封件或密封装置,简称密封。

●任务分析

机械的密封分为静密封和动密封,正确使用密封元件对机械进行密封装配至关重要。

●相关知识

机械的密封

一、密封的作用与类型

1. 密封的作用

在机械设备中,为了防止润滑剂的泄漏,同时也防止灰尘、杂质和水分等进入润滑部位,必须对润滑点进行可靠的密封。

2. 密封材料的选择

用于密封件的材料常有以下几种。

(1)液体材料

液体材料多为高分子材料,如液态密封胶、厌氧胶、热熔型胶等,它们在使用过程中通常会固化,主要用于静密封。

(2)纤维材料

植物纤维有棉、麻、纸、软木等;动物纤维有毛、毡、皮革等;矿物纤维有石棉等;人造纤维有玻璃纤维、碳纤维、有机合成纤维、陶瓷纤维等。主要用于垫片、软填料、油封、防尘密封件等。矿物纤维可以耐酸、耐碱、耐油,温度最大可耐到450 ℃。

(3)弹塑性体

弹塑性体主要有橡胶和塑料。

橡胶类有天然橡胶和合成橡胶之分。橡胶主要用于垫片、成型填料、软填料、油封、防尘密封件等。

塑料有氟塑料、尼龙、酚醛塑料、聚乙烯、聚四氟乙烯等。主要用于垫片、成型填料、软填料、硬填料、防尘密封件、活塞环、机械密封等,可耐酸、耐碱、耐油等。聚四氟乙烯最高可耐温度 300 ℃。

(4)无机材料

无机材料主要为石墨和工程陶瓷,如氧化铝瓷、滑石瓷、金属陶瓷氧化硅等。主要用于垫片、软填料、硬填料、密封件、机械密封、间隙密封等。可耐酸、耐碱,最高可耐温度 800 ℃。

(5)金属材料

黑色金属有碳钢、铸铁、不锈钢等;有色金属有铜、铝、锡、铅等;硬质合金有钨钴硬质合金、钨钴钛硬质合金等;贵重金属有金、银、铟、钽等。主要用于垫片、软填料、硬填料、成型填料、防尘密封件、机械密封、间隙密封等。可耐酸、耐碱,最高可耐温度 450 ℃。贵重金属主要用于高真空、高压和低温等场合。

3. 密封的类型

根据两结合面间是否具有相对运动可把密封分为静密封和动密封两大类。按密封介质的不同可分为油封和气封。按密封位置的不同可分为端面密封和径向密封。还有利用弹性薄膜作为密封件的薄膜密封和利用磁学原理的磁密封等。密封装置在各种机械设备中得到了广泛应用。

二、静密封

静密封是指零件两结合表面间没有相对运动的密封,如减速器的箱体与箱盖间的密封。其主要是可以减少或消除两结合面之间的间隙,以防止泄漏,达到密封的目的。常见静密封的方式有以下几种。

1. 在一定压紧力作用下贴紧密封

这种方法对两结合表面加工要求高,即两结合表面应平整、光洁(表面粗糙度数值小),一般要求对结合面进行研磨加工,两结合面间间隙一般小于 5 μm,有时为保证密封质量可在两结合表面涂水玻璃等,如图 5-10(a)所示。

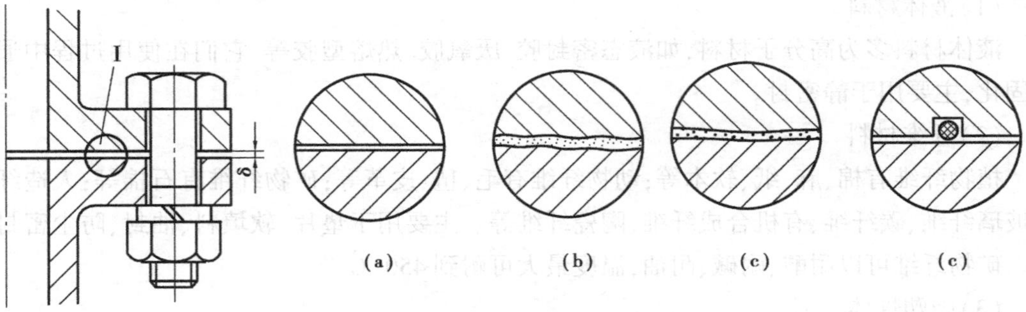

图 5-10 静密封

2. 在两结合表面间加垫片进行密封

在两结合面间加垫片并通过螺栓等压紧垫片使垫片产生弹塑性变形填满密封面来消除间隙。这种方法密封效果较好,垫片可以用纸、耐油橡胶、软金属等制成,应用广泛,如图

5-10(b)所示。

3. 涂密封胶密封

密封胶具有一定的流动性,容易充满两结合面间的间隙,粘附在金属表面上能很好地阻止泄漏,即使在较粗糙的表面上密封效果也很好,如图5-10(c)所示。密封胶型号很多,应用也越来越广,使用时可查机械设计手册。

4. 采用密封圈密封

在结合面上开密封圈槽,在槽内装入密封圈,利用密封圈在结合面间形成严密的压力区来达到密封的目的,如图5-10(d)所示为O形圈密封。

三、动密封

动密封是指零件两结合表面间有相对运动的密封。根据其相对运动形式的不同,动密封又可分为移动密封和旋转密封。旋转密封又根据两结合面是否接触可分为接触式密封和非接触式密封。接触式的旋转密封是在轴和孔的缝隙中填塞弹性材料并与转动轴间形成摩擦接触,起到密封作用。这种形式主要应用于低速场合。非接触式密封的密封元件与运动件不接触,可以应用于高速场合,下面介绍常用的密封形式。

1. 接触式密封

(1)毡圈密封

毡圈密封是将毛毡、石棉、橡胶等密封材料作为填料而制成的一种填料密封,如图5-11所示。毡圈截面为矩形,尺寸已标准化。毡圈内径略小于轴的直径,将毡圈安装在轴承盖的梯形槽中,使之产生对轴的压紧作用,封住轴与轴承盖孔间的缝隙,从而实现密封,如图5-11(a)所示,或在轴承盖上开缺口放置毡圈密封,然后用压盖轴向压紧毡圈使其与旋转轴接触,如图5-11(b)所示。毡圈安装前需用热矿物油浸渍。毡圈密封结构简单、成本低廉,安装方便,易于更换,但易摩擦磨损,寿命短、功率损失大。主要用于速度较低、脂润滑的场合,如电动机、齿轮传动箱等机械中,但不宜用于密封气体。

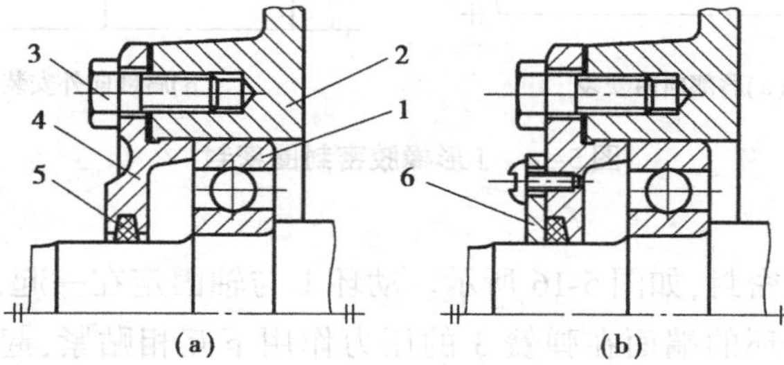

图5-11 毡圈密封

1—滚动轴承;2—箱体;3—螺栓;4—端盖;5—毡圈;6—压盖

(2)密封圈密封

密封圈密封也是填料密封的一种,常用耐油橡胶、塑料或皮革等材料制成,靠材料本身的弹力或弹簧的作用,以一定压力紧套在轴上起密封的作用。它的优点是结构简单、摩擦阻力小、安装方便、密封可靠等。密封圈已经标准化。常用橡胶密封圈截面形状有圆形、矩形和 X 形等,如图 5-12 所示。其中圆形截面的橡胶圈又称为 O 形密封圈,常用于静密封、往复式动密封或速度不高的旋转式动密封场合。

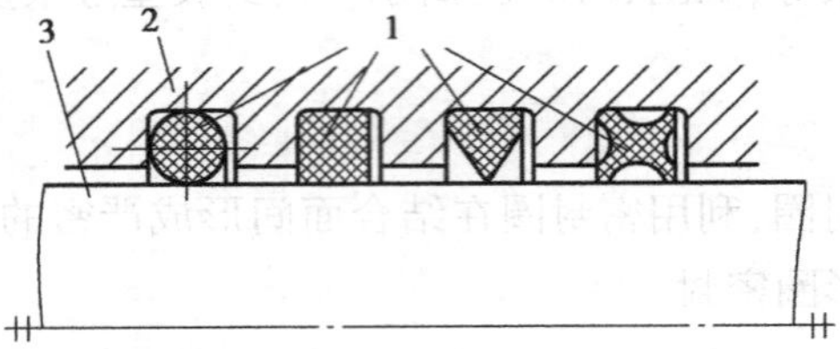

图 5-12　各种形状的密封圈

1—密封圈;2—箱体;3—轴

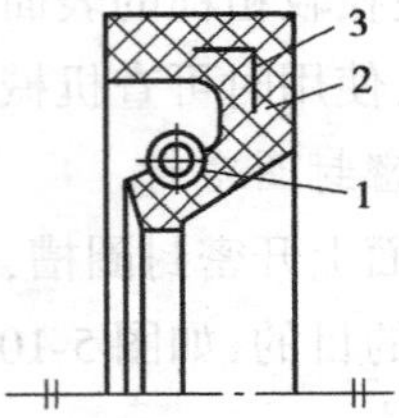

图 5-13　J 形橡胶密封圈

1—弹簧;2—橡胶碗;3—金属骨架

密封圈中有一种唇形密封圈使用得较多,它有 J 形和 U 形两种截面形式,J 形骨架密封圈一般是由弹性橡胶唇、金属骨架和箍紧弹簧等组成,如图 5-13 所示。安装时,应注意 J 形骨架密封圈的唇口方向,唇部向外安装可防止灰尘、杂质入内,如图 5-14(a)所示;唇部向内安装可防止漏油,如图 5-14(b)所示。

当需要密封左右两边不同类型的流体介质时,则可将两个唇形密封组合使用,见图 5-15。唇形密封圈也有无骨架的设计,使用时要用压板压住。密封圈广泛用来密封润滑油,也可进行润滑脂和气体等的密封。

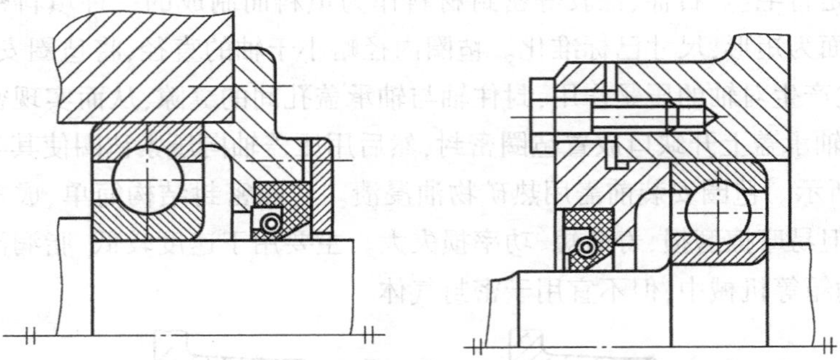

(a)唇部向内安装　　**(b)唇部向外安装**

图 5-14　J 形橡胶密封圈密封

(3)机械密封

机械密封也称端面密封,如图 5-16 所示。动环 1 与轴固定在一起,随轴转动;静环 2 固定在端盖内。动环和静环的端面在弹簧 3 的压力作用下互相贴紧,起到很好的密封作用。这种密封的优点是摩擦及磨损集中在密封元件上,对轴损伤较小,当密封元件磨损后,在弹簧力的作用下仍能保持很好的密封,且密封可靠,使用寿命长;缺点是加工质量要求高,装配较复杂。

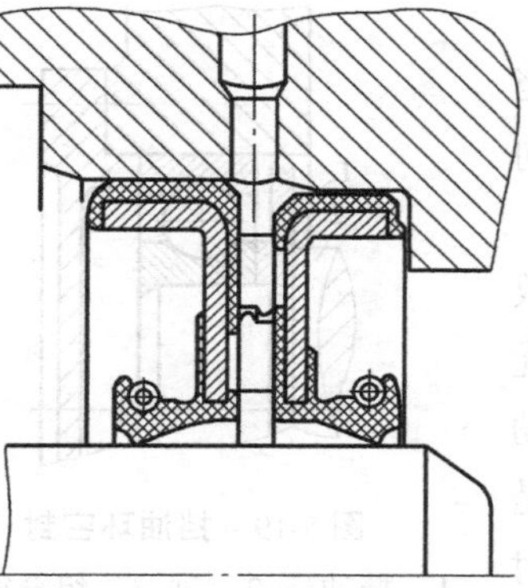

图5-15　不同类型流体介质的密封结构

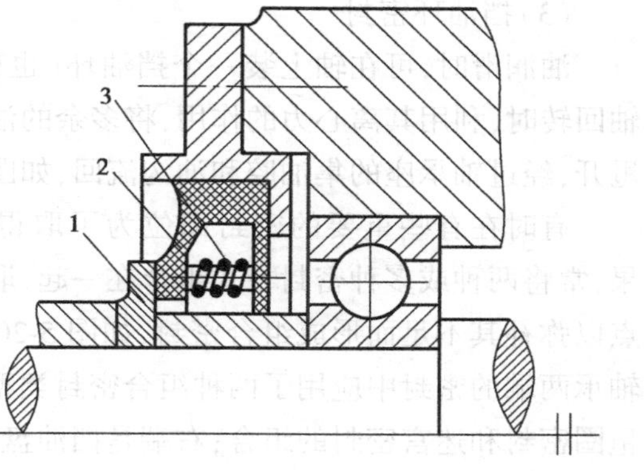

图5-16　机械密封

1—动环;2—静环;3—弹簧

2. 非接触式密封

(1)间隙密封

在轴和轴承盖的通孔壁间制成一个非常窄的间隙,或在轴承盖通孔壁上加工出环形槽(槽中可填充润滑脂)而形成的密封结构,间隙量 $\delta=0.1\sim0.3$ mm,如图5-17(a)、(b)所示。这种密封结构简单,常用于工作环境清洁、干燥的场所,并且用于脂润滑条件。

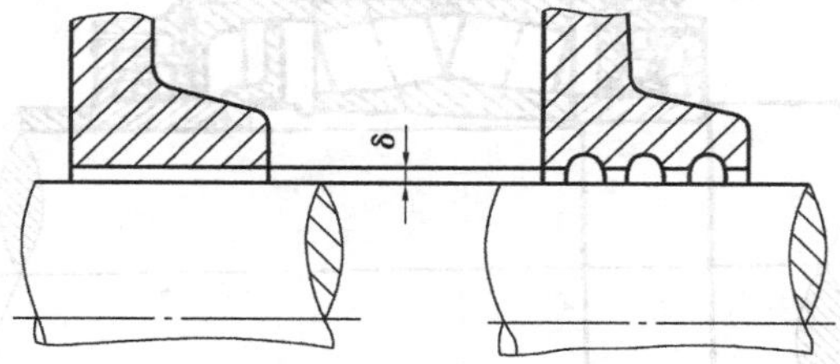

图5-17　间隙密封

(2)迷宫密封

迷宫密封也称曲路密封,是将旋转件与固定件之间制成曲折的间隙而形成的密封结构。这种结构可使流体经多次节流而难以泄漏。根据部件的结构,曲路可以径向布置,如图5-18(a)所示。也可以轴向布置,如图5-18(b)所示。迷宫密封适用于油润滑或脂润滑,工作环境要求不高,转速高的场合。若在间隙中填充润滑脂可增强密封效果。

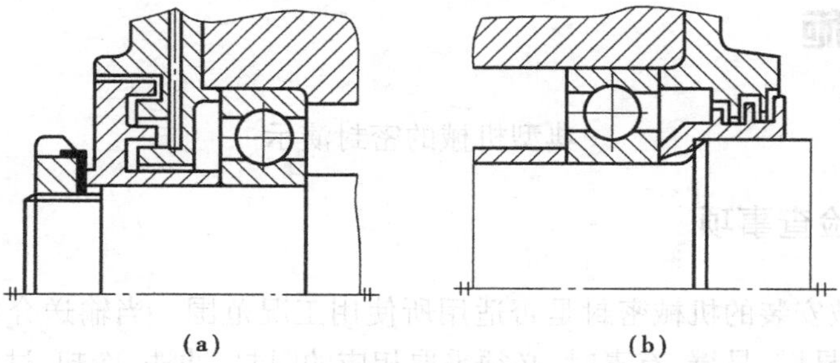

图5-18　迷宫密封

(3)挡油环密封

油润滑时,可在轴上装一个挡油环(也称甩油环)。当轴回转时,利用其离心力的作用,将多余的油及杂质沿径向甩开,经过轴承座的集油腔和油沟流回,如图5-19所示。

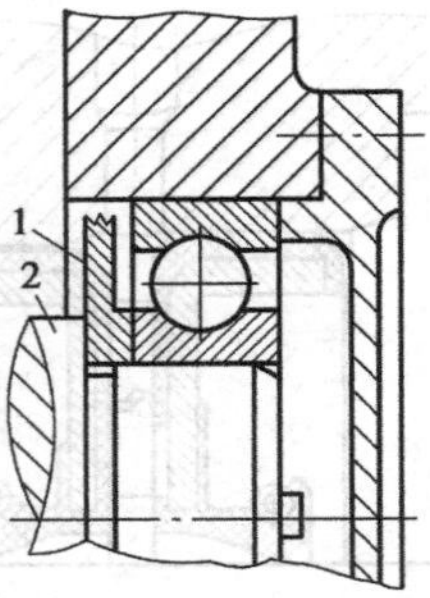

图5-19 挡油环密封

1—挡油环;2—轴;3—组合密封

有时在有些重要的密封部位为了取得较好的密封效果,常将两种或多种密封方式组合在一起,取它们各自的优点以弥补其不足而形成组合密封,如图5-20所示。在滚动轴承两端的密封中应用了两种组合密封类型,其中,左端是毡圈密封和迷宫密封的组合;右端是挡油盘密封、毡圈密封和迷宫密封的组合,这样可充分发挥各种密封件的优点,提高密封效果。

各种密封的作用与原理不同,使用时,应根据速度、压力、工作温度等具体工作条件,选择合理、经济的密封类型和结构,并尽可能地选用标准密封件。

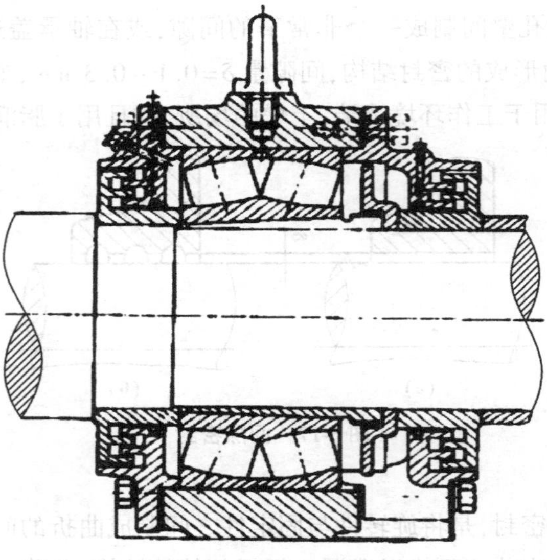

图5-20 滚动轴承的组合密封

●任务实施

典型机械的密封演示

一、装配前检查事项

①必须查阅被安装的机械密封是否适用所使用工况范围。当输送介质温度偏高,过低或含有杂质颗粒,易燃,易爆,有毒时,必须采取相应的阻封,冲洗,冷却,过滤等措施。

②检查有关的危险标记,检查安装及连接尺寸,检查轴和腔体上重要的轴向,径向尺寸公差的精确性。

③应仔细阅读机械密封装配图(标准系列产品可参阅产品样本),保证机械密封安装尺寸及允差。

二、机械密封安装注意事项

①装配要干净光洁。机械密封的零件、有关的机器设备的零部件、工具器、润滑油(脂)、揩拭材料(棉纱、白布、绸子等)要十分干净。动静环的密封端面要用白绸或柔软的纱布揩拭。

②修整倒角倒圆、轴、密封端盖等,倒角要修整光滑,轴和端盖的有关圆角要砂光擦亮。

③在安装中,要在动环和静环(尤其是密封端面上),辅助密封圈、轴和端盖上抹透平油或10号机油,减小摩擦力,以免损坏静环的密封端面及辅助密封圈。

④装配辅助密封圈。

a. 橡胶辅助密封圈不能用汽油、煤油浸泡洗涤,以免胀大变形,过早老化。

b. O形密封圈装于动环组件或静环组件上后,要顺理,不让其扭曲,使毛边处于自由状态时的横断面上。对毛边稍为粗大的O形密封圈,如果毛边位段为45o的,尚可以使用。但毛边位置应注意,推进组件时,O形密封圈的一侧与被密封件(压盖或密封腔)相对滑动,边侧的毛边应在滑动方向的后方,否则,毛边翻起而处于密封位置上,影响密封效果。

c. 推进组件时,要防止O形密封圈损伤。主要损伤形式有掉块、裂口、碰伤、卷边和扭曲。

⑤按技术要求调整机封压缩量,其值参考产品说明书。否则,压缩量过大,增加了端面比压,加速端面磨损;过小则动、密环端面比压不足,密封失效。

⑥应使用压力机或钻床把静环组件装入压盖(或密封腔)。任何情况下都不得向机械密封零件或部件施加冲击力。被压面应垫上干净的纸或布,以免损伤密封端。

⑦组装成动环或静环组件后,用手按动补偿环,检查是否装到位,是否灵活;弹性开口环〔有些结构的机械密封中,弹性开口环对补偿环作轴向定位)是否定位可靠。

⑧检查密封端与轴(或轴套)中心线的垂直度是否符合要求。

⑨静环组件的防转销引线要准确,推进静环组件时,组件的销槽要对准销子,推进到位后,要测量组件端面至密封腔某端的距离,判断是否安装到位。

⑩拧螺栓压紧端盖时,要用力均匀、对称、小心,分几次紧完,不可一次紧定,以免偏斜甚至压碎静环。

⑪动环安装后,必须保证它在轴上轴向移动灵活(用动环压弹簧,然后能自由地弹回来。

知识扩展

机械密封失效原因与故障分析

一、机械密封的故障在零件上的表现

①密封端面的故障:磨损、热裂、变形、破损(尤其是非金属密封端面)。

②弹簧的故障:松弛、断裂和腐蚀。

③辅助密封圈的故障:装配性的故障有掉块、裂口、碰伤、卷边和扭曲;非装配性的故障有变形、硬化、破裂和变质。

机械密封故障在运行中表现为振动、发热、磨损,最终以介质泄漏的形式出现。

二、机械密封振动、发热的原因分析及处理

①动静环端而粗糙。

②动静环与密封腔的间隙太小,由于振摆引起碰撞。处理方法:增大密封腔内径或减小转动件外径,至少保证0.75 mm的间隙。

③密封断面耐腐蚀和耐温性能不良,摩擦副配对不当。处理方法:更改动静环材料,使其耐温,耐腐蚀。

④冷却不足或断面再安装时夹有颗粒杂质。处理方法:增大冷却液管道管径或提高液压。

三、机械密封泄漏的原因分析及处理

1. 静压试验时泄漏

①密封端面安装时被碰伤、变形、损坏。

②密封端面安装时,清理不净,夹有颗粒状杂质。

③密封端面由于定位螺钉松动或没有拧紧,压盖(静止型的静环组件为压板)没有压紧。

④机器、设备精度不够,使密封面没有完全贴合。

⑤动静环密封圈未被压紧或压缩量不够或损坏。

⑥动静环V形密封圈方向装反。

⑦如果是轴套漏,则是轴套密封圈装配时未被压紧或压缩量不够或损坏。处理方法:应加强装配时的检查、清洗,严格按技术要求装配。

2. 周期性或阵发性泄漏

①转子组件轴向窜动量太大。处理方法:调整推力轴承,使轴的窜动量不大于0.25 mm。

②转子组件周期性振动。处理方法:找出原因并予以消除。

③密封腔内压力经常大幅度变化。处理方法:稳定工艺条件。

3. 经常性泄漏

①由于密封端面缺陷引起的经常性泄漏。

a. 弹簧压缩量(机械密封压缩量)太小。

b. 弹簧压缩量太大,石墨动环龟裂。

c. 密封端面宽度太小,密封效果差。处理方法:增大密封端面宽度,并相应增大弹簧作用力。

d. 补偿密封环的浮动性能太差(密封圈太硬或久用硬化或压缩量太小,补偿密封环的间隙过小)。处理方法:对补偿密封环间隙过小的,增大补偿密封环的间隙。

e. 镶装或粘接动、静环的接合缝泄漏(镶装工艺差,存在残余变形、材料不均匀、黏接剂不匀、变形)。

f. 动、静环损伤或出现裂纹。

g. 密封端面严重磨损,补偿能力消失。

h. 动、静环密封端面变形(端面所受弹簧作用力太大,摩擦增大产生热变形或偏磨,密封零件结构不合理,强度不够,受力后变形;由于加工工艺不当等原因,密封零件有残余变形;安装时用力不均引起变形)。处理方法:更换有缺陷的或已损坏的密封环。

i. 动、静环密封端面与轴中心线垂直度偏差过大,动、静环密封端面相对平行度偏差过大。处理方法:调整密封端面。

②由辅助密封圈引起的经常性泄漏。

a. 密封圈的材料不对,耐磨、耐腐蚀、耐温、抗老化性能太差,以致过早发生变形、硬化、破裂、溶解等。

b. O 形密封圈的压缩量不对,太大时容易装环,太小时则密封效果不好。

c. 安装密封圈的轴(或轴套)、密封端盖和密封腔,在 O 形环密封圈推进的表面有毛刺,倒角不光滑或角倒圆不够大。处理方法:对毛刺和不光滑的倒角应适当修整平滑,适当加大圆弧和倒角,并修整平滑。

d. O 形环密封圈发生掉块、裂口、碰坏、卷边或扭曲变形。处理方法:注意,清洗橡胶圈时不要用汽油、煤油;装配密封圈时注意理顺。

③由于弹簧缺陷引起的泄漏。

a. 弹簧端面偏斜。

b. 弹簧型机械密封,各弹簧之间的自由高度差太大。

④由于其他零件引起的经常性泄漏,如传动、紧定和止推零件质量不好或松动引起泄漏。

⑤由于转子引起经常性泄漏,如转子振动引起的泄漏。

⑥由于机械密封辅助机构引起的经常性泄漏,如冲洗冷却液流量太小或太大;压力太小或过大;注液方向或位置不对;注液质量不佳,有杂质。

⑦由于介质的问题引起经常性泄漏。

a. 介质里含有悬浮性微粒或结晶，因长时间积聚，堵塞在动环与轴之间，弹簧之间，弹簧与弹簧座之间等，使补偿密封环不能浮动，失去补偿缓冲作用。

b. 介质里的悬浮微粒或结晶堵在密封端面间，使密封端面贴合不好并迅速磨损。处理方法：开车前要先打开冲洗冷却液阀门，过一段时间再盘车、开车，再开大冲洗冷却液；适当提高介质入口温度；提高介质过滤和分离的效果等。

项目 6

卧式车床的装配

任务 1　CA6140 型卧式车床概述

●知识目标

1. 了解卧式车床的加工范围及典型加工表面内容。
2. 熟悉卧式车床的主要组成部件及各部件连接关系。
2. 掌握 CA6140 型卧式车床的运动分析及其传动关系。

●技能目标

1. 能够操作 CA6140 型卧式车床各主要部件,并熟悉各部件的作用。
2. 能够识读 CA6140 型卧式车床的传动系统图,变换车床各种主运动和进给运动。

●任务引入

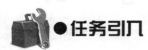

在机器制造企业的零件生产中,车床是使用广泛的一类机床。它以主轴带动工件旋转作为主运动,刀架带动刀具移动作为进给运动来完成工件和刀具之间的切削相对运动。

●任务分析

CA6140型卧式车床的主要运动部件包括主轴箱、进给箱和溜板箱，它们的动力是由电动机提供，经过皮带轮把动力传递给一系列的齿轮变速机构，最后把运动传到车床主轴和刀架上，任务的重点就是车床运动的传动系统分析。

●相关知识

如图6-1所示为卧式车床上所能完成的典型加工表面。它适用于加工各种轴类、套筒类和盘类等成形回转体表面的零件。

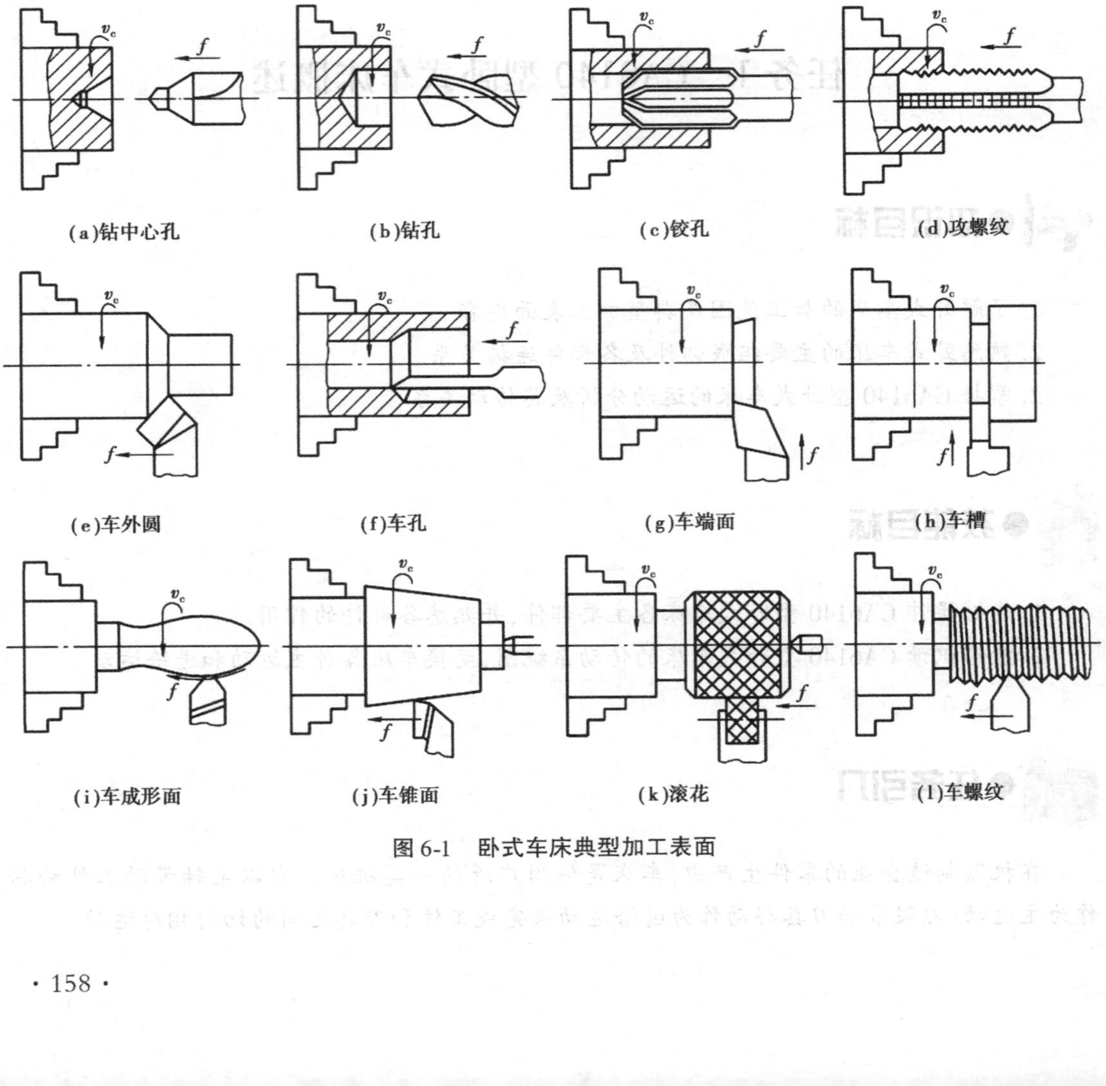

图6-1 卧式车床典型加工表面

一、CA6140 型卧式车床的组成

CA6140 型卧式车床的外形及机床的主要组成部件如图 6-2 所示。

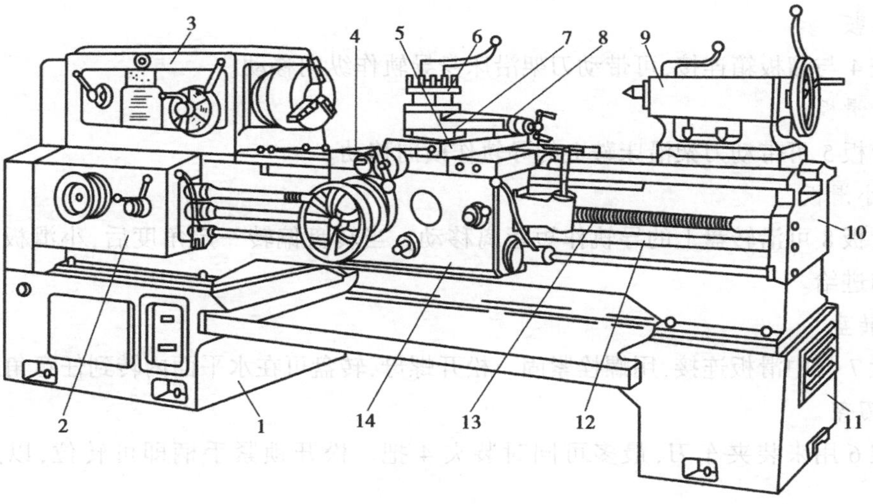

图 6-2 CA6140 型卧式车床的外形图

1,11—床腿;2—进给箱;3—主轴箱;4—床鞍;5—中滑板;6—刀架;7—转盘;
8—小滑板;9—尾座;10—床身;12—光杠;13—丝杠;14—溜板箱

1. 主轴箱

主轴箱 3 又称为床头箱,固定在床身左端。其内装有主轴和变速、换向机构,由电动机经变速机构带动主轴旋转,实现主运动,并获得所需转速及转向。主轴前端可安装三爪自定心卡盘、四爪单动卡盘等夹具,用以装夹工件。

2. 进给箱

进给箱 2 固定在床身的左前侧。进给箱是进给运动传动链中主要的传动比变换装置,它的功用是改变被加工螺纹的导程或机动进给的进给量。

3. 溜板箱

溜板箱 14 固定在床鞍 4 的底部,可带动刀架一起作纵向运动。溜板箱的功用是将进给箱传来的运动传递给刀架,使刀架实现纵向进给、横向进给、快速移动或车螺纹。在溜板箱上装有各种操纵手柄及按钮,可以方便地操作机床。

4. 床身

床身 10 固定在左床 1 腿和右床腿 11 上,是车床的基本支撑件。车床的各个主要部件均安装在床身上,并保持各部件间具有准确的相对位置。

5. 尾座

尾座 9 安装在床身导轨上,可沿导轨移至所需的位置。尾座套筒内安装顶尖,可支撑轴类工件;安装钻头、扩孔钻或铰刀。可在工件上钻孔、扩孔或铰孔。

6. 光杠

光杠 12 将进给运动传给溜板箱,实现自动进给。

7. 丝杠

丝杠 13 将进给运动传给溜板箱,完成螺纹车削。

8. 床鞍

床鞍 4 与溜板箱连接,可带动刀架沿床身导轨作纵向移动。

9. 中滑板

中滑板 5 可带动刀架沿床鞍上的导轨作横向移动。

10. 小滑板

小滑板 8 可沿转盘上的导轨作短距离移动。当转盘偏转一定角度后,小滑板还可带动刀架斜向进给。

11. 转盘

转盘 7 与中滑板连接,用螺栓紧固。松开螺母,转盘可在水平面内转到任意角度。

12. 刀架

刀架 6 用来装夹车刀,最多可同时装夹 4 把。松开锁紧手柄即可转位,以选用所需车刀。

二、CA6140 型卧式车床的运动分析

为了加工出所要求的工件表面,必须使刀具和工件实现一系列相对运动。车床的运动按其功用来分,可分为表面成形运动和辅助运动。

1. 表面成形运动

表面成形运动即车床为加工各种成形面所需的运动。它分为车床的主运动和进给运动。

(1)主运动

卧式车床上的主运动即为主轴带动工件作旋转运动,用转速 n(r/min)表示。

(2)进给运动

卧式车床上的进给运动分为车刀的纵向和横向进给运动。车刀的纵向进给运动是指刀具沿平行于工件水平中心线做的直线运动,如车外圆柱表面和车螺纹时刀具的移动;车刀的横向进给运动是指刀具沿垂直于工件中心线做的直线移动,如车端面、车断时刀具的移动。

2. 辅助运动

不直接参与切削,为完成工件的加工而必需的运动称为辅助运动。辅助运动包括刀具的移近、退回及工件的夹紧等。在卧式车床上这些运动通常由操作者用手工操作来完成。为了减轻操作者的劳动强度和节省移动刀架所耗费的时间,CA6140 型卧式车床还装有单独电动机驱动的刀架,以便实现纵向及横向的快速移动。

三、CA6140 型卧式车床的传动系统

1. 传动链和传动系统图

车床的主运动是以电动机为动力,通过一系列传动零件的传动联系,使主轴得到不同的转速;进给运动则是由主轴开始,通过各种传动联系,使刀架产生纵、横向运动,如图 6-3 所示为卧式车床传动方框图。

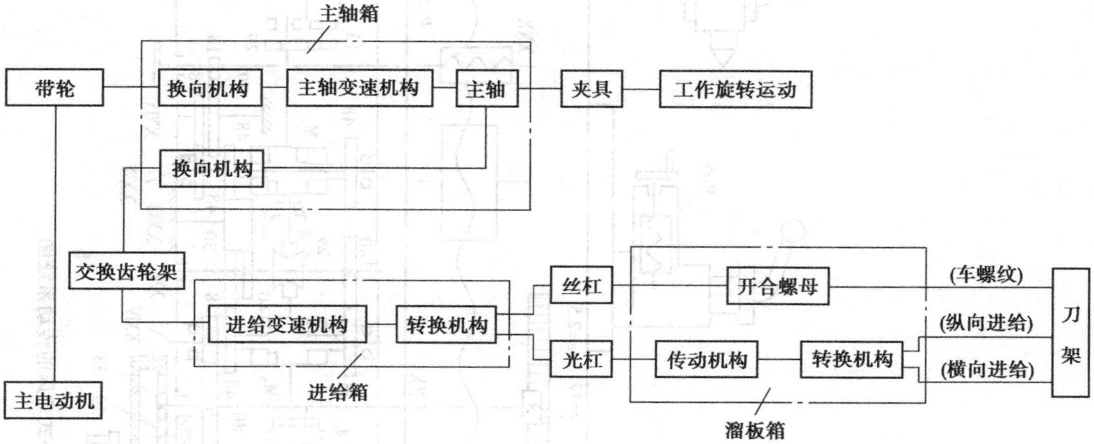

图 6-3 卧式车床传动方框图

用顺序排列的传动元件将动力源与执行件或两个有关的执行件联系起来,并使之保持一定运动关系的传动联系,称为传动链。主电动机到主轴的传动联系,是实现主运动的传动链,称为主运动链;主轴到刀架的传动链,是实现进给运动的传动链,称为进给传动链。机床所有传动链组成整台机床的传动系统,如图 6-4 所示。

传动系统图是用来表示机床各个传动链的综合简图,各传动元件在图中用一些简单的符号,按照运动传递的先后顺序绘出展开图。传动系统图只能表示传动关系,不能代表各元件的实际尺寸和空间位置,可用来分析机床内部传动规律和基本结构。

2. CA6140 型卧式车床传动系统分析

(1)主运动传动链

1)运动分析

主运动的两端件是电动机和主轴,电动机的运动经变速机构和换向机构,使主轴获得 24 级正转转速和 12 级反转转速。主轴启动、停止、换向是由双向多片式摩擦离合器实现的,主轴的变速是由滑移齿轮机构实现的。

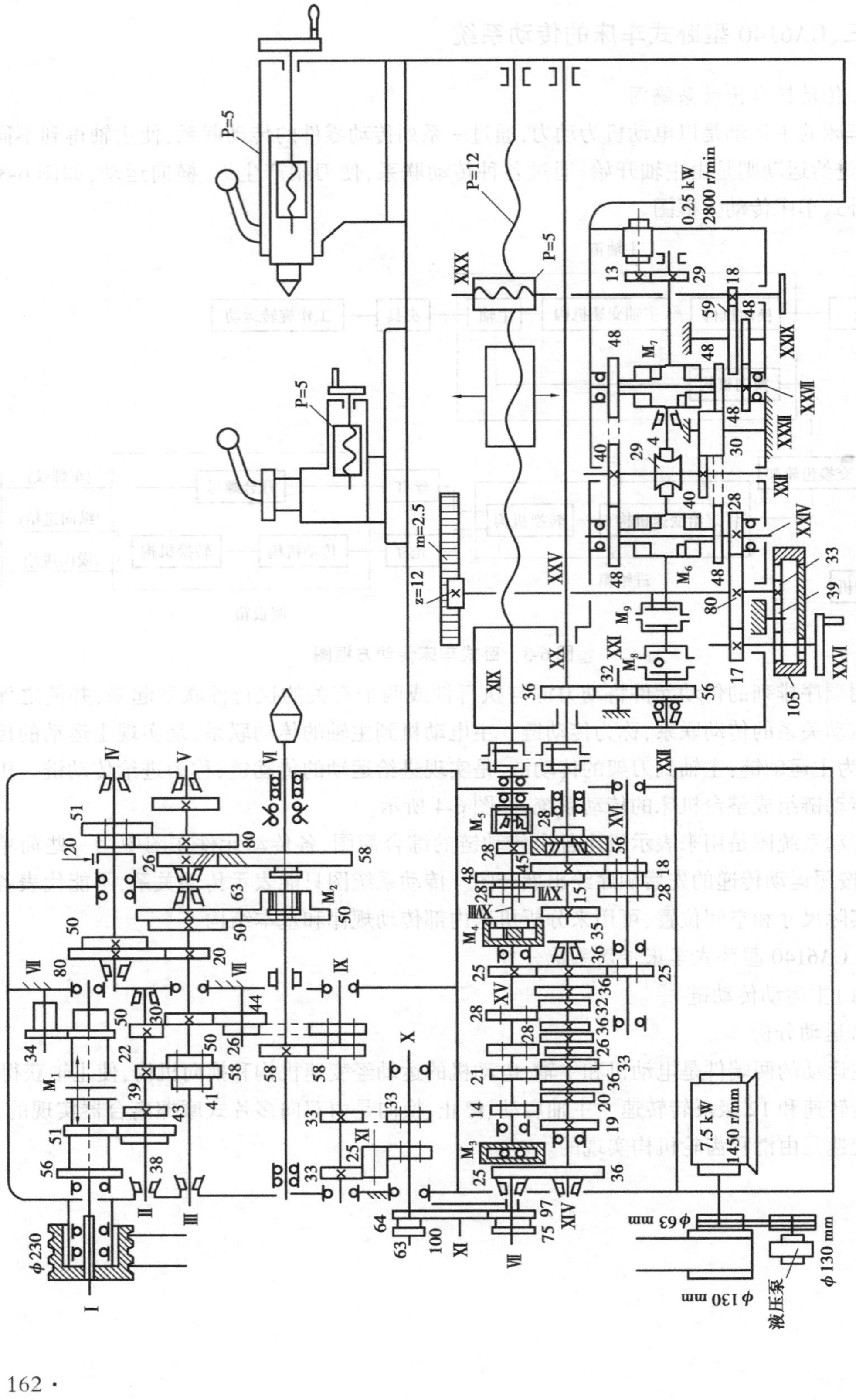

图6-4 CA6140型卧式车床的传动系统图

2）传动路线

由图6-4可知，运动由主电动机（1 450 r/min）经V带和传动比为130/230的带轮副，传到主轴箱中的Ⅰ轴，在轴Ⅰ上装有双向多片式摩擦离合器 M_1 和空套有双联和单联两个齿轮，当 M_1 的中间拨套处于左、右、中位置时，可实现主轴的正、反转运动和停机。当 M_1 中间拨套向左压紧摩擦片时，轴Ⅰ的运动由内摩擦片带动外摩擦片运动，外摩擦片带动空套在Ⅰ轴上的双联齿轮运动，运动经双联齿轮传到轴Ⅱ上，传动比为56/38或51/43，使轴Ⅱ得到两级正转转速。当 M_1 向右压紧摩擦片时，轴Ⅰ右边的内摩擦片带动外摩擦片运动，再由外摩擦片带动空套在Ⅰ轴上的单联齿轮运动，经Ⅶ轴 $z=34$ 的中间齿轮传到轴Ⅱ，传动比为（50/34）×（34/30），使轴Ⅱ得到一级反转转速。当 M_1 处于中间位置时，两边摩擦片松开，则主轴停止转动。轴Ⅱ的运动经轴Ⅲ上的三联滑移齿轮传到轴Ⅲ，传动比为39/41、22/58和30/50，把轴Ⅱ的每一级转速变为三级，使轴Ⅲ得到2×3=6级正转转速或三级反转转速。运动由轴Ⅲ到主轴Ⅵ可有两种不同的路线。

①高速转动路线。当主轴需高速运转时（$n_{主}=450\sim1\ 400$ r/min），滑移齿轮 $z=50$ 向左移动，齿式离合器 M_2 脱开，轴Ⅲ的运动经齿轮副63/50直接传给主轴。

②中、低速传动路线。当主轴需以中低挡转速运转时（$n_{主}=10\sim500$ r/min），滑移齿轮 $z=50$ 向右移动，使 M_2 啮合，于是轴Ⅲ的运动就经齿轮副20/80或50/50传给轴Ⅳ，再经20/80或51/50、26/58及 M_2 传给主轴。

CA6140型卧式车床主运动传动结构式如图6-5所示。

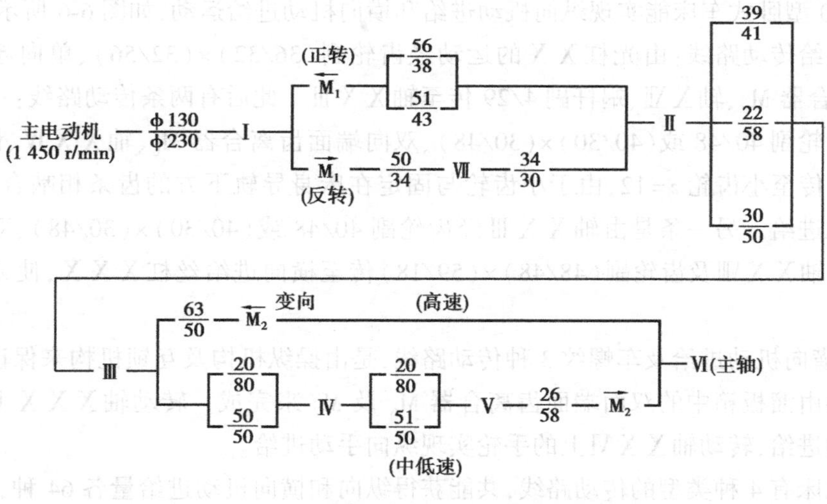

图6-5　CA6140型卧式车床的主运动传动结构式

（2）进给运动传动链

进给运动的动力来源也是7.5 kW的主电动机。由于在加工过程中，主要考虑的是主轴和刀架的关系。因此，进给运动的两端件是主轴和刀架，两端件的运动关系是主轴旋转一圈，刀架要准确移动一进给量或者是一螺纹的导程，运动由主轴传出，经螺纹的换向机构、变换齿轮机构、进给箱的基本组和增倍组、丝杠或光杠、溜板箱，把运动传给刀架，实现刀架的纵向、横向或车螺纹运动。

CA6140 型卧式车床进给运动系统传动结构式如图 6-6 所示。

1)车削螺纹

该车床能车削米制、英制、模数和径节制 4 种标准螺纹。此外还可以车削扩大螺距、非标准螺距及精密螺纹。无论车削哪种螺纹,主轴与刀具之间必须保持严格的运动关系,即主轴每转一转,刀具应均匀地移动一个被加工螺纹导程 P_h 的距离。4 种标准螺纹的加工,是通过两组交换齿轮和两条传动路线来完成的,加工米制螺纹和英制螺纹时,用同一组交换齿轮(63/100)×(100/75);加工模数螺纹和径节螺纹时,用同一组交换齿轮(64/100)×(100/97);加工米制螺纹和模数螺纹正走基本组(XⅢ-XⅣ-XⅤ);加工英制螺纹和径节螺纹倒走基本组(XⅢ-XⅤ-XⅣ)。

车削米制螺纹时,进给箱中的内齿轮离合器 M_3 和 M_4 脱开,M_5 接合。这时的传动路线(图 6-4)为:运动由主轴Ⅵ经齿轮副 58/58、换向机构 33/33[车削左螺纹时经(33/25)×(25/33)]、交换齿轮副(63/100)×(100/75)传到进给箱中,然后由移换机构的齿轮 25/36 传至XⅣ轴,经两轴滑移变速机构的齿轮副(基本组)19/14、20/14、36/21、33/21、26/28、28/28、36/28或 32/28 传至XⅤ轴。再由移换机构的齿轮副(25/36)×(36/25)传至轴XⅥ,再经过轴XⅥ和XⅧ之间的齿轮副(增倍组)传至轴XⅧ,最后经由 M_5 传至丝杠XⅨ。合上溜板箱上的开合螺母,由丝杠带动刀架完成车削米制螺纹运动。

2)机动进给

CA6140 型卧式车床能实现纵向机动进给和横向机动进给运动,如图 6-6 所示。

机动进给传动路线:由光杠XX的运动经齿轮副(36/32)×(32/56)、单向超越离合器 M_8、安全离合器 M_9、轴XXⅡ、蜗杆副 4/29 传至轴XXⅢ。此后有两条传动路线:一条是由轴XXⅢ经齿轮副 40/48 或(40/30)×(30/48)、双向端面齿离合器 M_6、轴XXⅣ、齿轮副 28/80、轴 XXV 传至小齿轮 $z=12$,由于小齿轮与固定在床身导轨下方的齿条相啮合,实现刀架的机动纵向进给。另一条是由轴XXⅢ经齿轮副 40/48 或(40/30)×(30/48)、双向端面齿离合器 M_7、轴XXⅧ及齿轮副(48/48)×(59/18)传至横向进给丝杠XXX,使刀架作机动横向进给。

纵向、横向机动进给及车螺纹 3 种传动路线,是由操纵机构及互锁机构来保证的。进给方向的变换由溜板箱中的双面端面齿离合器 M_6 及 M_7 来完成。转动轴XXX上的手柄实现横向手动进给,转动轴XXⅥ上的手轮实现纵向手动进给。

由于机床有 4 种类型的传动路线,共能获得纵向和横向机动进给量各 64 种,其中 32 种正常进给量是经正常螺距、公制螺纹传动路线获得的。

3)刀架的快速运动

为了减轻工人劳动强度,缩短辅助时间,在溜板箱右端装有快速电动机,可实现刀架快速移动。

当按下快速移动按钮,快速电动机接通,运动经齿轮副 13/29 使轴XXⅡ高速转动,再经蜗杆涡轮传动传给溜板箱内的传动机构,使刀架实现快速的纵向或横向进给。

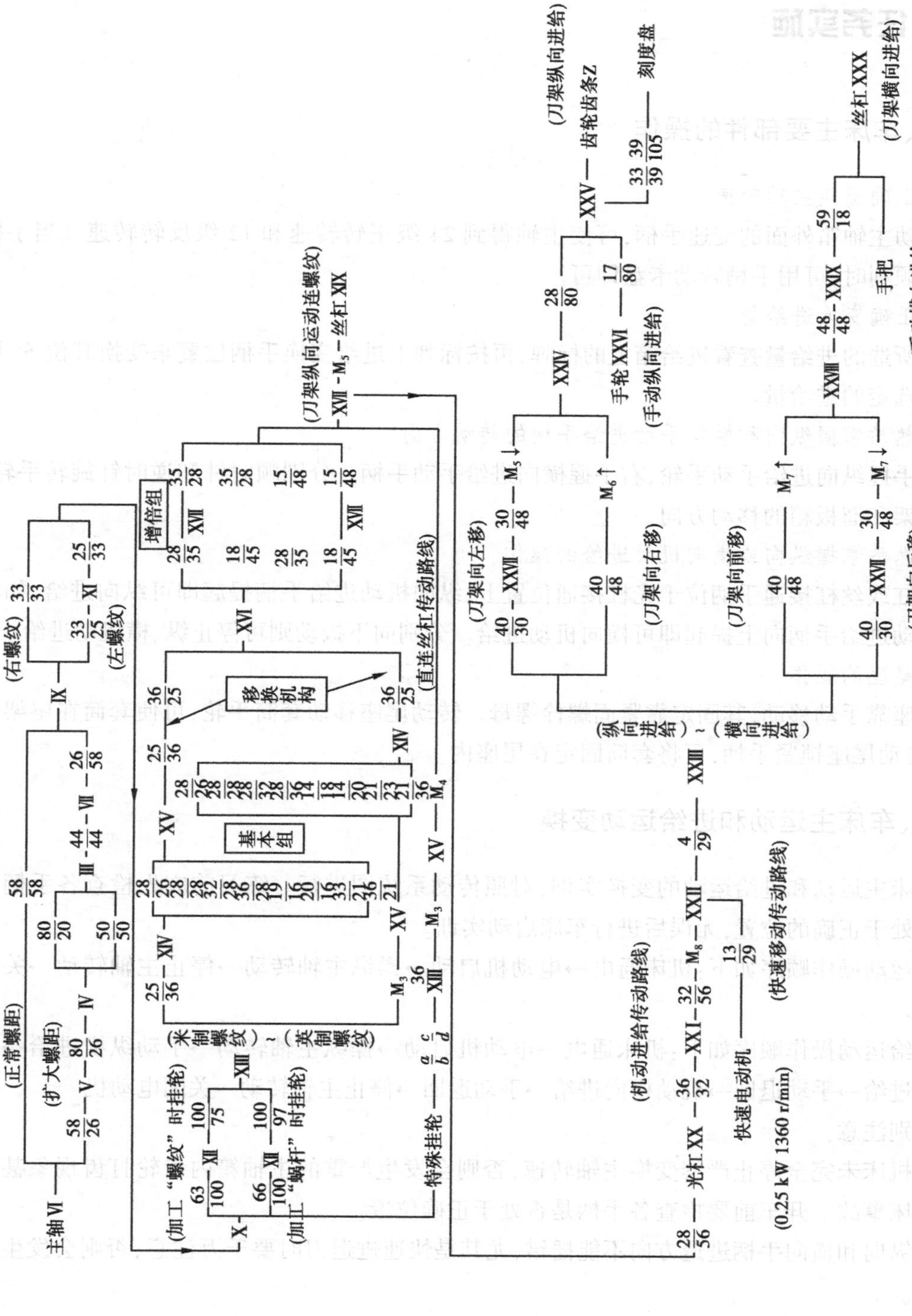

图6-4　CA6140型卧式车床进给运动系统传动结构式

●任务实施

一、车床主要部件的操作

1. 正确变换主轴转速

变动主轴箱外面的变速手柄，可使主轴得到 24 级正转转速和 12 级反转转速。当手柄拨动不顺利时，可用手稍转动卡盘即可。

2. 正确变换进给量

按所选的进给量查看进给箱上的标牌，再按标牌上进给变换手柄位置来变换其位置，即得到所选定的进给量。

3. 熟悉掌握纵向和横向手动进给手柄的转动方向

左手握纵向进给手动手轮，右手握横向进给手动手柄。分别顺时针和逆时针旋转手轮，操纵刀架和溜板箱的移动方向。

4. 熟悉掌握纵向或横向机动进给的操作

光杠或丝杠接通手柄位于光杠接通位置上，纵向机动进给手柄提起即可纵向进给，如将横向机动进给手柄向上提起即可横向机动进给。分别向下扳动则可停止纵、横机动进给。

5. 尾座的操作

尾座靠手动移动，其固定靠紧固螺栓螺母。转动尾座移动套筒手轮，可使套筒在尾架内移动，转动尾座锁紧手柄，可将套筒固定在尾座内。

二、车床主运动和进给运动变换

车床主运动和进给运动的变换实训，对照传动系统图进行。练习前应先检查各手柄位置是否处于正确的位置，无误后进行车床启动实训。

主运动操作顺序如下：机床通电→电动机启动→操纵主轴转动→停止主轴转动→关闭电动机。

进给运动操作顺序如下：机床通电→电动机启动→操纵主轴转动→手动纵横进给→机动纵向进给→手动退回→机动横向进给→手动退回→停止主轴转动→关闭电动机

特别注意：

①机床未完全停止严禁变换主轴转速，否则会发生严重的主轴箱内齿轮打齿现象甚至发生机床事故。开车前要检查各手柄是否处于正确位置。

②纵向和横向手柄进退方向不能摇错，尤其是快速进退刀时要千万注意，否则会发生安全事故。

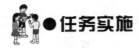

考核评价

序号	评分项目	评分标准	分值	考核结果	得分
1	主轴转速变换	动作规范、操作熟练，无卡滞打齿现象	30		
2	进给量变换	能根据铭牌上的进给量变换	20		
3	纵向和横向手动进给转动	手柄转动方向正确，操作正确	20		
4	纵向和横向机动进给转动	手柄操作方向正确，进给符合要求	20		
5	尾座的进退和锁紧	动作到位，方向正确	10		

知识拓展

CA6140型卧式车床主要技术要求

要正确使用和装配机床，必须了解机床的主要技术要求，具体见表6-1。

表6-1 CA6140型卧式车床的主要技术要求

<table>
<tr><td rowspan="3">最大加工直径/mm</td><td>在床身上</td><td>φ400</td><td colspan="2">主轴内孔锥度</td><td>莫氏6号</td></tr>
<tr><td>在刀架上</td><td>φ210</td><td colspan="2">主轴转速范围/($r\cdot min^{-1}$)</td><td>10～1400(24级)</td></tr>
<tr><td>棒料</td><td>φ46</td><td rowspan="2">进给量范围/($mm\cdot r^{-1}$)</td><td>纵向</td><td>0.028～6.33(64级)</td></tr>
<tr><td colspan="2">最大加工长度(mm)</td><td>650,900,1 400,1 900</td><td>横向</td><td>0.014～3.16(64级)</td></tr>
<tr><td colspan="2">中心高/mm</td><td>205</td><td rowspan="4">加工螺纹范围</td><td>米制/mm</td><td>1～192(44种)</td></tr>
<tr><td colspan="2">顶尖距/mm</td><td>750,1 000,1 500,2 000</td><td>英制/(牙·in^{-1})</td><td>2～24(20种)</td></tr>
<tr><td rowspan="3">刀架最大行程/mm</td><td>纵向</td><td>650,900,1 400,1 900</td><td>模数/mm</td><td>0.25～48(39种)</td></tr>
<tr><td>横向</td><td>320</td><td>径节/(牙·in^{-1})</td><td>1～96(37种)</td></tr>
<tr><td rowspan="2">小滑板</td><td rowspan="2">140</td><td rowspan="2">主电动机</td><td>功率/kW</td><td>7.5</td></tr>
<tr><td>转速/($r\cdot min^{-1}$)</td><td>1 450</td></tr>
<tr><td rowspan="4">主机净重/kg</td><td>750 mm</td><td>2 000</td><td rowspan="4">主机轮廓尺寸(长×宽×高)/mm</td><td>750 mm</td><td>2 418×1 000×1 267</td></tr>
<tr><td>1 000 mm</td><td>2 080</td><td>1 000 mm</td><td>2 668×1 000×1 267</td></tr>
<tr><td>1 500 mm</td><td>2 230</td><td>1 500 mm</td><td>3 168×1 000×1 267</td></tr>
<tr><td>2 000 mm</td><td>2 580</td><td>2 000 mm</td><td>3 668×1 000×1 267</td></tr>
</table>

任务2　CA6140型卧式车床主轴箱的拆装

●知识目标

1. 了解车床主轴箱传动带轮装置的结构特点。
2. 了解车床主轴变速操作机构的结构特点及主轴箱的润滑。
3. 熟悉摩擦离合器和制动器的结构及其调整。
4. 掌握车床主轴部件的结构和调整方法。
5. 掌握拆装设备和工具的正确使用。
6. 掌握拆装方法，对主轴箱机构进行正确的拆卸和装配。

●技能目标

1. 能够正确使用拆装工具对主轴箱进行拆卸。
2. 能够对主轴箱主轴进行检测。
3. 能够掌握离合器的安装与调整方法。
4. 能够正确装配车床主轴箱。

●任务引入

CA6140型车床主轴箱是用于安装主轴和实现主轴旋转与变速的部件，它能正常平稳运转才能加工出合格的零件。通过对车床主轴箱的拆装学习，达到对复杂部件的拆卸、检测、装配与调整技能掌握的目的。

●任务分析

主轴箱又称床头箱，其内部传动关系如图6-7所示。它的主要作用是将主电动机通过皮带轮传来的旋转运动，经过一系

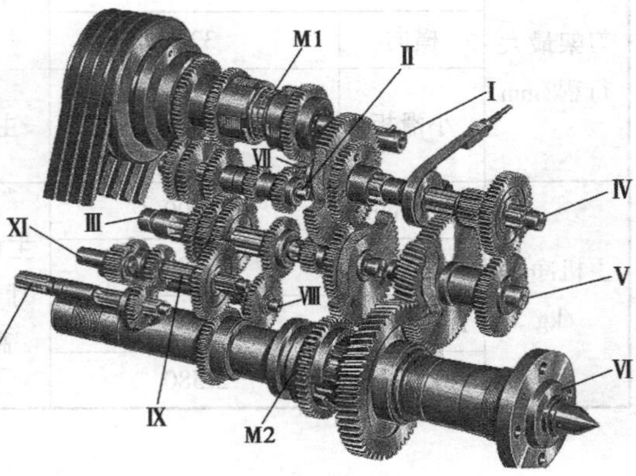

图6-7　主轴箱传动系统立体图

列的变速机构使主轴得到所需的正、反两种转向的不同转速，同时主轴箱分出部分动力将运动传给进给箱。在拆卸和装配主轴箱时，需正确选择拆卸工具进行拆卸，然后对拆卸出的主轴进行检测，注意安装和调整好离合器，最终保证主轴箱装配满足使用要求。

●相关知识

主轴箱是车床实现主运动的重要部件。图6-8为CA6140型卧式车床主轴箱的各传动空间相互位置的示意图。从图中可看出各轴在空间的位置。按传动轴的传动顺序，将其展开而形成的装配展开图，如图6-9所示。在展开图中，通常主要表示各传动件（轴、齿轮、蜗杆等）的传动关系、各传动轴及主轴结构、装配关系和尺寸、轴与箱体的连接、轴承支座结构等。下面介绍主轴箱中的主要结构及装配调整方法。

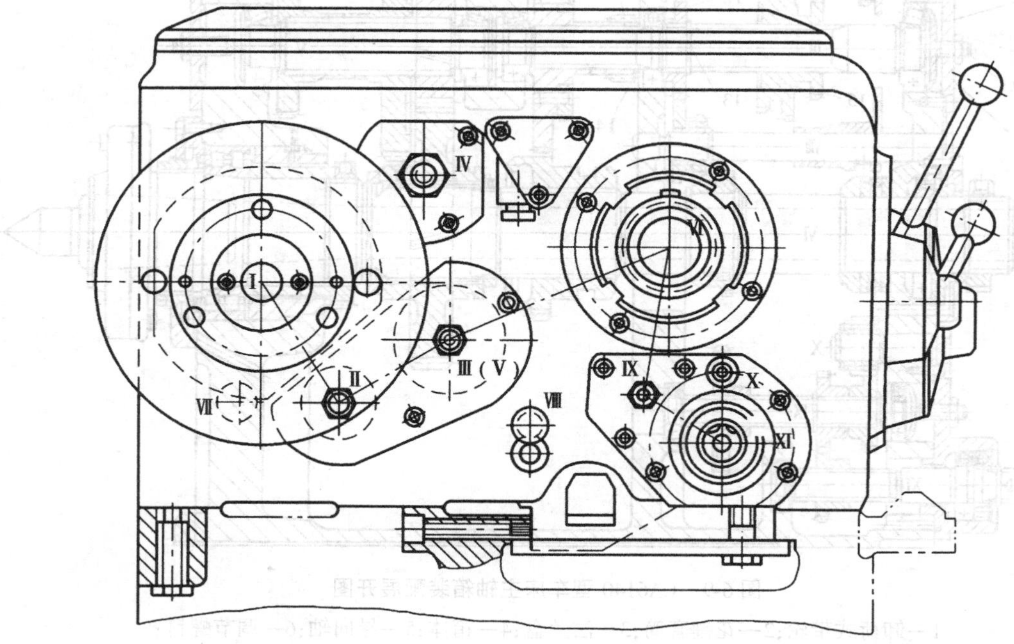

图6-8　CA6140型车床主轴箱的各传动空间相互位置的示意图

一、卸荷传动带轮装置

如图6-9所示，轴Ⅰ将电动机的运动传入主轴箱。轴Ⅰ的左端配有花键套筒2，用螺钉和销钉与V形带轮1固定在一起，法兰盘3固定在主轴箱箱体上。在法兰盘3和花键套筒2之间有两个滚动轴承，带轮的转矩通过花键套筒2传给轴Ⅰ。传动带轮传动中产生的拉力，通过轴承、法兰盘3传给主轴箱体，故这种结构称为卸荷带轮装置。虽然结构复杂些，但能

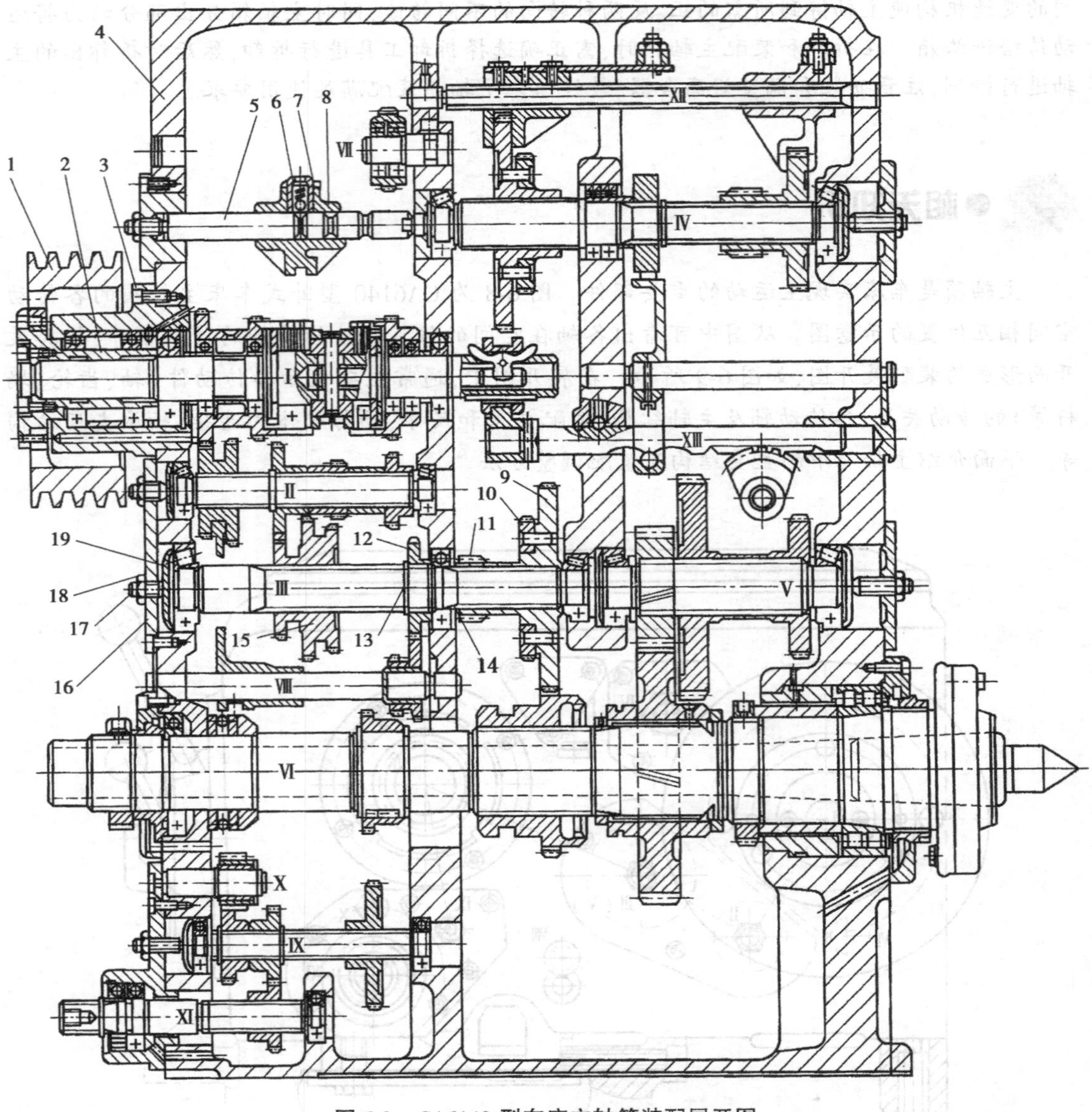

图 6-9 CA6140 型车床主轴箱装配展开图

1—卸荷式带轮;2—花键套筒;3—法兰盘;4—箱体;5—导向轴;6—调节螺钉;

7—螺母;8—拨叉;9,10,11,12—齿轮;13—弹簧卡圈;14—垫圈;

15—三联齿轮;16—轴承盖;17—螺钉;18—锁紧螺母;19—压盖

显著减少轴Ⅰ悬臂端的径向力,使轴Ⅰ的尺寸相应地缩小。法兰盘 3 的作用,可使轴Ⅰ在箱体外装配好,再将它装入箱体内;装卸方便,便于装配和修理。

二、双向多片式摩擦离合器和制动器的结构及其调整

如图 6-10 所示为车床主轴箱内轴Ⅰ的双向多片式摩擦离合器。它的作用是实现主轴

启动、停止、换向及过载保护。该离合器具有左、右两组摩擦片,每组由若干个内、外摩擦片相间排叠组成。利用摩擦片在相互压紧时接触面之间所产生的摩擦力传递运动和转矩。

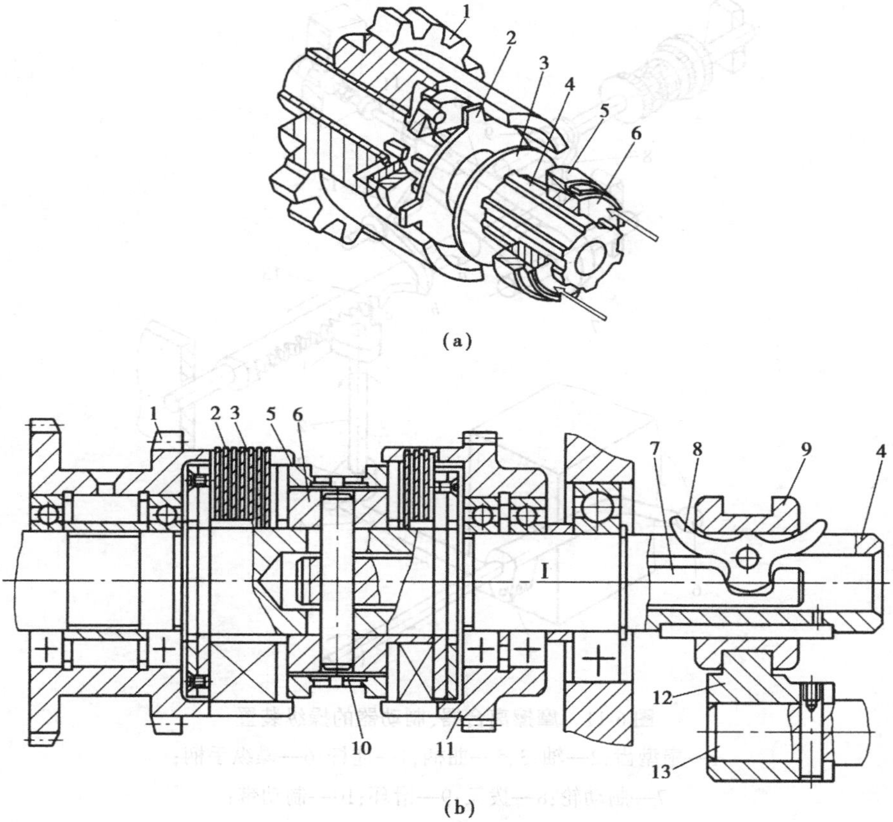

图 6-10　轴 I 的双向多片式摩擦离合器结构

1—双联空套齿轮;2—外摩擦片;3—内摩擦片;4—花键轴;5—调整螺母;6—滑套;7—拉杆;
8—元宝形摆块;9—滑环;10—固定销;11—单联空套齿轮;12—拨叉;13—齿条轴

带花键孔的内摩擦片 3[图 6-10(a)]与轴 4 上的花键相联接;外摩擦片 2 的内孔是光滑圆孔,空套在轴 4 的花键外圆上,外摩擦片外圆上有 4 个凸齿,卡在空套齿轮 1 套筒部分的缺口内。内、外摩擦片在未被压紧时,它们互不联系。当操纵装置将滑环 9[图 6-10(b)]向右移动时,拉杆 7(在轴 4 孔内)上的元宝形摆块 8 绕支点摆动,其下端就拨动拉杆 7 向左移动。拉杆 7 左端有一固定销,推动滑套 6 及调整螺母 5 向左压紧左边的一组摩擦片(3 和 2),通过摩擦片间的摩擦力,将转矩由轴 4 传给双联空套齿轮 1。同理,当用操纵装置将滑环 9 向左移动时,压紧右边的一组摩擦片,将转矩由轴 4 传给右边的单联空套齿轮 11,这样可使主轴反转。当滑环在中间位置时,左右两组摩擦片都处于松开状态,轴 4 的运动不能传给齿轮,主轴即停止转动。

摩擦离合器的压紧和松开由如图 6-11 所示的操纵装置控制。向上提起操纵手柄 6 时,通过曲柄 5、连杆 4、曲柄 3 使轴 2 和扇形齿 1 顺时针转动,传动齿条轴 13 右移,便可压紧左边的一组摩擦片，使主轴正转。向下扳动操纵手柄 6 时，右边的一组摩擦片被压紧，主轴反转。当操纵手柄在中间位置时，左、右两组摩擦片均松开，主轴停止转动。

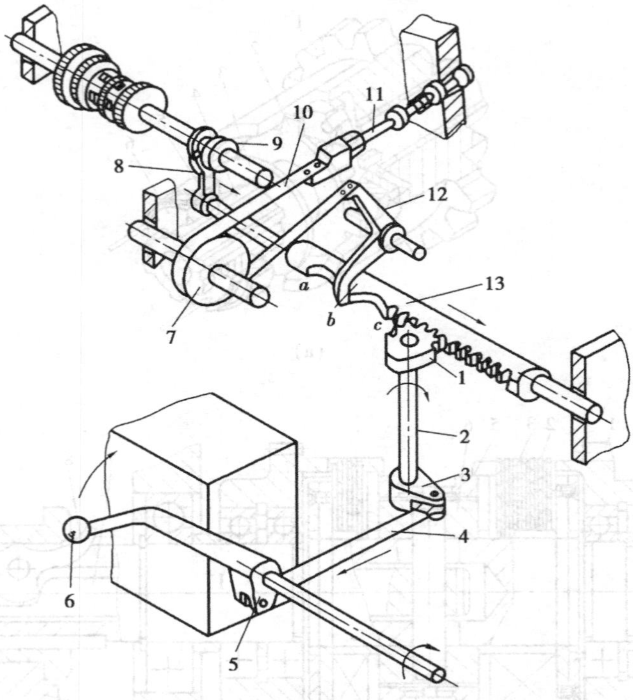

图 6-11 摩擦离合器、制动器的操纵装置

1—扇型齿；2—轴；3，5—曲柄；4—连杆；6—操纵手柄；

7—制动轮；8—拨叉；9—滑环；10—制动带；

11—杠杆调节螺钉；12—制动杠杆；13—齿条轴

三、闸带式制动器

为了减少辅助时间，使主轴在停机过程中能迅速停止转动，轴Ⅳ上装有闸带式制动器，如图 6-12 所示。它由制动轮 8、制动带 7 和杠杆调节螺钉 5 及弹簧组成。制动轮是一钢制圆盘，与轴Ⅳ用花键联接。制动带为一钢带，其内侧固定着一层铜丝石棉，以增加摩擦面的摩擦系数。制动带的一端通过调节螺钉 5 与主轴箱体 1 联接，另一端固定在制动杠杆 4 的上端。

制动器和双向多片式摩擦离合器都由操纵装置操纵。当制动杠杆 4（图 6-12）的下端与齿条轴 2（即图 6-11 中的齿条轴 13）上的圆弧凹部 a 或 c 接触时，主轴处于正转或反转状态，制动带被放松；移动齿条轴，当其上的凸起部分 b 对正制动杠杆 4 时，使制动杠杆 4 绕轴 3 摆动而拉紧制动带 7。此时，离合器处于松开状态，轴Ⅳ和主轴便迅速停止转动。

如要调整制动带的松紧程度，可将螺母 6 松开后旋转调节螺钉 5。在调整合适的情况下，当主轴旋转时，制动带能完全松开，而在离合器松开时，主轴能迅速停转。

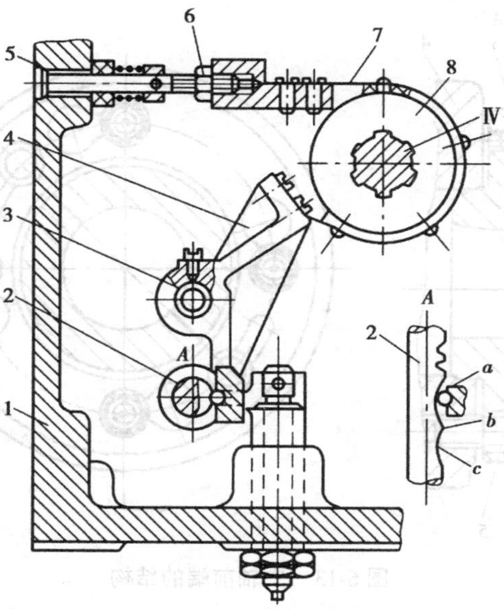

图 6-12　闸带式制动器结构原理
1—主轴箱体；2—齿条轴；3—轴；4—制动杠杆；
5—杠杆调节螺钉；6—螺母；
7—制动带；8—制动轮

四、主轴组件

主轴组件是车床的关键部分。工作时工件装夹在主轴上，并由其直接带动旋转做主运动。

1. 主轴前端结构

主轴前端如图 6-13 所示，主轴前端采用精密的莫氏 6 号锥孔用于安装卡盘或拨盘。拨盘或卡盘座 4 由主轴 3 端部的短圆锥面和法兰端面定位，由卡口垫 2 和插销螺栓 5 紧固，螺钉 1 锁紧。这种结构装卸方便，工作可靠，定心精度高，主轴前端的悬伸长度较短，有利于提高主轴组件的刚度。

2. 主轴组件

CA6140 型车床主轴组件的轴承支承方式有三支承和两支承两种形式，如图 6-14 所示，为两支承结构。主轴的前支承为双列圆柱滚子轴承 4，用于承受径向力。后支承有两个滚动轴承，角接触球轴承 18 用于承受径向力和主轴受的向右的轴向力，向心推力球轴承 16 用于承受主轴受的向左的轴向力。主轴轴承应在无间隙（或少量过盈）条件下运转，故主轴组件在结构上应保证能够调整轴承间隙。调整前支承的间隙时，逐渐拧紧螺母 6，通过阻尼套筒 5 内套的移动，使双列圆柱滚子轴承 4 的内圈做轴向移动，迫使内圈胀大。用百分表触及主轴前端轴颈处，撬动杠杆使主轴受 200～300 N 的径向力，保证轴承径向间隙在 0.005 mm 之内，且大齿轮转动灵活，最后将螺母 6 锁紧。后轴承的调整，先将螺母 6 松开，再旋转螺母

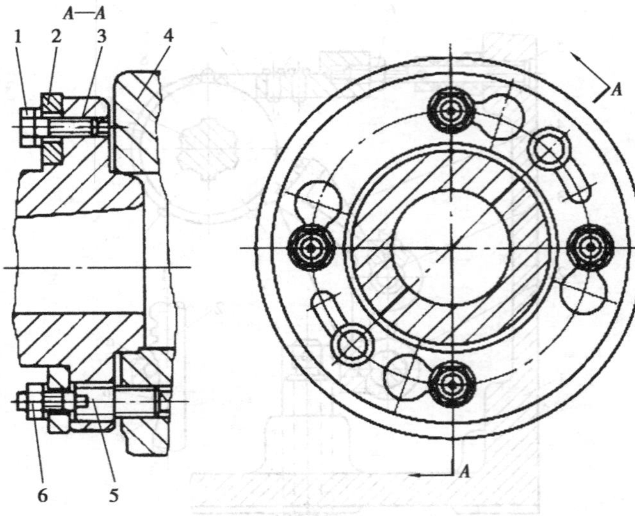

图 6-13　主轴前端的结构

1—螺钉;2—卡口垫;3—主轴;4—卡盘座;5—插销螺栓;6—螺母

21,逐渐收紧角接触球轴承 18 和推力球轴承 16。用百分表触及主轴前端面,用适当的力前后推动主轴,保证轴向间隙在 0.01 mm 之内。同时用手转动大齿轮 8,若感觉不太灵活,可以在角接触球轴承内、外后端敲击,直到手感觉主轴旋转灵活自如后,再将两螺母锁紧。

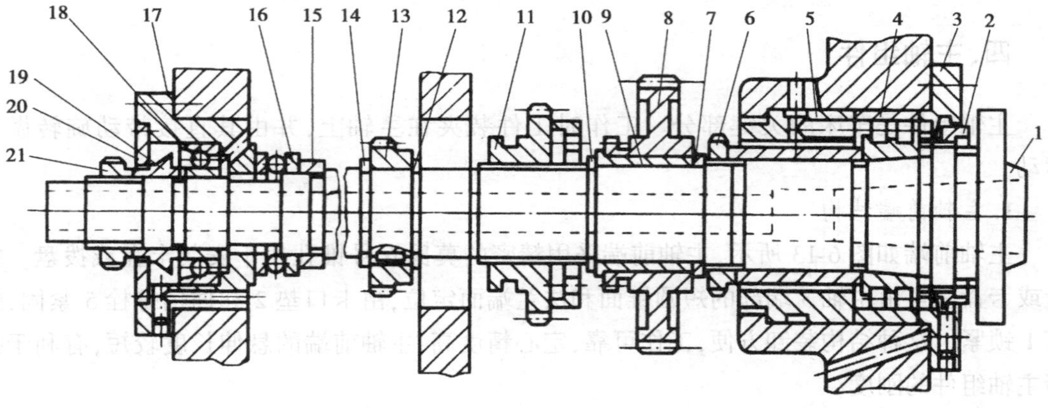

图 6-14　CA6140 型卧式车床主轴部件

1—主轴;2—密封套;3—前轴承端盖;4—双列圆柱滚子轴承;5—阻尼套筒;6,21—螺母;
7,15—垫圈;8,11,13—齿轮;9—衬套;10,12,14—开口垫圈;16—推力球轴承;17—后轴承壳体;
18—角接触球轴承;19—锥形密封套;20—盖板;21—螺母

主轴上装有 3 个齿轮 8、11、13,前端处齿轮 8 为斜齿圆柱齿轮,可使主轴传动平稳,传动时齿轮作用在主轴上的轴向力与进给力方向相反,因此,可减少主轴前支撑所承受的轴向力。斜齿轮 8 空套在主轴上,当它移动到右端位置时,主轴低速运转;移到左端时,主轴高速运转;处于中间空挡位置时,主轴与轴Ⅲ及轴Ⅴ间的传动联系断开,这时可用手转动主轴,以便进行测量主轴精度及装夹工件时的找正等工作。左端的齿轮固定在主轴上,用于传动进给系统。

五、主轴变速操纵机构

主轴箱中共有7个滑移齿轮,其中有5个用于改变主轴的转速,这些滑移齿轮的移动是由操纵机构来完成的。下面重点介绍Ⅱ轴和Ⅲ轴上两个滑移齿轮的操纵机构。

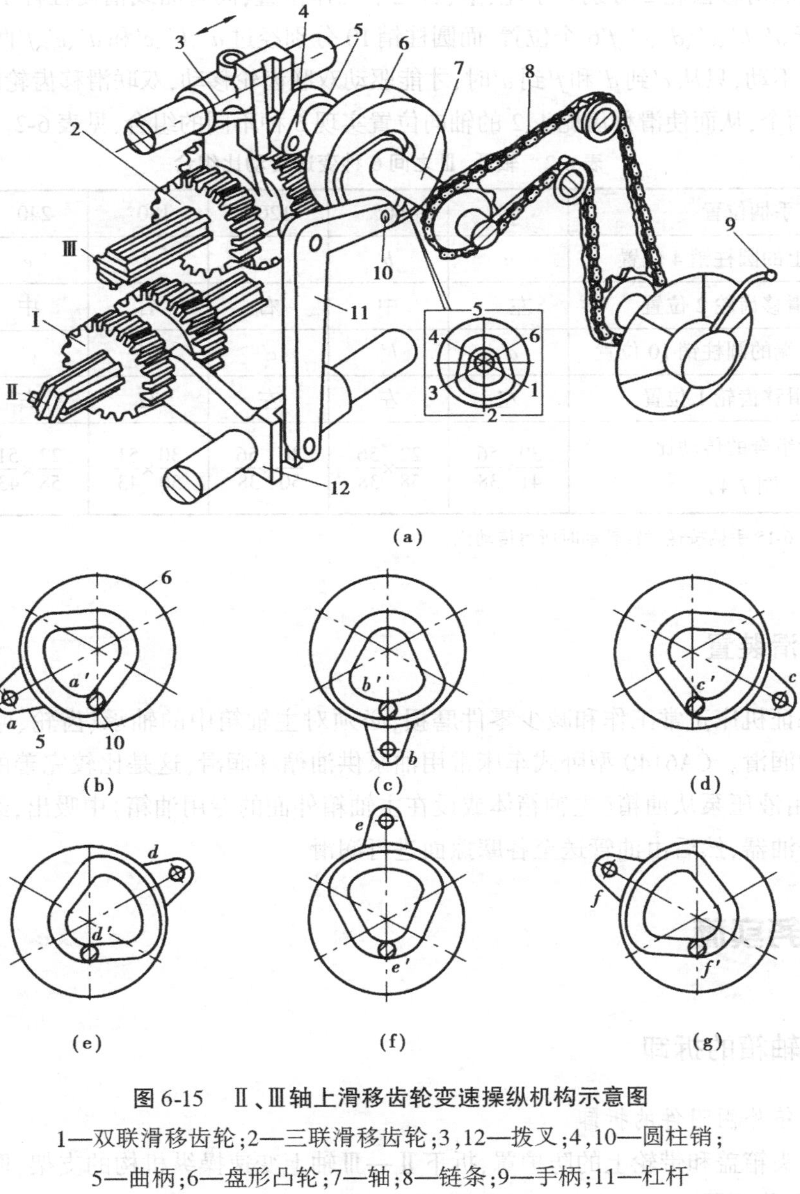

图6-15　Ⅱ、Ⅲ轴上滑移齿轮变速操纵机构示意图

1—双联滑移齿轮;2—三联滑移齿轮;3,12—拨叉;4,10—圆柱销;
5—曲柄;6—盘形凸轮;7—轴;8—链条;9—手柄;11—杠杆

如图6-15所示为主轴箱Ⅱ、Ⅲ轴上两个滑移齿轮的操纵机构和工作位置变速示意图。轴Ⅱ的双列滑移齿轮有左、右两个啮合位置,轴Ⅲ上的三联滑移齿轮有左、中、右3个位置。两组滑移齿轮的不同组合,可使Ⅲ轴获得6种不同的转速。

图 6-15(a)转动手柄 9，由 1:1的链传动带动轴 7 及其上的盘形凸轮 6 和曲柄 5 一同旋转，带动拨叉 12 和 3 移动，从而驱动双联滑移齿轮 1 和三联滑移齿轮 2 作轴向移动。盘形凸轮 6 端面上有一条封闭的曲线槽，它由两段不同半径的圆弧和两条过渡直线组成。如果手柄 9 逆时针每次转过 60°，曲柄 5 上的圆柱销 4 依次处于 a、b、c、d、e、f 6 个位置(图 6-16 中 b ~ g)，使三联滑移齿轮 2 分别处于左、中、右三个工作位置；同时曲线槽使杠杆 11 上的圆柱销 10 相应处于 a'、b'、c'、d'、c'、f' 6 个位置，而圆柱销 10 分别经过 a'、b'、c'和 d'、e'、f'两段圆弧时，双联滑移齿轮不动，只从 c'到 d'和 f'到 a'时，才能驱动双联齿轮移动，双联滑移齿轮的工作位置也只有左、右两个，从而使滑移齿轮 1、2 的轴向位置实现 6 种不同的组合，见表 6-2。

表 6-2　轴Ⅱ、Ⅲ之间 6 种变速传动比组合

手柄位置	0°	60°	120°	180°	240°	360°
曲柄 5 上的圆柱销 4 位置	a	b	c	d	e	f
三联滑移齿轮 2 位置	左	中	右	右	中	左
杠杆 11 下端的圆柱销 10 位置	a'	b'	c'	d'	c'	f'
双联滑移齿轮 1 位置	左	左	左	右	右	右
齿轮组合的传动比（图 7-4）	$\frac{39}{41}\times\frac{56}{38}$	$\frac{22}{58}\times\frac{56}{38}$	$\frac{30}{50}\times\frac{56}{38}$	$\frac{30}{50}\times\frac{51}{43}$	$\frac{22}{58}\times\frac{51}{43}$	$\frac{39}{41}\times\frac{51}{43}$

注：此表为图 6-15 手柄按逆时针转动时所得传动比。

六、润滑装置

为了保证机床正常工作和减少零件磨损，必须对主轴箱中的轴承、齿轮、摩擦离合器等进行良好的润滑。CA6140 型卧式车床常用油泵供油循环润滑，这是比较完善的一种润滑方法，润滑油由液压泵从油箱(主轴箱体或设在主轴箱外面的专用油箱)中吸出，经过滤器滤清后输送至分油器，然后由油管送至各摩擦面进行润滑。

●任务实施

一、主轴箱的拆卸

1. 主轴箱外围附件的拆卸

打开床头箱盖和带轮上的防护罩，拆下Ⅱ—Ⅲ轴上变速操纵机构的支架，取出盘形凸轮和小轴，拆下分油器。

2. 轴Ⅰ的拆卸

先拆下卸荷式带轮，然后从左孔移出轴Ⅰ部件，再拆卸轴上零件；旋下Ⅰ轴左端挡圈上的螺钉，拆下带内螺纹的挡圈；旋下带轮上的螺钉和定位销，拆下带轮和花键套筒；调松左边的摩擦片离合器，使元宝销能从滑套中顺利滑出；旋下法兰上的螺钉，用法兰上起盖螺孔取出法兰；法兰内的滚动轴承可用铜棒向右敲出；向左取出Ⅰ轴部件；拆左边的摩擦片离合器（用铜棒向左敲出空套双联齿轮，接着旋松止推片上的螺钉，使止推片槽与花键槽对齐，然后向左移出止推片和内外摩擦片）；打出元宝销上的销轴，拆下元宝销，并拆下平键；用弹簧卡钳撑开轴承右边的轴用弹性挡圈，并从轴上向右移出；用轴承拆卸工具拆右边的滚动轴承，并取出轴套；用木棒向右打出空套齿轮；拆右边的摩擦片离合器；向下打出圆销，向左移出拉杆；拆下压块和螺母。

3. 轴Ⅳ的拆卸

由于轴Ⅳ与其左边的导向轴处于同一轴线上，因此，轴Ⅳ的拆卸应先拆出导向轴，然后向左打出轴Ⅳ。

拆导向轴时，先旋松拨叉上的螺母，取出弹簧钢珠；拆下导向轴的左端盖，用拔销器向左拉出导向轴，取出其上的拨叉；拆下轴Ⅳ右端的轴承端盖，取出顶在外圈上的压盖；用轴用弹簧卡钳撑开制动轮右边的轴用弹性挡圈，并置于轴上；调松制动带；用木棒向左打出轴Ⅳ，取出其上的两个滑移齿轮、套筒、制动轮、轴用弹性挡圈和右支承处圆锥滚子轴承的内圈；用铜棒敲出中间支承处的两个深沟球轴承，右支承处圆锥滚子轴承的外圈；用轴承拆卸工具拉出轴Ⅳ左支承处的圆锥滚子轴承。

4. 主轴轴组（Ⅵ）的拆卸

卧式车床主轴箱主轴结构如图6-14所示。由于主轴上各段直径向右成阶梯状，且最大直径在右端，主轴的拆卸方向应由左向右。

其拆卸过程如下：

①将连接前轴承端盖3和主轴箱的螺钉松脱，拆卸前轴承端盖3。

②松开主轴上的螺母6及21，由于止推轴承的关系，螺母6只能松至碰到垫圈7处，等到敲击主轴使主轴向右移动一段距离，再将螺母6旋至全部松卸为止（松卸主轴上的螺母前，必须将螺母上的锁紧螺钉先松掉）。

③用挡圈装卸钳将轴向定位用的开口垫圈10、12、14撑开取出，把齿轮8及垫圈7滑移至左面。

④当主轴向右移动完全没有阻碍时，才能用击卸法敲击主轴左端（敲击时应加防护垫铁），待其松动后，即能从主轴箱右端把它抽出。

⑤从主轴箱中拿出齿轮、垫圈及止推轴承等；后轴承壳体17在松卸其紧定螺钉后，可垫铜棒向左敲出。

⑥主轴上的双列滚子轴承垫了铜套后向右敲击，也可用专用拉卸器将其拉卸出。

其他各轴的拆卸方法可参考以上3根轴。

二、双向多片式摩擦离合器装配和调整

1. 双向多片式摩擦离合器的装配

双向多片式摩擦离合器如图6-10所示，其安装步骤如下。

①安装前清除各件的污物和毛刺。

②将花键套6套在花键轴4上，拉杆7装入花键轴4的内孔中，并用销子将花键套6、花键轴4、拉杆7连接固定。

③在花键套6上装入定位销（图6-10），并旋入两个调整螺母5，注意调整螺母的缺口相对。

④在花键轴4上，花键套左右两侧分别装入8组（正转）和4组（反转）相同排叠的外摩擦片2和内摩擦片3，注意外摩擦片的凸缘对齐。

⑤分别将套筒齿轮1套入两组内外摩擦片上，并固定在花键轴上。

⑥花键轴两侧装上轴承，把整个部件装入箱体。

2. 双向多片式摩擦离合器的调整

装配时，摩擦片间隙要适当。如间隙过大，在压紧时会相互打滑，不能传递足够的转矩，易产生闷车现象，并易使摩擦片磨损；如间隙过小，易损坏操纵装置中的零件，停机时松不开，加剧摩擦片磨损、发热，严重时可导致摩擦片烧坏，所有必须调整适当。

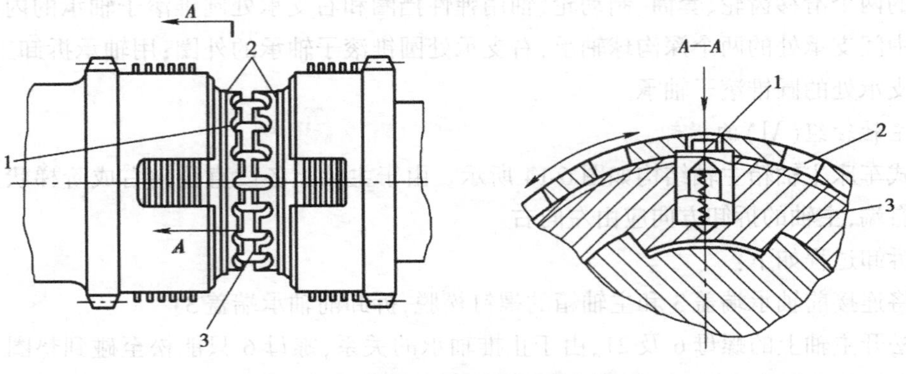

图6-16 双向多片式摩擦离合器的调整

1—弹簧定位销；2—调整螺母；3—滑套

如图6-16所示，其调整办法是：先用螺钉旋具按下弹簧销1，压入螺母2的缺口下，然后再用另一把螺钉旋具拨转调整螺母，每次转过一个槽，反复操作即获得所需间隙。调整好后必须使弹簧销从调整螺母的缺口中弹出，以防调整螺母在旋转中松脱。

三、CA6140车床主轴组件的装配及检测

CA6140车床主轴箱装配涉及很多轴系，以主轴箱的主轴组件为例，如图6-14所示，叙述操作步骤。

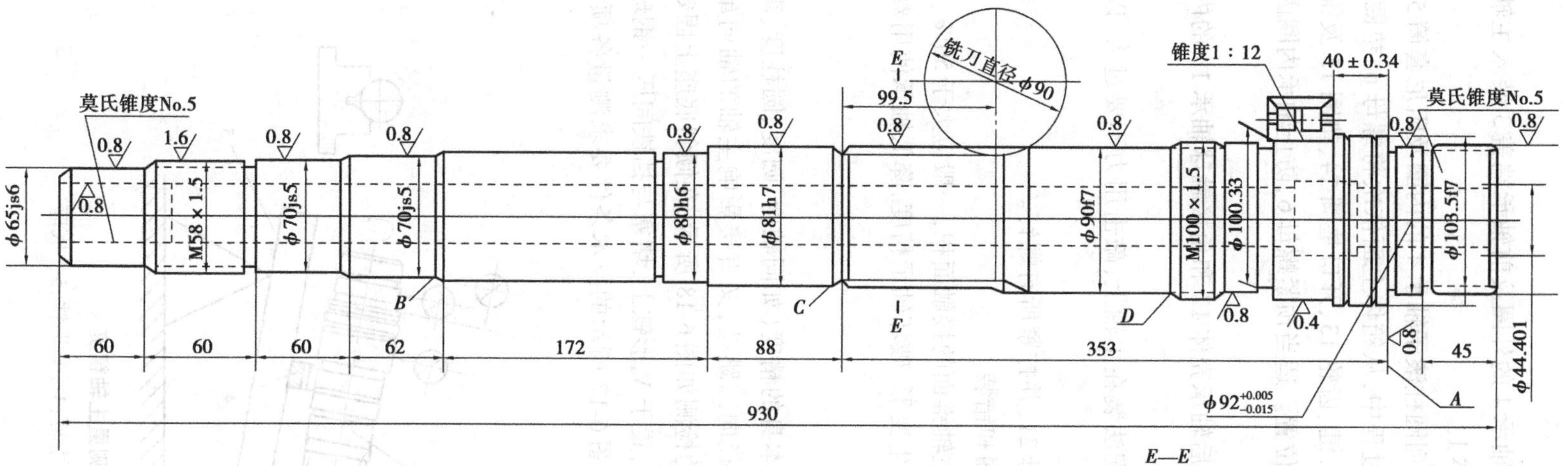

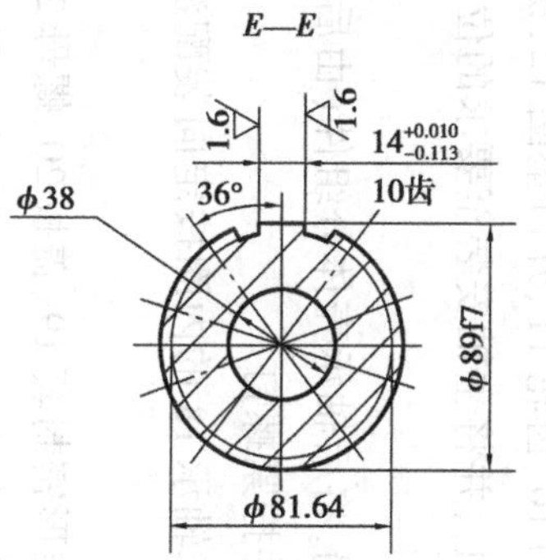

技术要求

1. φ70js5、锥度1：12轴颈圆度允差0.005 mm。
2. φ70js5、锥度1：12轴颈径向圆跳动允差0.005 mm。
3. φ81f7、φ90f7径向圆跳动允差0.01 mm。
4. φ92$_{-0.015}$对φ70js5和锥度1：12轴颈径向圆跳动允差0.008 mm。
5. A端面圆跳动允差0.008 mm；B端面圆跳动允差0.01 mm。
6. C、D端面圆跳动允差0.025 mm。
7. 前莫氏5号锥孔对φ70js5、锥度1：12的径向圆跳动允差；
   a.近主轴端0.005 mm　　b.300 mm处0.010 mm

图6-17　普通车床主轴

1. 主轴组件的装配

①将阻尼套筒5的外套和双列圆柱滚子轴承4的外圈及前轴承端盖3装入主轴箱体前轴承孔中，并用螺钉将前轴承端盖固定在箱体上。

②把主轴分组件（由主轴1、密封套2、双列圆柱滚子轴承4的内圈及阻尼套筒5的内套组装而成）从主轴箱前轴承孔中穿入。在此过程中，从箱体上面依次将螺母6、垫圈7、齿轮8、衬套9、开口垫圈10、齿轮11、开口垫圈12，键、齿轮13、开口垫圈14、垫圈15及推力球轴承16装在主轴1上，并将主轴安装至要求的位置。适当预紧螺母6，防止轴承内圈因转动改变方向。

③从箱体后端，将后轴承壳体分组件（由后轴承壳体17和角接触球轴承18的内圈组装而成）装入箱体，并拧紧螺钉。

④将角接触球轴承18的内圈按定向装配法装在主轴上，敲击用力不要过大，以免主轴移动。

⑤依次装入锥形密封套19、盖板20、螺母21，并拧紧所有螺钉。

⑥对装配情况进行全面检查，以防止遗漏和错装。

装配轴承内圈时，应先检查其内锥面与主轴锥面的接触面积，一般应大于50%。如果锥面接触不良，收紧轴承时，会使轴承内滚道发生变形，破坏轴承精度，降低轴承使用寿命。

其他各轴的装配方法可参考主轴组件。

2. 主轴组件的检测

如图6-17所示为普通车床的主轴，主轴本身的精度（如同轴度、圆度、圆柱度、垂直度和各种跳动等）既直接影响主轴组件工作时的径向圆跳动，又直接影响主轴的轴向窜动。因此，对主轴本身精度要求高。单件主轴精度的检测如图6-18所示，在倾斜底座上固定两块V形等高角铁，左端固定挡铁，主轴后端堵塞后，置于V形铁上，堵塞与挡铁间压一钢球。固定百分表，使测头触及被测表面。回转主轴，按图6-17所示的技术条件要求测量各项误差，并记录实测值。

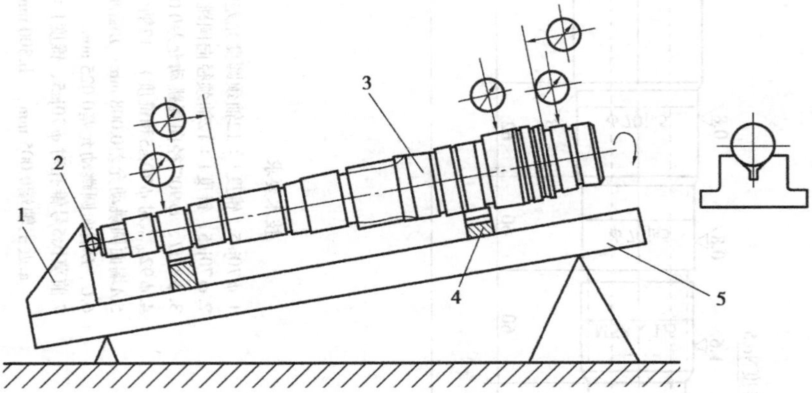

图6-18　测量主轴精度

1—挡铁；2—钢球；3—主轴；4—V形铁；5—底座

四、主轴箱的装配

1. 主轴箱装配注意事项

①装配前将主轴箱展开图看懂，切不可将零件装错，装反。

②Ⅰ轴组件、主轴组件装入箱体后，要调整好与各齿轮之间的相互位置。

③严格按照先拆卸的零件后装，后拆卸的零件先装的装配原则。

④拆装轴承时切不可用手锤直接敲击。

⑤因主轴本身较重，装配时最好有起重设备。如没有条件则需多人操作，要有具体的安全措施，专人指挥，防止零件伤人。

⑥装配过程中一些较小零件（如弹簧挡圈）千万不能漏装，否则将返工。

⑦采用正确的滚动轴承装配方法。

⑧装配完毕要将所有的螺母锁紧螺钉拧紧。

⑨养成良好的工作习惯，认真清点收拾工具并清洁工作场地。

2. 主轴箱的装配顺序

在装配之前仔细检查各零件有无毛刺、损伤、刮痕及变形，用工具（锉刀等）进行修整，如有损坏的零件应更换；所有零件清洗干净；再读装配图，弄清零部件装配关系，准备装配。

装配顺序为：Ⅸ轴部件→Ⅴ轴部件→Ⅳ轴部件→Ⅷ轴部件→Ⅶ轴部件→Ⅰ轴部件→Ⅵ轴部件→Ⅱ轴部件→Ⅲ轴部件；装Ⅰ轴上的V带轮和箱盖。

3. 主轴箱装配的技术要求

①装配每根轴后，应对其进行检查，若有轴向窜动或运转过紧现象，应进行调整。

②装配各操纵手柄轴时，应保证旋转灵活自如，各换挡位置定位可靠，各对啮合齿轮轴向错位不得大于1 mm。注意手柄上定位调整螺钉的松紧。

③箱体中各齿轮传动应平稳，响声均匀、不得有冲击声、噪声及周期性的杂音。

④滑移齿轮轴向移动时无啃住和阻滞现象。

⑤主轴轴肩支承面的跳动公差为0.020 mm。主轴心轴轴颈的径向跳动公差为0.010 mm。

⑥各轴承盖、法兰盘、油杯、油孔不应有渗漏现象。

⑦箱盖与箱体的结合面应无渗油现象。

●考核评价

序号	评分项目	评分标准	配分	考核结果	得分
1	使用工具	正确选用和使用拆装工具	10		
2	拆装步骤	对应主轴箱的装配图展开,拆装方法和步骤正确	30		
3	拆装规范	拆卸后的零件无损坏并按顺序摆放,操作安全	10		
4	检测调整	主轴箱装配精度结果及离合器调整	20		
5	回答提问	叙述装配基本知识,包括装配工艺,装配时的联接和配合等,并回答相关问题	20		
6	装配习惯	团队合作情况及清点工具、打扫卫生	10		

任务3　CA6140 型卧式车床溜板箱的拆装

●知识目标

1. 了解溜板箱开合螺母操纵机构和互锁机构的工作原理。
2. 了解超越离合器和安全离合器的工作原理。
3. 熟悉纵向、横向机动进给及快速移动操纵机构的结构特点。
4. 掌握拆装方法,对溜板箱机构进行正确的拆卸和装配。

●技能目标

1. 能够正确使用拆装工具对溜板箱进行拆卸。
2. 能够掌握离合器的安装与调整方法。
3. 能够正确装配车床溜板箱。

●任务引入

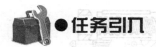

溜板箱将进给箱的运动传递给刀架，并做纵向、横向机动进给及切削螺纹运动，同时具有过载保护作用。通过对车床溜板箱拆装学习，达到对复杂部件的拆卸、装配与调整技能掌握的目的。

●任务分析

溜板箱能够使光杠和丝杠的转动改变为刀架的自动进给运动。光杠用于一般的车削，丝杠只用于车螺纹。溜板箱中设有互锁机构，使两者不能同时使用。在拆卸和装配溜板箱时，需正确选择拆卸工具进行拆卸，注意安装和调整好离合器，最终保证溜板箱装配满足车床使用要求。

●相关知识

CA6140 型卧式车床的溜板箱由下列机构组成：接通丝杠传动的开合螺母机构；接通、断开和转换纵向、横向机动进给及快速移动操纵机构；保证机床工作安全的互锁机构；实现刀架快慢速自动转换的超越离合器及预防过载保护的安全离合器。

图 6-19 所示为 CA6140 型卧式车床溜板箱的外观图。图 6-20 所示为 CA6140 型卧式车床溜板箱装配展开图，说明了溜板箱中各轴装配关系。

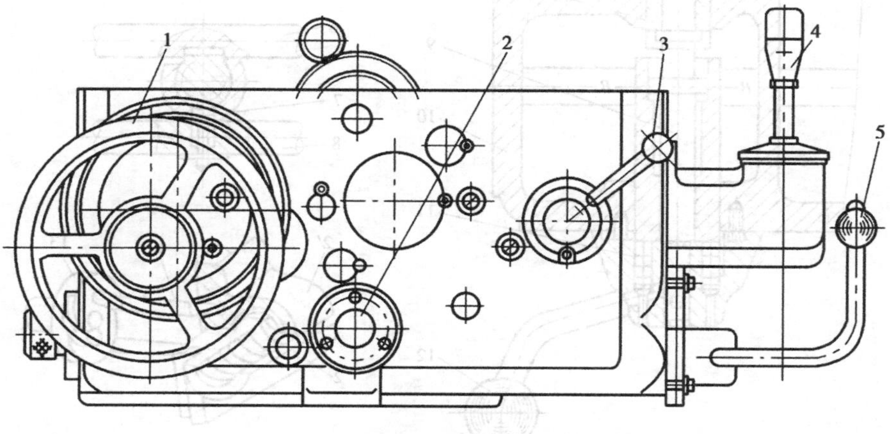

图 6-19　CA6140 型车床溜板箱的外观图

1—纵向移动手轮；2—手动液压泵手柄；3—开合螺母操纵手柄；
4—纵横进给操纵手柄；5—主轴正反转起动手柄

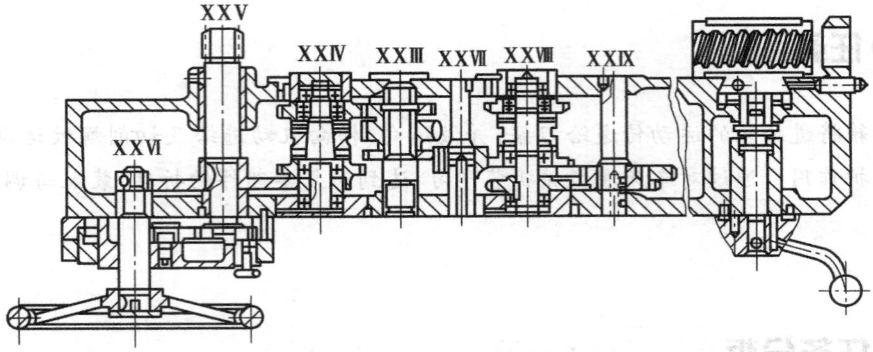

图 6-20　CA6140 型车床溜板箱装配展开图

一、开合螺母的操纵机构

开合螺母如图 6-21 所示，用来接通和断开车削螺纹运动。开合螺母由上、下两半组成。顺时针转动开和螺母手柄 12，通过转动轴 9 带动凸轮 5 上的曲线槽盘 13 转动，利用曲线槽盘上的两对称曲线槽控制圆柱销 1 位移，从而带动上半螺母 2′和下半螺母 2 沿溜板箱体 10 后面的燕尾导轨，作上、下移动相互靠拢，使开合螺母闭合在丝杠上。若逆时针方向转动手柄 5（图 6-19），则两半螺母相互分离，开合螺母在丝杠螺纹上张开。图中 11 为开合螺母张开和闭合的定位钢球。3 为镶条，可用螺钉 4 调节两个半螺母 2 与溜板箱 10 燕尾导轨的间隙。

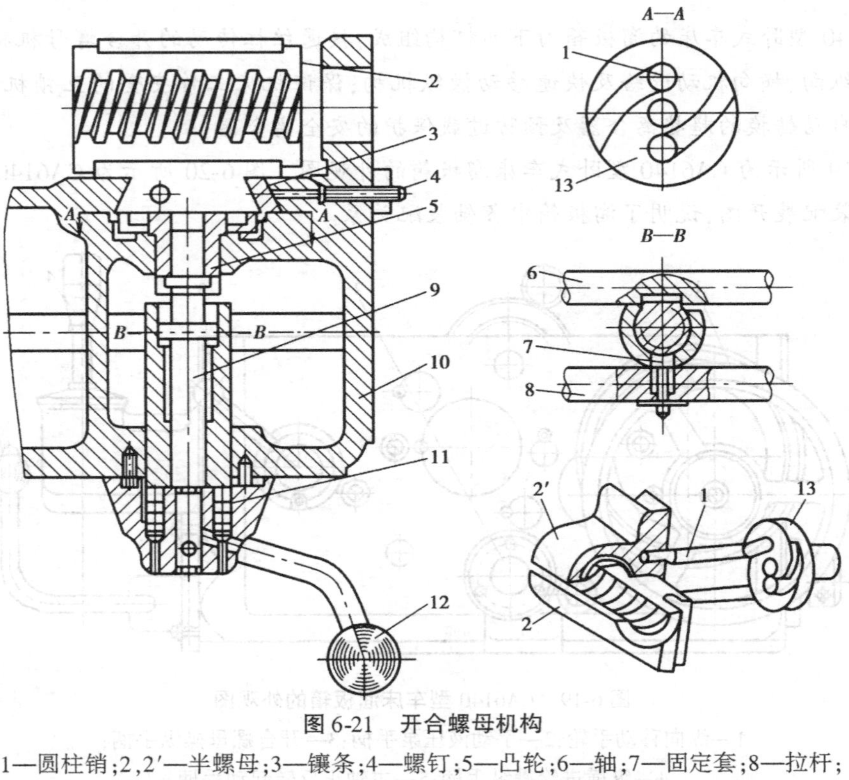

图 6-21　开合螺母机构

1—圆柱销；2，2′—半螺母；3—镶条；4—螺钉；5—凸轮；6—轴；7—固定套；8—拉杆；9—转轴；10—溜板箱体；11—定位钢球；12—开合螺母手柄；13—曲线槽盘

二、纵向、横向机动进给及快速移动操纵机构

图6-22所示为CA6140型机床溜板箱的纵、横向机动进给操纵机构。纵向、横向机动进给及快速移动的接通、断开和换向由一个手柄1集中操纵。手柄1通过销轴2与轴向固定的轴23相联接。需要纵向移动刀架时，将手柄1向相应的方向（向左或向右）扳动，手柄下端缺口通过球头销4拨动轴5轴向移动，然后经杠杆11、连杆12及偏心销使圆柱形凸轮13转动。凸轮上的曲线槽通过圆柱销14、拨叉轴15和拨叉16，拨动轴XXIV上的牙嵌离合器M_6向相应方向移动而啮合，刀架实现纵向进给。此时，按下手柄1上端的快速移动按钮24，刀架实现快速纵向机动进给。直到松开快速按钮时为止。

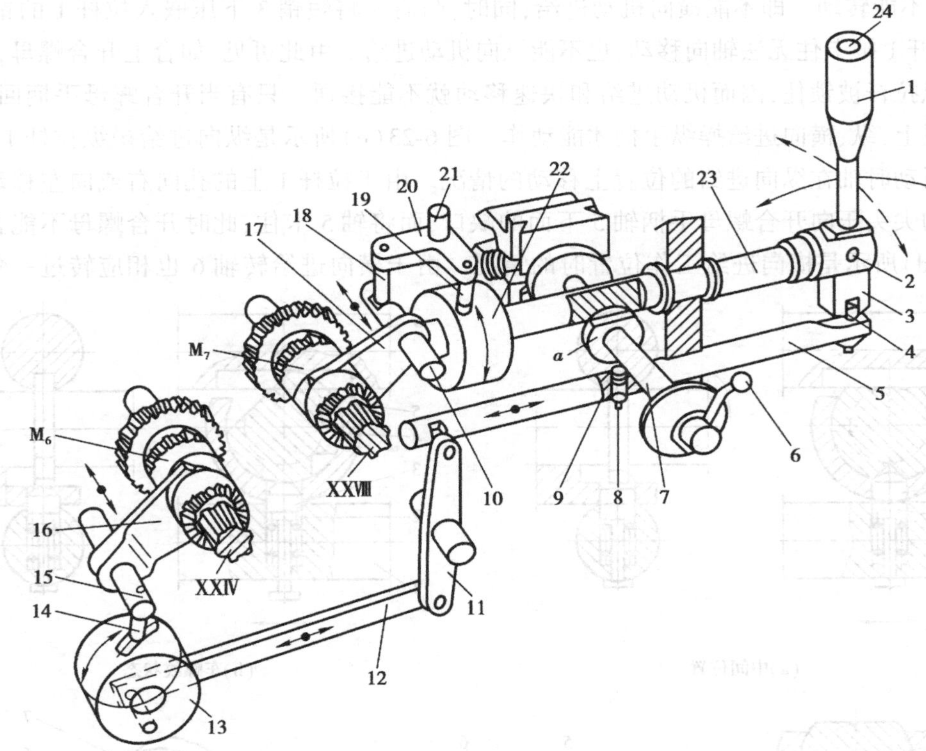

图6-22 溜板箱纵、横向机动进给操纵机构

1—纵、横向进给手柄；2，21—销轴；3—手柄座；4，9—球头销；5，7，23—轴；6—开合螺母操纵手柄；8—弹簧销；10，15—拨叉轴；11，20—杠杆；12—连杆；13，22—凸轮；14，18，19—圆销；16，17—拨叉；24—按钮

若向前或向后扳动手柄1，通过手柄方形下端带动轴23转动，经凸轮22上的曲线槽推动圆销19，使杠杆20绕销轴21摆动，杠杆另一端圆销18及固定在拨叉轴10上的拨叉17向前或向后轴向移动，使轴XXVIII上的牙嵌离合器M_7向相应的方向移动而啮合，刀架实现横向机动进给。此时，按下快速移动按钮24，刀架实现快速横向进给，直到松开快速按钮时为止。

三、互锁机构

互锁机构的作用是当接通机动进给或快速移动时，开合螺母不能合上；合上开合螺母时，则不允许接通机动进给或快速移动。即开合螺母手柄应该不能扳动，否则在运动上发生干涉而损坏机构。

如图 6-23 为互锁机构的工作原理图。图 6-23(a)所示是中间位置，此时为停机状态。即开合螺母张开，机动进给也未接通，此时可任意扳动开合螺母手柄轴 5，或纵向进给操纵拉杆 1 可轴向移动，或横向进给转轴 6 可转动。图 6-23(b)是闭合开合螺母时车螺纹状态。由于开合螺母手柄带动轴 5 已转过一定角度，它的凸肩旋入到横向进给转轴 6 的槽中，将转轴 6 卡住而不能转动。即不能横向机动进给；同时，凸肩又将短销 3 下压嵌入拉杆 1 的销孔 2 中，使拉杆 1 被卡住无法轴向移动，也不能纵向机动进给。由此可见，如合上开合螺母，纵向进给操纵拉杆被锁住，因而机动进给和快速移动就不能接通。只有当开合螺母手柄回到张开的位置上，纵、横向进给操纵手柄才能动作。图 6-23(c)所示是纵向进给操纵拉杆 1 向左或向右扳动时轴在纵向进给的位置上移动的情况。由于拉杆 1 上的孔向右或向左移动，将短销 3 的尖头压向开合螺母手柄轴 5 下面的缺口，而将轴 5 卡住，此时开合螺母不能合上。图 6-23(d)所示是横向进给工作位置时的情况。由于横向进给转轴 6 也相应转过一角度。

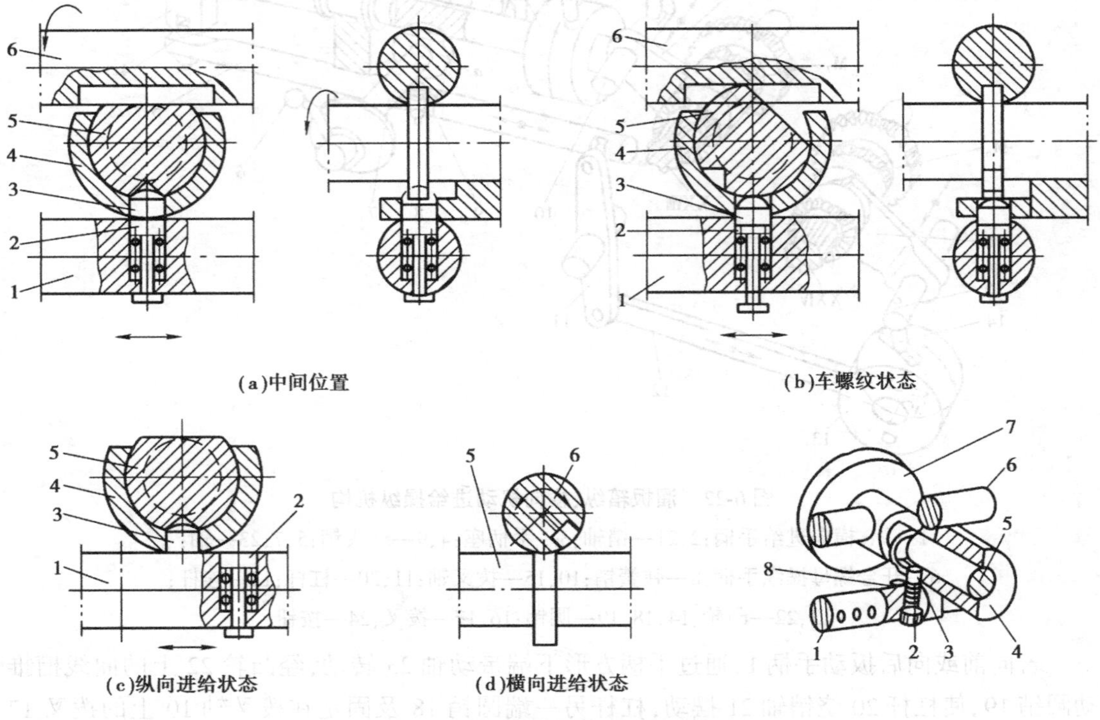

图 6-23　互锁机构工作原理图

1—纵向进给操纵拉杆；2—销孔；3—短销；4—固定套；5—开合螺母手柄轴；
6—横向进给转轴；7—曲线槽盘；8—弹簧

这时转轴6上的长槽错开凸肩的平面，凸肩不能转动，也就是开合螺母手柄轴5扳不动，则开合螺母不能合上。

四、超越与安全离合器

1. 单向超越离合器

超越离合器的作用是在同一轴上实现快慢速的自动转换，它可使机床的快速进给传动与正常进给传动互不干涉。

图6-24所示为安全与超越离合器的结构及工作原理图。图中单向超越离合器由齿轮套3、星形轮6、滚柱4、弹簧5和顶销18等组成。滚柱4在弹簧5和顶销18的作用下，楔紧在齿轮套3和星形轮6的楔缝里。机动进给时，齿轮套3逆时针转动，使滚柱4在齿轮套3及星形轮6在楔缝中越挤越紧，从而带动星形轮旋转，使蜗杆轴慢速转动。假若同时接通快速电动机，星形轮6是直接随蜗杆轴一起做逆时针快速转动。此时由于星形轮6比齿轮套3转得快，迫使滚柱4压缩弹簧5到楔缝宽端，则齿轮套3的慢速转动不能传给星形轮，即切断了机动进给。当快速电动机停止时，蜗杆轴又恢复慢速转动，刀架重新获得机动进给。在CA6140型卧式车床的进给传动链中，当两种不同转速的运动同时传到XXII轴时，通过单向超越离合器，就可实现刀架快慢速的自动转换，避免轴的损坏。

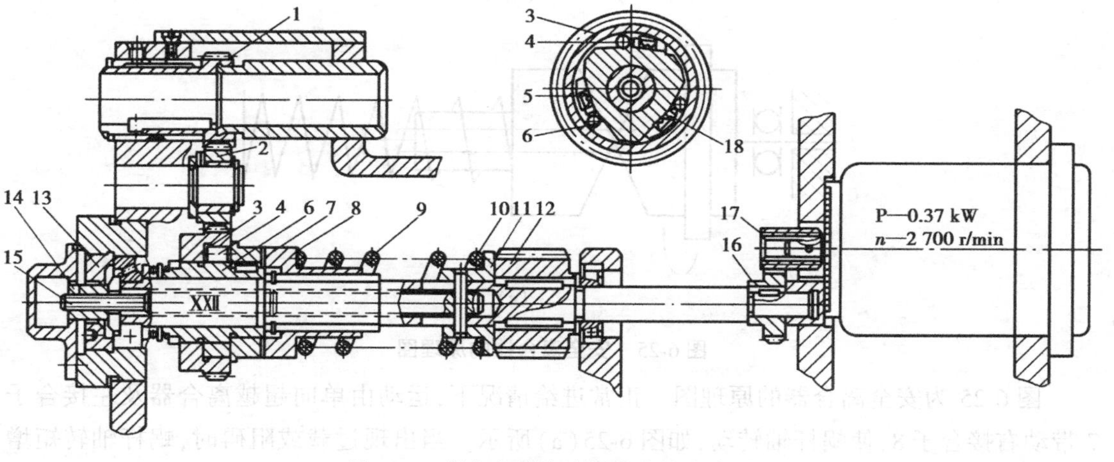

图6-24　单向超越离合器与安全离合器

1—套筒齿轮 $z=36$；2—齿轮 $z=32$；3—齿轮套 $z=56$；4—滚柱；5，9—弹簧；6—星形轮；7，8—安全离合器（螺旋面牙嵌离合器）；10—圆柱销；11—弹簧座；12—蜗杆；13，14—调节螺母；15—螺杆；16—齿轮 $z=29$；17—齿轮 $z=13$；18—顶销

2. 安全离合器

安全离合器也称为过载保护机构，它的作用是在机动进给过程中，当进给力过大或进给运动受到阻碍时，可以自动切断进给运动，保护传动零件在过载时不发生损坏。

安全离合器安装在超越离合器之后，如图6-25所示，由两个端面为螺旋面的结合子7和8组成，左接合子7和单向超越离合器的星形轮6连在一起，且空套在蜗杆轴XXII上；右接合子 8 和蜗杆轴用花键联接，可在该轴上滑移，靠弹簧 9 的弹力作用，与左接合子 7 紧紧地啮合。

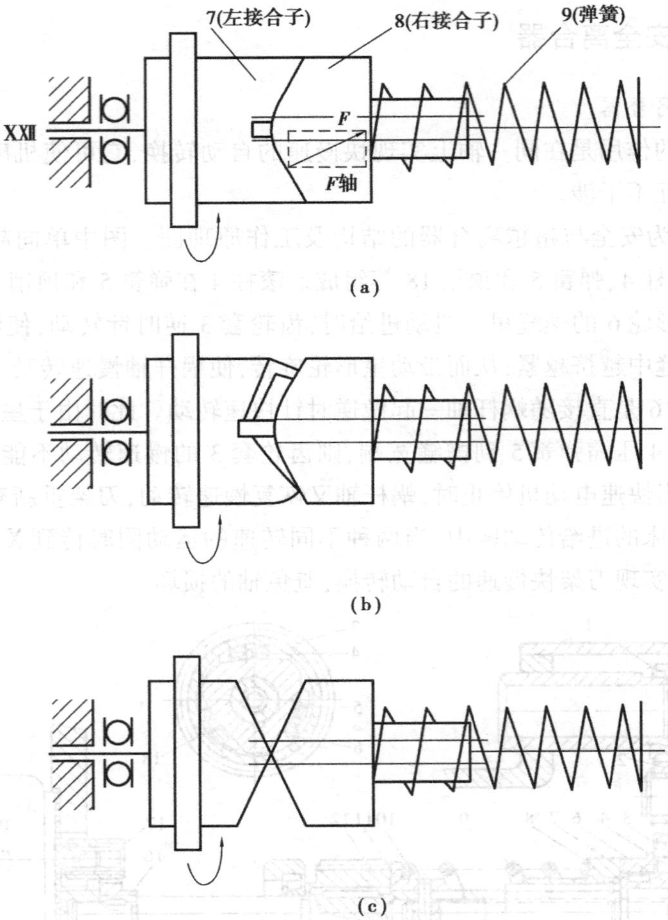

图 6-25　安全离合器的原理图

图 6-25 为安全离合器的原理图。正常进给情况下，运动由单向超越离合器及左接合子 7 带动右接合子 8，使蜗杆轴转动，如图 6-25(a)所示。当出现过载或阻碍时，蜗杆轴转矩增大并超过了许用值，两接合端面处产生的轴向力超过弹簧 9 的压力，则推开右接合子 8，如图 6-25(b)所示。此时，左接合子 7 继续转动，而右接合子 8 却不能被带动，于是两接合子之间产生打滑现象，如图 6-25(c)所示。这样，切断进给运动，可保护机构不受损坏。当过载现象消除后，安全离合器又恢复到原来的正常工作状态。

如图 6-24 所示，机床许用的最大进给力由弹簧 9 的弹力大小来决定，拧紧调节螺母 14，通过螺杆 15 和圆柱销 10，即可调节弹簧座 11 的轴向位置，从而调整弹簧力的大小。

任务实施

一、溜板箱拆装注意事项

①看懂结构再动手拆，并按先外后里，先易后难，先下后上顺序拆卸。

②先拆紧固、联结、限位件（顶丝、销钉、卡圆、衬套等）。

③拆前看清组合件的方向、位置排列等，以免装配时搞错。

④拆下的零件要有秩序地摆放整齐，做到键归槽、钉插孔、滚珠丝杠盒内装。

⑤注意安全，拆卸时要注意防止箱体倾倒或掉下，拆下零件要往桌案里边放，以免掉下砸人。

⑥拆卸零件时，不准用铁锤猛砸，当拆不下或装不上时不要硬来，分析原因（看图）搞清楚后再拆装。

⑦在扳动手柄观察传动时不要将手伸入传动件中，防止挤伤。

二、溜板箱拆装顺序

①拆下三杠支架，取出丝杠、光杠、φ6 锥销及操纵杠、M8 螺钉，抽出三杠，取出溜板箱定位锥销 φ8，旋下 M12 内六方螺栓，取下溜板箱。

②开合螺母机构的开合螺母由上、下两个半螺母组成，装在溜板箱体后壁的燕尾形导轨中，开合螺母背面有两个圆柱销，其伸出端分别嵌在槽盘的两条曲线中（太极八卦图），转动手柄开合螺母可上下移动，实现与丝杠的啮合、脱开。先拆下手柄上的锥销，取下手柄；然后旋松燕尾槽上的两个调整螺钉，取下导向板，取下开合螺母，抽出轴等。安装则按反顺序进行。

③纵、横向机动进给操纵机构的纵、横向机动进给动力的接通、断开及其变向由一个手柄集中操纵，且手柄扳动方向与刀架运动方向一致，使用比较方便。先旋下十字手柄、护罩等，悬下 M6 顶丝，取下套，抽出操纵杆，抽出 φ8 锥销，抽出拨叉轴，取出纵向、横向两个拨叉（观察纵、横向的动作原理）；然后取下溜板箱两侧护盖，M8 沉头螺钉，取下护盖，取下两牙嵌式离合器轴，拿出齿轴 1、2、3、4 及铜套等（观察牙嵌式离合器动作原理）；接着悬下涡轮轴上 M8 螺钉，打出涡轮轴，取出齿轮 1 涡轮 2 等；再旋下快速电机螺钉，取下快速电机；最后旋下蜗杆轴端盖及 M8 内六角螺钉，取下端盖蜗杆，抽出蜗杆轴。

④涡轮轴上装有超越离合器和安全离合器，通过拆装讲解及教具理解两离合器的作用。先拆下轴承 1，取下定位套 1，取下超越离合器，安全离合器等；然后打开超越离合定位套，取下齿轮等，利用教具观看内部动作，理解动作原理；最后对照实物讲解安全离合器原理。

⑤旋下横向进给手轮螺母，取下手轮，旋下进给标尺轮 M8 内六方螺栓，取下标尺轮。（分解开看内部结构）。取出齿轮轴连接的 φ6 锥销，打出齿轮轴，取下齿轮轴 1、2。

⑥对照实物讲解由丝杠、光杠的旋转运动变成刀具的纵向、横向运动路线。

⑦装配按照拆卸反顺序进行,不允许遗漏零件装配。

三、溜板箱的装配技术要求

①要求对开合螺母与丝杠配合间隙进行调整、定位;保证开合螺母的轴线与溜板箱上平面和侧平面的平行度,也就是配刮燕尾导轨与溜板箱上平面的垂直度。开合螺母在燕尾导轨中移动应灵活,无松动现象。

②由于箱体是窄长整体式,为便于装配,应从下向上装配。

③装配后手柄扳动灵活,定位正确。

④试车无卡滞及松旷,如有则应进行调整。

●考核评价

序号	评分项目	评分标准	分值	考核结果	得分
1	拆卸工具使用	正确选用、规范进行使用	20		
2	拆装溜板箱	对应溜板箱的装配图展开,拆装方法和步骤正确	30		
3	拆装规范	拆卸后的零件无损坏并按顺序摆放,操作安全	20		
4	回答装配提问	叙述装配基本知识,包括装配工艺,装配时的联接和配合等,并回答相关的问题	20		
5	团队合作	清点工具、打扫卫生	10		

任务 4　CA6140 型卧式车床的试车和验收

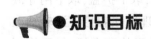

●知识目标

掌握车床的试车、验收方法。

●技能目标

能够正确进行车床的试车、验收。

●任务引入

对拆装的车床进行试车、验收。

●任务分析

设备拆装后必须进行试车和验收。它主要包括设备的外观检查、机床的几何精度检查和试运转等。本任务将以CA1640型卧式车床为例，重点讲解机床的静态检查、空运转试验、负荷试验和精度检验。

●任务实施

车床拆装后，必须经过试车和验收。卧式车床的试车和验收一般包括静态检查、空运转试验、负荷试验和精度检验4个方面。

一、静态检查

静态检查是车床进行性能试验之前的检查，主要检查车床各传动机构、操纵机构、夹紧机构、调整机构和其他附属是否运转灵活、定位准确、安全可靠，以保证试运行时不出事故，应从以下几方面检查。

①用手转动各传动件，应运转灵活。

②变速手柄和换向手柄应操纵灵活、定位准确、安全可靠。手轮或手柄转动时，其转动力用拉力器测量，不应超过80 N。

③移动机构的反向空行程量应尽量小。

④床鞍、刀架等在行程范围内移动时，应轻重均匀和平稳。

⑤顶尖套在尾座孔中作全长伸缩，应运动灵活而无阻滞，手轮转动轻快，锁紧机构灵敏无卡死现象。

⑥开合螺母机构开合可靠，无阻滞或过松的感觉。

⑦安全离合器应灵活可靠，在超负载时，能及时切断运动。

⑧挂轮架交换齿轮架上齿轮间的侧隙适当，固定装置可靠。

⑨各部分的润滑加油孔有明显的标记，清洁畅通。油尺清晰，插入深度与松紧合适。

⑩电气设备的启动和停止应安全可靠。

二、空运转试验

空运转试验是在机床无负荷的状态下进行的运转试验，目的是为了发现机床在运动中可能出现的故障，并对机床进行必要的调整，为以后的负荷试验、工作精度检验做好准备。空运行试验和调整应包括以下内容。

①试验前检查主轴箱的油平面不得低于油标线，也不能把油加得过满。

②检查交换速度和进给方向的变换手柄应灵活、可靠。

③运转机床的主运动机构。从最低转速起依次运转，各级转速的运转时间不少于 5 min，最高转速的运转时间不少于 30 min。同时，对机床的进给机构也要进行低、中、高进给量的空运转，使主轴轴承达到稳定的温度。

④在主轴轴承达到稳定温度（即热平衡状态）时，检查轴承的温度和温升均不得超过如下规定：滑动轴承温度 60 ℃，温升 30 ℃；滚动轴承温度 70 ℃，温升 40 ℃；其他机构的轴承温升不得超过 20 ℃。

⑤在各级转速下，机床应运转正常，无异常振动和噪声。

⑥润滑系统正常、可靠、无泄漏现象；安全防护装置和保险装置安全可靠。

三、负荷试验

车床经空运转试验合格后，将其调至中速（最高速度的 1/2 或高于 1/2 的相邻一级转速）下继续运转，待其达到热平衡状态时，则可进行负荷试验。

1. 全负荷强度试验

试验的目的是检验车床主传动系统能否承受设计所允许的最大转矩和功率。实验方法如下：将尺寸为 ϕ120 mm×250 mm 的中碳钢试件，一端用三爪自定心卡盘夹紧，一端用顶尖顶住，用 45°标准硬质合金（YT5）右偏刀进行外圆车削，切削用量为：$n=50$ r/min（$v_c=18.8$ m/min），$a_p=12$ mm，$f=0.6$ mm/r，强力切削外圆。

应达到的要求是：车床所有机构应工作正常，动作平稳，不得出现异常的振动和噪声。主轴转速不得比空转时的转速低 5% 以上。各手柄不得有颤抖和自动换位现象。试验时，允许将摩擦离合器调紧 2～3 孔，待切削完毕，再松至正常位置。

2. 精车外圆试验

①精车外试验的目的是检验车床主轴的旋转精度及主轴轴线对床鞍移动方向的平行度。

②试验方法如图 6-26 所示。在车床卡盘上夹持尺寸为 ϕ80 mm×300 mm 的中碳钢试件，检验长度 $l_1=300$ mm，$l_2=20$ mm，不用尾座顶尖，采用高速钢车刀。切削用量值取：$n=400$ r/min，$a_p=0.15$ mm，$f=0.1$ mm/r。精车外圆表面。

③精车后试件公差为圆度误差不大于 0.01 mm，圆柱度不大于 0.04 mm/300 mm，表面

粗糙度不大于 $R_a3.2$ μm。

3. 精车端面试验

①目的是检验车床在正常工作温度下，刀架横向移动轨迹对主轴轴线的垂直度和横向导轨的直线度。

②试验方法如图6-27所示，试件要求为 ϕ250 mm×50 mm 的铸铁圆盘，用三爪自定心卡盘夹持车削。用45°硬质合金右偏刀精车端面，切削用量值取 $n=250$ r/min，$a_p=0.2$ mm，$f=0.15$ mm/r。

③精车端面后试件公差。平面度误差不大于0.02 mm（只许中间凹）。

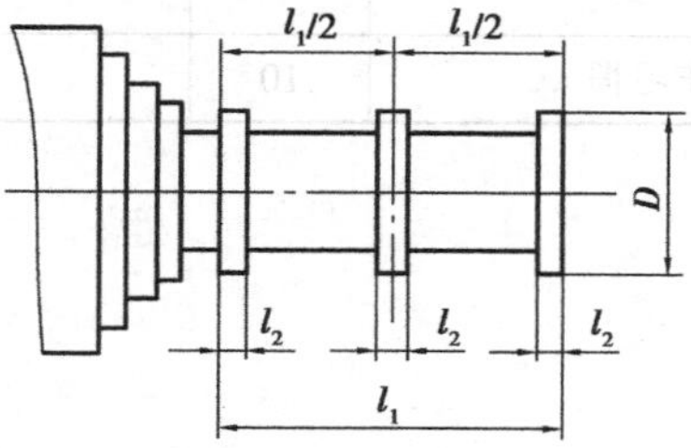

图6-26 外圆试切件

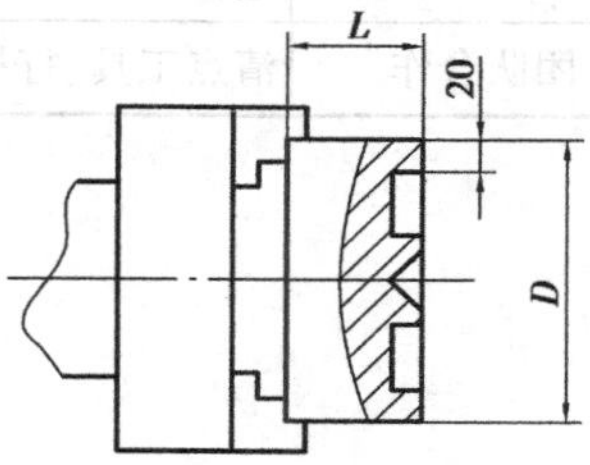

图6-27 端面是试切件

4. 切槽试验

①切槽试验的目的是检验车床主轴系统及刀架的抗振性能，检查主轴部件的装配精度、主轴旋转精度、床鞍刀架系统刮研配合面的接触质量及配合间隙的正确性。

②试验方法用直径为 $d=(1/7\sim1/5)D$（D 为床身上最大回转直径）的中碳钢试件夹持在卡盘上，用前角 $\gamma_0=8°\sim10°$、后角 $\alpha_0=5°\sim6°$ 的 YT15 硬质合金切刀，参数 $v_c=40\sim70$ m/min，$f=0.1\sim0.2$ mm/r，切刀宽度为 5 mm，在距卡盘端 $(1.5\sim2)d$（d 为工件直径）处切槽。不应有明显的系统振动和振痕。

5. 精车螺纹试验

①精车螺纹试验的目的是检查车床螺纹加工传动系统的正确性。

②试验方法用 ϕ40 mm×500 mm 的中碳钢试件，高速钢60°标准螺纹车刀，切削用量为 $n=20$ r/min，$a_p=0.02$ mm，$f=8$ mm/r，两端用顶尖装夹。

③精车螺纹试件精度要求螺距累计误差应小于0.04 mm/300 mm，表面粗糙度不大于 $R_a3.2$ μm，无振动波纹。

四、精度检验

卧式车床精度检验项目中G1～G15项为几何精度，P1～P3项为工作精度。本任务实施不包括精度检验内容，精度检验的内容按GB/T 4020—1997规定实施。

●考核评价

序号	评分项目	评分标准	分值	检测结果	得分
1	准备工作	工具准备正确齐备,组员分工明确,场地布置合理	15		
2	静态检查	操作正确齐全,检测结果与实际相符	35		
3	空运转试验	操作正确齐全,检测结果与实际相符	20		
4	回答有关问题	解答老师提出的问题(教师提一些装配调整的问题)	20		
5	团队合作	清点工具、打扫卫生培养良好工作习惯	10		

参考文献

[1] 刘治伟. 装配钳工工艺学[M]. 北京:机械工业出版社,2012.

[2] 吴泊良. 机床机械零部件装配与检测调整[M]. 北京:中国劳动社会保障出版社,2009.

[3] 李智勇,谢玉莲. 机械装配技术基础[M]. 北京:科学出版社,2009.

[4] 蒋增福. 装配钳工工艺与技能训练[M]. 北京:高等教育出版社,2008.

[5] 孙大俊. 机械基础[M]. 4 版. 北京:中国劳动社会保障出版社,2007.

[6] 易幸育. 机修钳工工艺学[M]. 2 版. 北京:中国劳动社会保障出版社,2005.

[7] 许洪义. 装配钳工[M]. 北京:中国劳动社会保障出版社,2008.

[8] 宋军民. 机修钳工工艺与技能[M]. 北京:中国劳动社会保障出版社,2010.